CALPUFF模型技术方法与应用

伯 鑫 著

中国环境出版社·北京

图书在版编目（CIP）数据

CALPUFF 模型技术方法与应用/伯鑫著．—北京：
中国环境出版社，2016.5
ISBN 978-7-5111-2714-3

Ⅰ．①C…　Ⅱ．①伯…　Ⅲ．①大气影响—评价模型
Ⅳ．①X820.3

中国版本图书馆 CIP 数据核字（2016）第 036481 号

出版人　王新程
责任编辑　李兰兰
责任校对　尹　芳
封面设计　岳　帅

出版发行　中国环境出版社
（100062　北京市东城区广渠门内大街 16 号）
网　　址：http://www.cesp.com.cn
电子邮箱：bjgl@cesp.com.cn
联系电话：010-67112765（编辑管理部）
010-67112735（第一分社）
发行热线：010-67125803，010-67113405（传真）
印　　刷　北京中科印刷有限公司
经　　销　各地新华书店
版　　次　2016 年 5 月第 1 版
印　　次　2016 年 5 月第 1 次印刷
开　　本　787×1092　1/16
印　　张　12
字　　数　256 千字
定　　价　108.00 元（附光盘）

内容简介

本书总结了作者在 CALPUFF 应用、模型开发、环评项目复核等多年经验，结合国内案例需求，论述了 CALPUFF 模型的基础数据预处理、气象场模拟、大气污染扩散模拟、数据后处理、绘图、动画制作等内容，探讨了 CALPUFF 在我国的标准化应用研究，介绍了 CALPUFF 在火电行业等方面的应用研究。

本书内容丰富全面，CALPUFF 模型的基本操作讲解非常细致。CALPUFF 主要模块的功能、命令介绍，均配有大量的案例操作。本书可作为高等院校环境科学、环境管理、大气物理等专业的教学参考书，也可作为环评行业人员的模型培训教材，还可供科研院所以及环境管理部门的科技人员参考。

序 言

CALPUFF 是 JOSEPH SCIRE 领导下的大气科学团队开发的拉格朗日烟团大气污染模式。该模式原为加利福尼亚环境评估而建模式系列之一；由此 CALPUFF 及其许多有关软件均冠名“CAL－”系列。CALPUFF 版权虽然经过三次更换，但该模式的维护及更新始终由 JOSEPH SCIRE 的大气科学团队负责。该团队成员绝大部分来自麻省理工学院，厚重的技术力量为 CALPUFF 的开发及更新提供了坚强的理论基础。JOSEPH SCIRE 从中学时代起就对大气科学十分感兴趣，后就读于麻省理工学院大气行星科学系。毕业后一直从事大气污染模式的开发及应用。他已经在欧洲、美国、澳大利亚、亚洲及非洲举办了几十次学习班。CALPUFF 模式已经为许多国家广泛使用。

《CALPUFF 模型技术方法与应用》一书为中国使用该模式者提供了全面的技术指导。对如何运行该模式、如何选择合适的模式参数有很大的帮助。该书还提供了 CALPUFF 用于中国的实例，这些实例可为中国使用该模式者提供更为切合实际的应用方法。本书还提供了中国高分辨率的地表特征数据，该数据的应用可以改善用于 CALPUFF 的气象场。该书还涉及建立可直接输入 CALMET 的地面和高空气象资料库，这不仅可以很大程度上简化模式使用者搜集此类数据的过程，还可以避免因为气象场造成的模拟差异，使大气污染模拟更加规范化。

本书的出版，对中国大气污染数值模拟具有重要的推动作用。CALPUFF 模式不仅可在大型计算机上运行，也可在普通的桌面计算机上运行。非专业人员在该书的指导下，经过短暂的培训也可使用该模式，从而将大气污染数值模拟和相关的业务结合起来，对改善空气质量作出贡献。

吴忠祥　麻省大学达特茅斯分校

2015 年 12 月

前言

《环境影响评价技术导则—大气环境》（HJ 2.2—2008）中以推荐模式清单方式引进美国进一步预测模式 CALPUFF，该模式在国内环评、科研领域等得到了广泛的应用，获得了良好的效果。

在我国环评领域，CALPUFF 模式主要应用于战略环评、规划环评以及建设项目环评等。而 CALPUFF 模式相对于《环境影响评价技术导则—大气环境》推荐的其他两个模型 AERMOD、ADMS，从基础数据获取、参数设置、数据处理、模型搭建等均较为复杂，如 CALPUFF 模型所需土地利用数据难以获取、CALPUFF 模型大型计算速度较慢等，这些均制约了我国环评、科研工作者使用 CALPUFF 模型。此外，近些年来作者在复核国家级建设项目环境影响报告书时，发现一些环评单位使用 CALPUFF 模型过程中，存在参数设置不规范、基础数据处理错误等问题，导致环评报告大气预测结果不可信，最终影响环评审批和环境管理决策的科学性。

近年来，在环保公益性行业科研专项经费项目（201309062）、环境保护部基金课题（1441402450017-2）等经费支持下，在环境保护部环境工程评估中心领导和同事鼓励下，针对 CALPUFF 在我国基础数据使用、模型计算等方面存在问题，作者已开发了高分辨率 CALPUFF 土地利用数据系统、CALPUFF 并行计算系统、CALPUFF 气象数据服务系统（UPPER.DAT、3D.DAT）等，同时作者将多年积累的大气环评模拟经验、大气技术复核经验、CALPUFF 应用研究成果等著书出版，以期规范 CALPUFF 模型在我国大气环评领域应用，并供各级环评审批单位参考。

本书分为 9 章，主要内容包括：CALPUFF 基础知识、数据预处理、CALMET

气象模块、CALPUFF 建模、CALPOST 后处理、POST TOOLS 后处理、CALVIEW 绘图、CALPUFF 案例分析、研究进展等。本书重点强调 CALPUFF 实际操作和应用，以 CALPUFF 主要模块规范化应用为主线。

感谢长期支持和帮助我的领导、同事、老师、朋友们，感谢中国环境出版社对本书出版的支持，感谢李兰兰编辑的悉心审校。特别感谢麻省大学（UMASS）吴忠祥（WU Zhong Xiang）老师、三捷环境工程咨询（杭州）有限公司王刚高工，多年来他们在模型应用方面给我提出了许多宝贵意见和建议。

最后，感谢我的家人这些年来对我工作上的支持，特别感谢妻子对我在撰写本书时的不断鼓励。

特别说明:

本书观点为作者多年模型经验心得分享，只代表个人立场。

本书所有操作案例为虚拟案例，源排放因子、排放参数等均为假设数据。

由于研究条件和作者能力所限，本书不足之处在所难免，敬请同行专家多批评指正。

伯　鑫

2015 年 12 月

目　录

第 1 章　CALPUFF 基础知识

【学习须知】

1. 本书针对的是免费版本 CALPUFF 模型（6.42）以及子程序教学，本书的 CALPUFF 安装包可通过加入 CALPUFF 模型在线学习 QQ 群免费获取，测试案例在光盘内，读者可免费使用，不需额外购买 CALPUFF 软件。免费界面版 CALPUFF 安装程序不能在 64 位系统上正常运行，建议读者采用 32 位 Windows 系统安装环境。

2. 本书主要针对 CALPUFF 初级入门者，重点强调 CALPUFF 实际操作和应用，读者认真学习完本书所有章节的教学流程，并结合测试案例进行上机实操，可迅速掌握 CALPUFF 基础操作。

3. 本书对读者掌握大气环评、开展大气污染模拟研究有一定帮助。

4. 如果读者在学习本书过程中存在问题，请直接发电子邮件给作者boxinet@gmail.com，欢迎大家关注、参加作者举办的 CALPUFF 系列培训班。

5. 正版书籍带有 QQ 群数字验证码，读者可凭验证码加入 CALPUFF 模型在线学习 QQ 群，QQ 群号：192306227、146274123、513258846，若正版用户无法加入 QQ 群，请邮件联系作者 boxinet@gmail.com（正版书籍用户在 QQ 群内可在线答疑、下载 CALPUFF 学习资料、下载 CALPUFF 研究案例）。

6. 若读者申请使用作者负责开发的模型服务系统，可访问 http://ieimodel.org/或者 http://www.lem.org.cn/。

1.1　CALPUFF 简介

1.1.1　CALPUFF 发展历史

CALPUFF（California Puff Model）为三维非稳态拉格朗日扩散模式系统，与传统的稳态高斯扩散模式相比，能更好地处理长距离污染物输送（50 km 以上的距离范围）。20 世纪 80 年代末，CALPUFF 由美国西格玛研究公司（Sigma Research Corporation）开发。2006 年 4 月，CALPUFF 模式版权转移到美国 TRC Environmental Corporation。2014 年 6 月，CALPUFF 模式转由美国 Exponent Inc.维护。CALPUFF 是美国环保局（USEPA）长期支持开发的法规导则模型，2008 年我国环保部《环境影响评价技术导则—大气环境》（HJ 2.2—2008）中以推荐模式清单方式引进 CALPUFF，在国内环评工作中得到了广泛的应用，获得了良好的效果。目前已经有 100 多个国家在使用 CALPUFF，并被多个国家作为法规模型。

CALPUFF 具有下列优势和特点：①能模拟从几十米到几百公里中等尺度范围；②能模拟一些非稳态情况（静小风、熏烟、环流、地形和海岸效应），也能评估二次污染颗粒浓度，而以高斯理论为基础的模式则不具备；③气象模型包括陆上和水上边界层模型，可利用小时 MM4 或 MM5 网格风场作为观测数据，或作为初始猜测风场；④采用地形动力学、坡面流参数方法对初始猜测风场分析，适合于粗糙、复杂地形条件下的模拟；⑤加入了处理针对面源（森林火灾）浮力抬升和扩散的功能模块。

近些年来，国内研究者对 CALPUFF 模型在空气质量模拟开展了一系列研究工作，如 CALPUFF 模式模拟能见度情况、模拟放射性核素迁移扩散情况、模拟秸秆焚烧造成的环境影响、可视化二次开发、区域大气环境容量测算、风速和风功率密度分布、区域重点行业大气污染等。

1.1.2 CALPUFF 主要功能

CALPUFF 模型系统包括 CALMET 模块、CALPUFF 模块、CALPOST 模块，以及一系列对常规气象、地理数据做预处理的模块，而免费版本 CALPRO 模块包含了上述所有模块（图 1-1）（见 www.src.com）。CALMET 模块是气象模型，可生成小时三维网格区域风场和温度场；CALPUFF 模块是非稳态三维拉格朗日烟团输送模型，利用 CALMET 模块生成的风场和温度场文件，输送污染源排放的污染物烟团，模拟扩散和转化过程；CALPOST 模块通过处理 CALPUFF 模块输出的文件，生成所需浓度文件用于后处理。

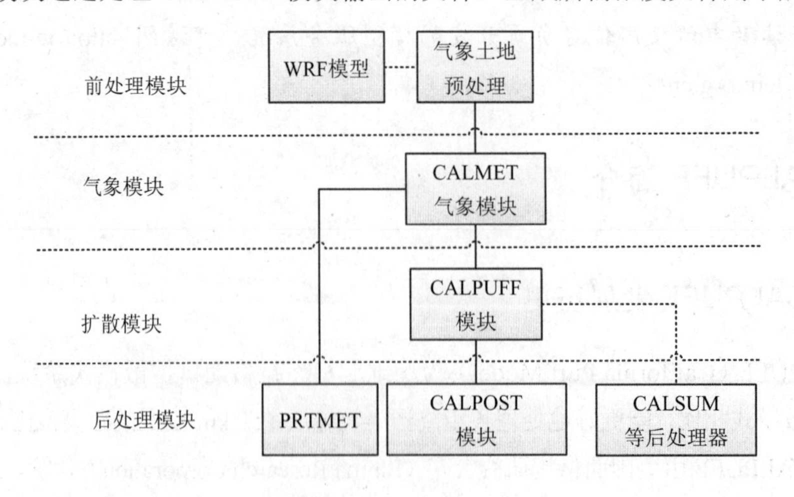

图 1-1 CALPUFF 系统框架

后处理模块 PRTMET 为气象后处理程序，可从 CALMET 气象文件（CALMET.DAT）中提取气象参数（风向、风速、温度等），用于统计分析绘图等。

SMERGE 为地面气象预处理程序，可将不同格式地面气象观测数据转换成 CALMET 程序可识别格式文件（SURF.DAT）。

TERREL 是地形前处理程序，可将不同格式地形数据转换成模式所需的地形高程文件（TERREL.DAT）。

CTGPROC 是土地利用数据前处理程序，可将不同格式土地利用数据转换成模式所需的土地利用文件（LU.DAT）。

MAKEGEO 是地理数据处理程序，它读取 TERREL 和 CTGPROC 生成的地形高程和土地利用数据，计算出 CALMET 所需的地面特征参数（粗糙度、反照率、波文比等），生成 CALMET 可识别的地理数据格式文件（GEO.DAT）。

CALMM5/CALWRF 是中尺度预测数据预处理程序，用来转换中尺度气象模式 MM5 或 WRF 数据成 CALMET 可识别格式文件（3D.DAT）。

CALPUFF 模式目前最新版本为 6.42，读者可直接从www.src.com网站（图 1-2）免费下载最新的 CALPUFF 可视化程序以及相应源代码。

图 1-2 网站免费下载地址

1.1.3 CALPUFF 理论概述

1.1.3.1 CALMET 理论

CALMET 为 CALPUFF 烟团扩散模型提供必要的三维气象场，包括诊断风场模块和微气象模块。诊断风场模块对初始猜测风场（MM4 或 MM5 网格风场、常规监测的地面与高空气象数据）进行地形动力学、坡面流、地形阻塞效应调整，产生第一步风场，导入观测数据，并通过插值、平滑处理、垂直速度计算、辐散最小化等产生最终风场；微气象模块根据参数化方法，利用地表热通量、边界层高度、摩擦速度、对流速度、莫宁-奥布霍夫长度等参数描述边界层结构。

（1）地形动力学效应

CALMET 利用 Liu 和 Yocke 提出的方法处理地形动力学效应，通过计算整个区域的风来获得受地形影响的垂直风速，并满足大气稳定度递减指数函数。对初始猜测风场重复执行辐散最小化方法，直到三维辐散小于阈值，以获得水平方向风分量所受到的地形动力学影响。

（2）坡面流

在 CALMET 中，坡面流利用地形坡度、坡高、时间等参数计算，其风分量调入风场调整空气动力学影响。坡面流算法根据 Mahrt 的射流（shooting flows）参数化基础，射流是浮力驱动的气流，依靠微弱的平流输送、地表曳力、坡面流层的夹卷作用平衡。坡流层厚度随坡顶高程而变化。

（3）地形阻塞效应

地形对风场的热力学阻塞效应通过局地弗劳德（Froude）数计算。如果网格点计算值小于临界弗劳德数（阻塞作用阈值默认值为 1），且风有上坡分量，则风向调整为与地形相切的方向，风速不变；如果超过临界弗劳德数，则不需要调整。

（4）最终风场

最终风场通过客观分析将观测资料引入第一步风场，主要包括插值、平滑处理、垂直风速的 O′Brien 调整、辐散最小化 4 个子过程。用户可以在平滑处理和 O′Brien 调整步骤之间调用海风程序，以模拟海岸线风场。

1.1.3.2 CALPUFF 理论

（1）烟团模式的一般形式

与 AERMOD 与 ADMS 不同，CALPUFF 采用非稳态三维拉格朗日烟团输送模型。烟团模式是一种比较简便灵活的扩散模式，可以处理有时空变化的恶劣气象条件和污染源参数，比高斯烟羽模式使用范围更广。在烟团模式中，大量污染物的离散气团构成了连续烟羽。烟团模式一般由以下几方面构成：①烟团的质量守恒；②烟团的生成；③烟团运动轨迹计算；④烟团中污染物散布；⑤迁移过程；⑥浓度计算。

大多烟团模型利用“快照”方法预测接受点浓度，每个烟团在特定时间间隔被“冻结”，浓度根据此刻被“冻结”的烟团计算，然后烟团继续移动，大小和强度等继续变化，直到下次采样时间再次被冻结。在基本时间步长内，接受点浓度为周围所有烟团采样时间内平均浓度总和。

对比烟羽方法，烟团方法具有很多优点：①可以处理静风问题；②在离开模拟区域前，烟团都参加扩散计算；③烟团在三维风场遵循非线性运动轨迹；④一个烟团平流经过一个区域，烟团的形状尺寸会随之发生变化。而高斯烟羽仅考虑污染源和预测点的地形差异，不考虑两点之间地形对烟羽的影响。

常规的烟团方法在“快照”时，烟团间隙的预测点浓度偏低，中心的预测点浓度偏高。CALPUFF 解决此问题的方法一种是采用积分采样方法即 CALPUFF 积分烟团方法（最早用于 MESOPUFF Ⅱ），另一种是沿风向拉长非圆形烟团，解决释放足够烟团的问题，即 Slug 方法。

（2）CALPUFF 积分烟团

在 CALPUFF 烟羽扩散模型中，单个烟团在某个接受点的基本浓度方程为：

$$C=\frac{Q}{2\pi\sigma_x\sigma_y}g\exp\left[-d_a^2/(2\sigma_x^2)\right]\exp\left[-d_c^2/(2\sigma_y^2)\right] \tag{1-1}$$

$$g=\frac{2}{\sigma_z\sqrt{2\pi}}\sum_{n=-\infty}^{\infty}\exp[-(H_e+2nh)^2/(2\sigma_z^2)] \tag{1-2}$$

式中，C 为地面浓度，g/m^2；Q 为源强；σ_x、σ_y、σ_z 为扩散系数；d_a 为顺风距离；d_c 为横向距离；H_e 为有效高度；h 为混合层高度；g 为高斯方程垂直项，解决混合层和地面之间多次反射的问题。

在中尺度距离传输中，烟团体积在采样步长内的分段变化通常很小，积分烟团可以满足计算要求。当模型用来处理局地尺度问题时，由于部分烟团的增长速率可能很快，积分烟团的处理能力难以达到要求。

（3）Slug 计算

Slug 方法用来处理局地尺度大气污染，将烟团拉伸，可以更好地体现污染源对近场的影响。Slug 可以被看成一组分隔距离很小的重叠烟团，利用 Slug 模式处理时，污染物被均匀分散到 Slug 里。

Slug 描述了烟团连续排放，每个烟团都含有无限小的污染物。和烟团一样，每个 Slug 都能根据扩散局地影响、化学转化等独立发生变化，邻近 Slug 的端点相互链接，确保模拟烟羽的连续性，摒弃了烟团方法的间隔缺陷。

采用 Slug 模式，当横向扩散参数σ_y增长接近于 Slug 自身长度时（下风距离内会发生这种情况），CALPUFF 开始利用烟团（Puff）模式对污染物采样，提高计算效率。在足够大的下风距离内，利用 Slug 模式模拟没有优势，因而积分烟团模式适合中等尺度范围，Slug 模式适合局地尺度。

（4）大气湍流分量

计算σ_{yt}和σ_{zt}时（σ_{yt}和σ_{zt}为在大气湍流作用下的σ_y和σ_z的函数），尽可能使用大量精确数据，当数据不能直接被使用时，模型提供不要求输入精确数据的计算公式。根据 5 种不同的扩散选项，模型将输入的数据分为 3 级。5 种扩散选项分别为：①根据湍流运动的监测值计算扩散系数σ_V和σ_W；②利用微气象变量计算扩散系数σ_V和σ_W；③通过 ISCST 模型计算乡村区域 PG 扩散系数和 McElroy-Pooler 城市区域扩散系数；④除 PG 扩散系数之外，通过 MESOPUFF Ⅱ计算的扩散系数；⑤稳定和中性气象条件下（假设σ_V和σ_W已读取），CTDM 的σ值和不稳定条件下第 3 种选项的σ值。输入的数据有 3 种：①湍流扩散系数，即σ_V和σ_W直接监测值；②通过 CALMET 或其他模型对微气象参数计算得到的横向和垂直分量；③PGT 或 ISCST 模型中的扩散系数，或 MESOPUFF Ⅱ的乡村扩散参数。

（5）初始烟羽大小

体源排放烟团的初始大小由用户定义的初始扩散系数（σ_{y0}和σ_{z0}）决定。一个体源可以看做由特定区域内许多指定的面源组成的单个污染源，随着体源排放扩散到一定体积，可用σ_{y0}和σ_{z0}表示。体源烟团扩散可以当做点源烟团计算处理，采用虚拟源设置初始σ_{y0}和σ_{z0}。

（6）烟团分裂

垂直风切变有时是影响烟团传输和扩散的一个重要因素。CALPUFF 可以处理单个烟团切变，当切变作用明显时，将烟团分裂成多个，分裂后的烟团独立传输和扩散。如果单个烟团在模拟区域时间足够长，则可能被多次分裂，在垂直方向仍是高斯形式的烟团将不再被分裂。

（7）烟羽抬升

CALPUFF 模型中烟羽的抬升关系适用于各种类型的源和各种特征的烟羽。烟羽抬升算法考虑了以下几个方面：烟团的浮力和动量；稳定的大气分层；部分烟团穿透进入稳定的逆温层；建筑物下洗和烟囱顶端下洗效应；垂直风切变；面源烟羽抬升；线源烟羽抬升。

1.2 CALPUFF 6.0 安装

1.2.1 CALPRO 系统安装

首先读者将安装包（CALPro_Setup_Version6_20 110 427.zip）解压到本地硬盘，找到文件夹下的 CALProPlus_Setup.exe，双击鼠标左键，则自动启动安装向导，在安装向导的指引下，可轻松完成安装过程。

注意 CALPRO 软件必须安装到英文路径下，路径不要有中文字符、空格、标点符号。同样读者在建立 CALPUFF 等测试案例文件夹也不要有中文字符、空格、标点符号，否则会造成建模失败或者运算错误。

依次按照图 1-3 到图 1-9 的步骤，开始安装文件。读者注意，本书 CALPUFF 以及 CALPRO 安装在 C：\CALPUFF 目录下，在 windows 资源管理器内可查看 CALPUFF 目录。而本书的案例来源于光盘中的自带光盘\caltest 目录下，读者可将 caltest 文件夹拷贝到 D 盘，在 D 盘的 D：\caltest\路径下进行案例操作测试。

安装成功后，可看到桌面上出现图标，双击后可启动 CALPRO 程序（图 1-10）。读者使用 CALPRO 有两个方法供选择。方法一是直接操作集成图形用户界面 CALPRO 程序（GUI），CALPRO 已将前处理、模拟模块和后处理模块等集成到一个界面，可直接进入子模块操作窗口，初学者不用去了解 INP 文件的具体格式；方法二是直接改写各模块的控制文件（CALPUFF.INP、CALMET.INP 等），读者在建立 CALMET、CALPUFF 等模型过程中，可以直接在 CALPUFF.INP、CALMET.INP 控制文件对参数进行设置、修改，然后点击执行脚本执行文件（BAT 格式文件），可在 DOS 提示符下运行相关模块。例如，CALMET 的 BAT 脚本执行文件内容如下：

```
echo on
C：\CALPUFF\calpuffl.exe    D：\caltest\calpuff\calpuff.INP
pause
```

本书建议初学者采用方法一建立模型，便于对模型操作的理解和入门。

图 1-3　CALPRO 安装界面（第一步）

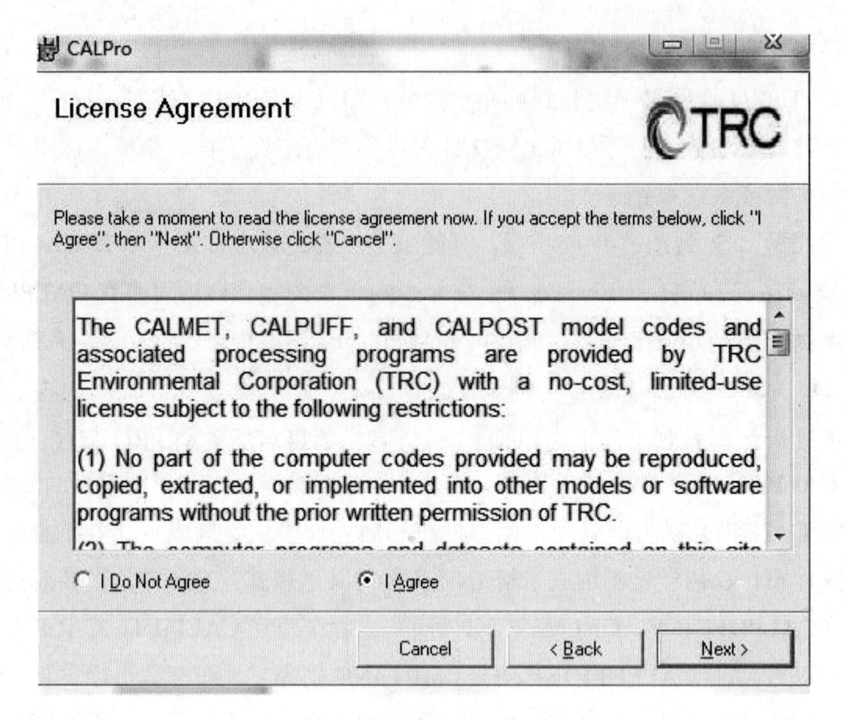

图 1-4 安装界面（用户协议）

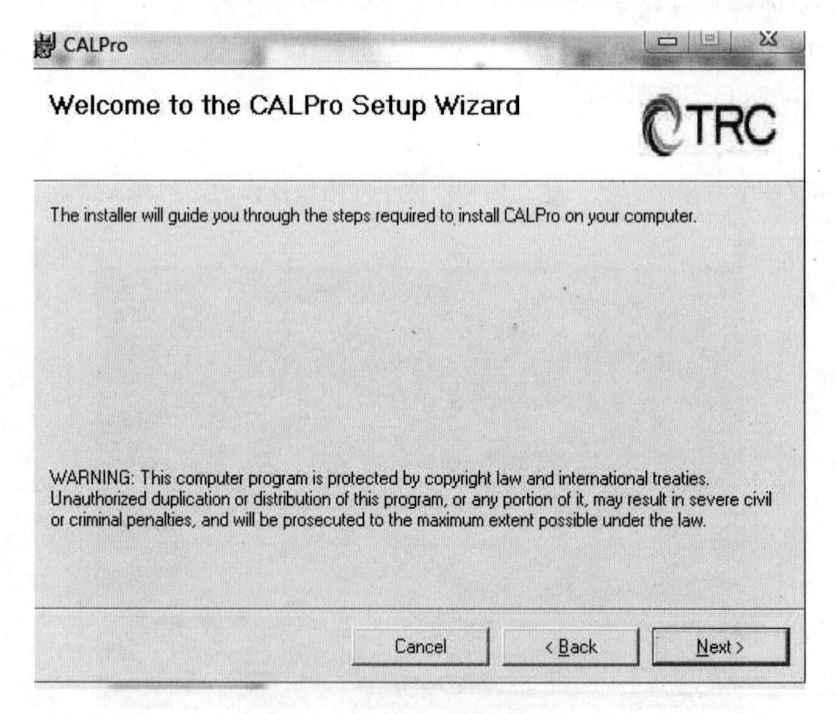

图 1-5 安装界面（安装向导）

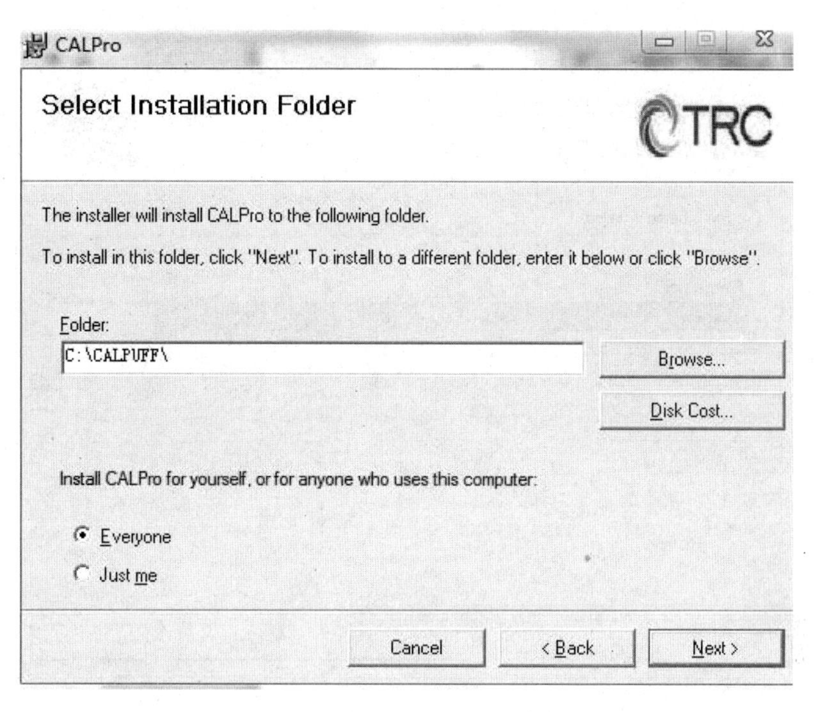

图 1-6　安装界面（设置安装路径）

图 1-7　安装界面（开始安装）

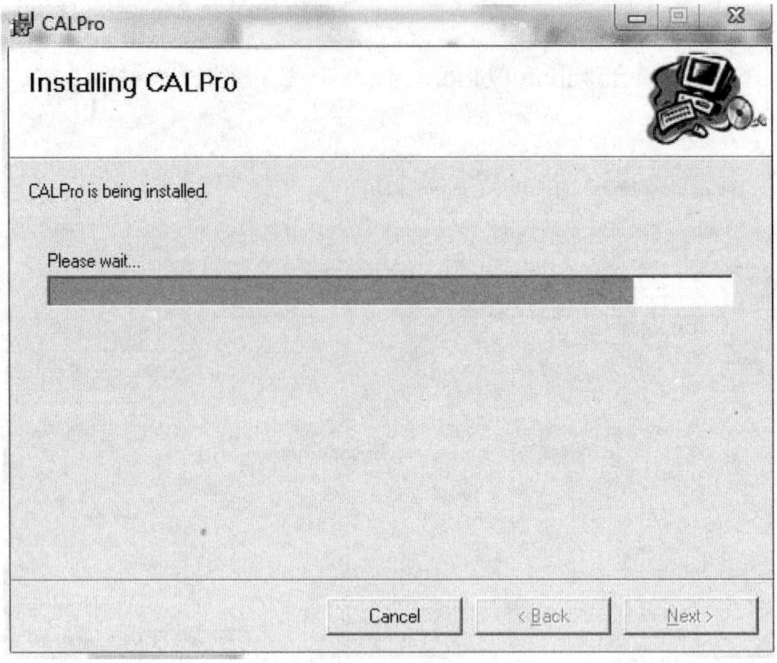

CALPro
Installing CALPro
CALPro is being installed.
Please wait...
Cancel
< Back
Next >

图 1-8 安装界面（安装过程）

CALPro
Installation Complete
CALPro has been successfully installed.
Click "Close" to exit.
Please use Windows Update to check for any critical updates to the .NET Framework.
Cancel
< Back
Close

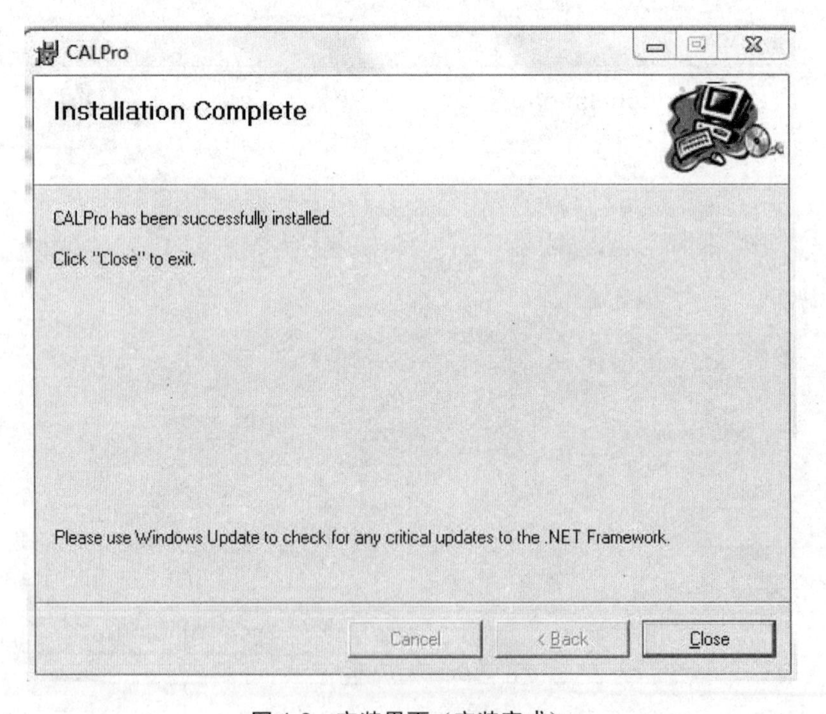

图 1-9 安装界面（安装完成）

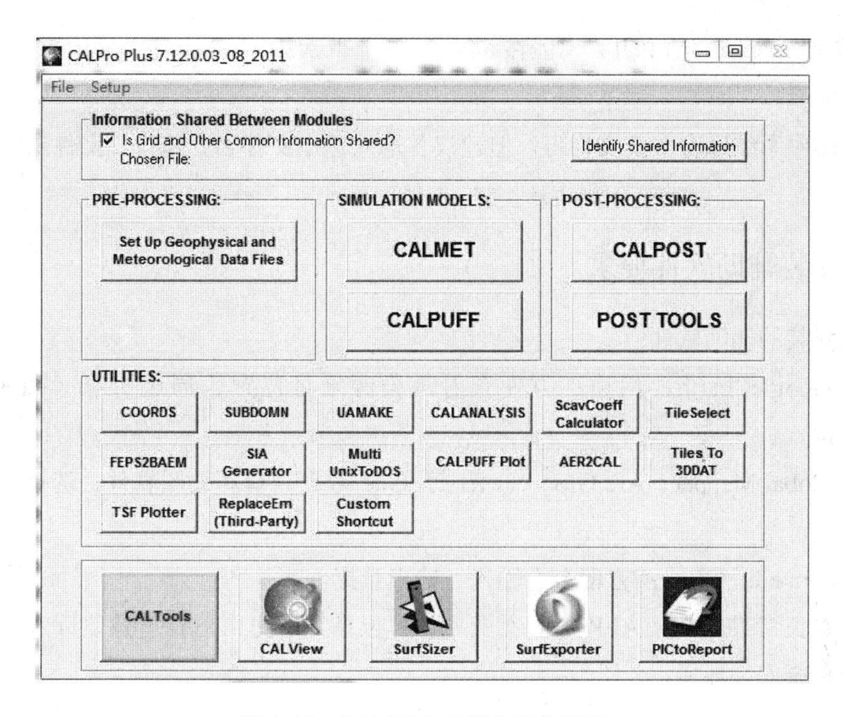

图 1-10　CALPRO 可视化操作页面

1.2.2　安装系统环境要求

系统要求：

（1）Windows XP，Windows 7。

（2）10 GB 以上的硬盘空间，硬盘文件系统格式建议为 NTFS（模式输出单个文件可能超过 4 GB）。

（3）最小内存为 512 MB，推荐使用 1 GB 或者更高。

（4）CALPRO 程序安装前，建议先安装 SURFER 绘图软件（www.goldensoftware.com），否则可能出现图 1-11 错误提示，影响 CALVIEW 等模块使用。

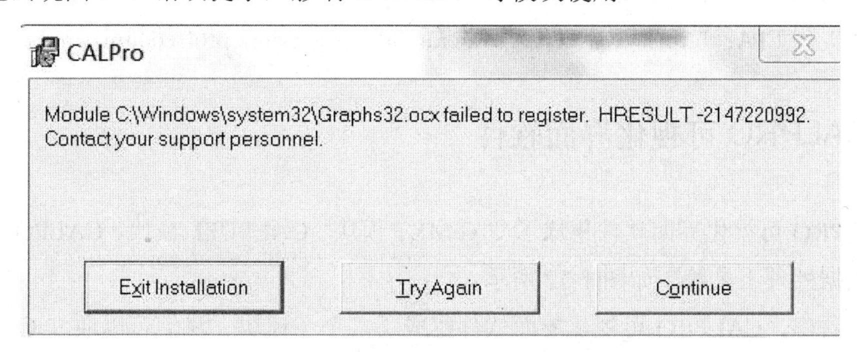

图 1-11　CALPRO 程序安装错误

(5)免费界面版 CALPUFF 不能在 64 位系统上正常运行，建议读者采用 32 位 Windows 系统安装环境。

（6）操作系统语言中英文均可，但建议各输入输出文件名、路径、文件夹等均采用英文字符。

1.2.3 安装辅助软件要求

建议安装的辅助软件：

（1）Google Earth，用途：方便查看污染源项目位置、周边情况（https：//earth.google.com/）。

（2）Global Mapper、Arc GIS、Surfer 等 GIS 数据处理和绘图软件，选择自己熟悉的 GIS 软件。

（3）ultra edit，用途：方便查看输入、输出数据。

注意：免费界面版 CALPUFF 不能在 64 位系统上正常运行，建议读者采用 32 位 Windows 系统安装环境。

1.2.4 参考资料

（1）作者的博客：http://blog.sina.com.cn/boxinet。

（2）作者的微博：http://weibo.com/boxin。

（3）CALPUFF 学习 QQ 群号：192306227、146274123、513258846。

（4）CALPUFF 说明书：http://www.src.com/calpuff/download/CALPUFF_UsersGuide.pdf。

（5）CALMET 说明书：http://www.src.com/calpuff/download/CALMET_UsersGuide.pdf。

（6）SRC 网站：http://src.com/。

（7）全国重点行业大气排放清单网站：http://ieimodel.org/。

（8）国家环境保护环境影响评价数值模拟重点实验室：http://www.lem.org.cn/。

（9）美国 EPA：http://www3.epa.gov/scram001/dispersion_prefrec.htm。

1.3 CALPRO 可视化界面软件

CALPRO 可视化界面软件集成了 CALMET 模块、CALPUFF 模块、CALPOST 模块以及各种数据处理工具等，如图 1-12 所示。

可以看出，CALPRO 可视化界面软件集成了多个子模块。我们可以通过 CALPRO 进入各个子模块，开展 CALPUFF 大气污染模拟相关建模工作。

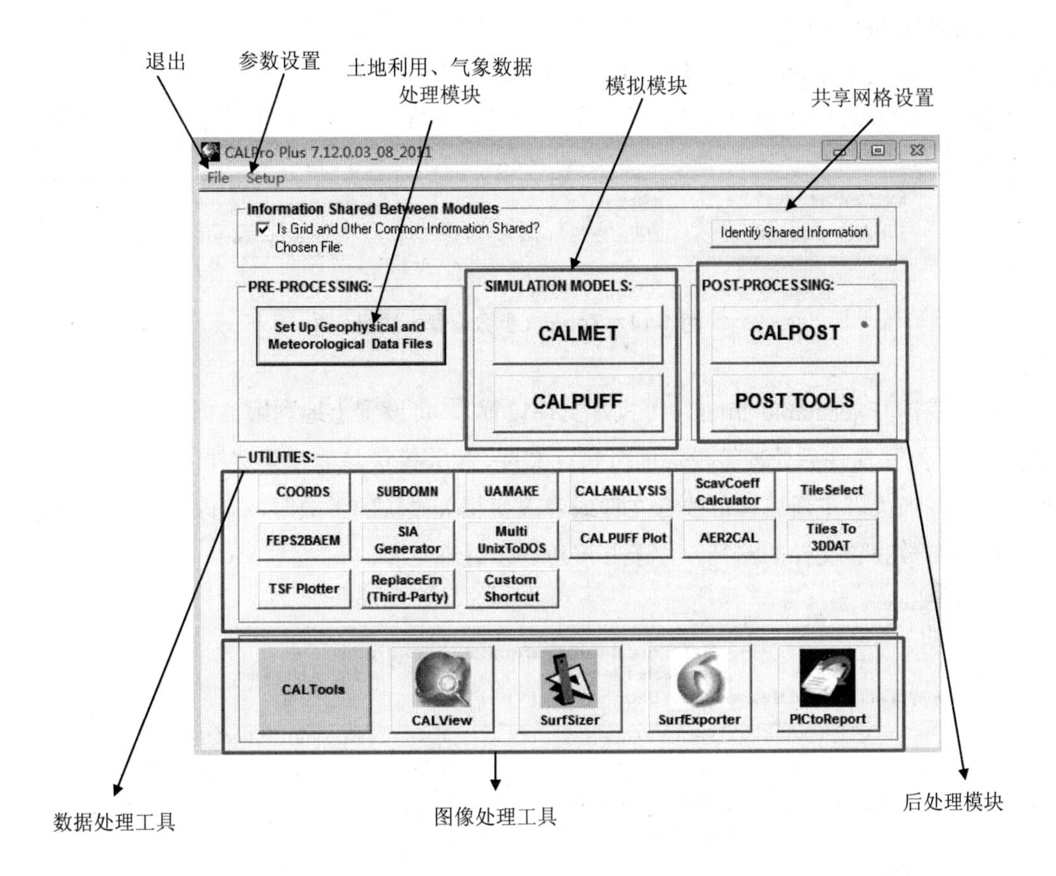

图 1-12　CALPRO 可视化操作页面

菜单栏

CALPRO 可视化界面顶部是菜单栏，主要包括两个选项：File（退出）和 Setup（参数设置）。

鼠标点击 File 会自动出现下拉菜单 Exit（退出）选项，点击 Exit 自动关闭 CALPRO 软件，见图 1-13。

图 1-13　Exit（退出）按钮

鼠标点击 Setup（参数设置）会自动出现下拉菜单 Executable Files（可执行文件设置）选项、File Name Length（文件名长度设置）选项，见图 1-14。

图 1-14 Setup（参数设置）按钮

鼠标点击 Executable Files（可执行文件设置），可设置土地利用数据预处理、气象数据预处理、气象文件后处理等模块的可执行文件、相关模块参数设置文件的文件绝对路径，见图 1-15。当读者重新编译可执行文件或者改变相关模块的参数时，需改变相关可执行文件、模块参数设置文件的路径，便于开展进一步处理工作。

Set Executable Files/Paths

Set Executable/Parameter Files/Paths

Geophysical Data and Meteorological Data:

	Executable File	Parameter File
MAKEGEO:	C:\CALPUFF\CALPRO\MAKEGEO.EXE	C:\CALPUFF\CALPRO\PARAMS.GEO
TERREL:	C:\CALPUFF\CALPRO\TERREL.EXE	C:\CALPUFF\CALPRO\PARAMS.TRL
CTGPROC:	C:\CALPUFF\CALPRO\CTGPROC.EXE	C:\CALPUFF\CALPRO\PARAMS.CTG
CTG COMP:	C:\CALPUFF\CALPRO\CTGCOMP.EXE	C:\CALPUFF\CALPRO\PARAMS.CTG
SMERGE:	C:\CALPUFF\CALPRO\SMERGE.EXE	C:\CALPUFF\CALPRO\PARAMS.SMG
READ62:	C:\CALPUFF\CALPRO\READ62.EXE	C:\CALPUFF\CALPRO\PARAMS.R62
PMERGE:	C:\CALPUFF\CALPRO\PMERGE.EXE	C:\CALPUFF\CALPRO\PARAMS.PMG
PXTRACT:	C:\CALPUFF\CALPRO\PXTRACT.EXE	C:\CALPUFF\CALPRO\PARAMS.PXT
BUOY:	C:\CALPUFF\CALPRO\BUOY.EXE	C:\CALPUFF\CALPRO\PARAMS.BUY
APPEND:	C:\CALPUFF\CALPRO\APPEND.EXE	C:\CALPUFF\CALPRO\PARAMS.APP
CALSUM:	C:\CALPUFF\CALPRO\CALSUM.EXE	C:\CALPUFF\CALPRO\PARAMS.SUM
POSTUTIL:	C:\CALPUFF\CALPRO\POSTUTILL.EXE	C:\CALPUFF\CALPRO\PARAMS.UTL

Browse

Extract and Process CALMET Fields

PRTMET:	C:\CALPUFF\CALPRO\PRTMET.EXE	C:\CALPUFF\CALPRO\PARAMS.PMT

OK Cancel

图 1-15 Setup（参数设置）按钮

鼠标点击 File Name Length（文件名长度设置）选项，可设置输入文件的文件名长度，这里需要注意的是：CALPUFF 源文件采用 Fortran 编译，所以 CALPUFF 等一些模块只识别 8.3 类型的文件，8.3 代表文件名为 8 字符，后缀名为 3 字符（见图 1-16）。本书建议用户不要改变该选项，推荐采用 8.3 类型的文件规则，以免后续建模产生错误。

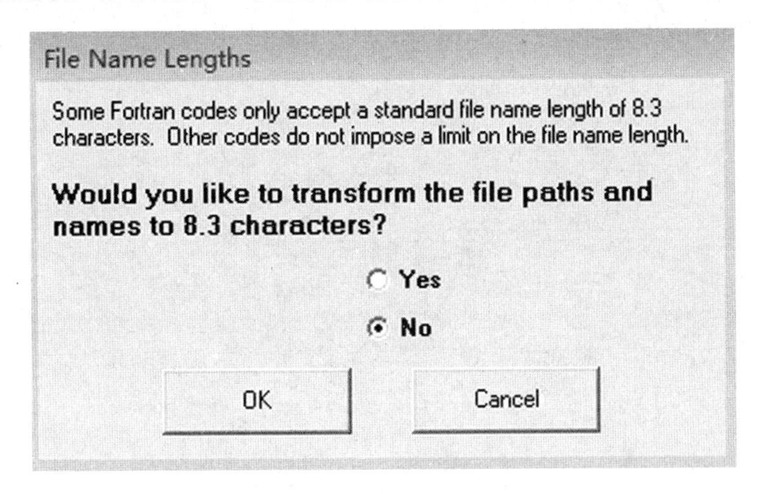

图 1-16　Setup（参数设置）按钮

1.4　上机案例介绍

为便于读者学习和操作软件，本书设置了上海宝山地区虚拟案例。注意本书所有操作练习均使用该案例。

1.4.1　宝山地区基本情况

宝山区位于上海市北部，东北濒长江，东临黄浦江，南与杨浦、虹口、闸北、普陀 4 区毗连，西与嘉定区交界，西北隅与江苏省太仓市为邻，横贯中部的蕰藻浜将全区分成南北两部。全境东西长 56.15 km，南北宽约 23.08 km，区域面积 424.56 km^2（参考百度百科）。

宝山区地处北亚热带，东亚季风盛行的滨海地带，属于亚热带海洋性季风气候，四季分明，雨水充沛，光照较足。年平均气温在 15.2～15.8℃，月均最高温度出现在 7—8 月，极端最高温度 40℃，月均最低在 1—2 月，极端最低温度–11℃。

全年降水集中时段为春季、梅雨季和秋季。每年 5—9 月为汛期，降水量平均在 1 048～1 138 mm，占全年降水量的 60%左右。年降水日 129～136 天。

年平均蒸发量 1 455.4 mm，一般大于降水量。年平均相对湿度 75%，最大年平均相对湿度 81%，最小年平均相对湿度 76.5%。

全区受季风的影响明显。每年 5—9 月，风从东南海洋上吹来，气候湿热多雨。10 月至次年 4 月，风从西北的内陆吹来，气候较干寒。该地区无明显主导风向，但 ENE 风的出现频率相对较高，为 12.33%，其次为 NNE（10.09%）和 ESE（9.18%），西南风（SW）最少，风频为 2.48%。年平均风速 3.07 m/s，静风频率为 4.37%。

上海市宝山区多年风向频率玫瑰图如图 1-17 所示。

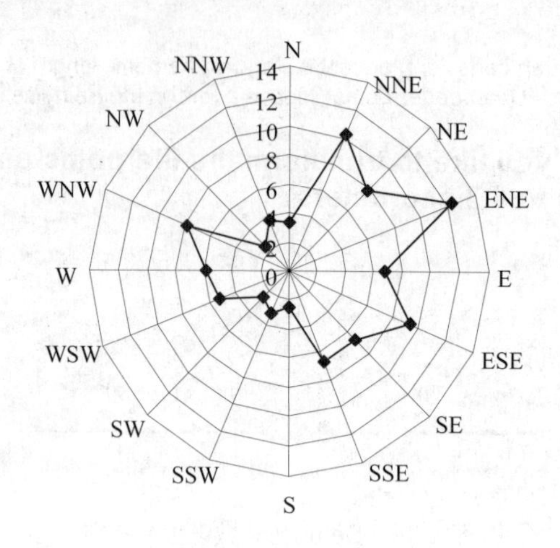

图 1-17　上海市宝山区多年风向频率玫瑰图

1.4.2　基础数据情况

虚拟案例基础数据见光盘文件夹 D：\caltest\info\坐标表格.xlsx，具体信息如下：

模拟范围为：30 km×38 km，见图 1-18。

图 1-18　虚拟案例模拟范围

气象站 2 个（上海站、虹桥站），上海站经纬度（121.47°E，31.40°N），虹桥站经纬度（121.34°E，31.20°N），气象要素包括风向、风速、总云、温度、湿度、气压和云高。

高空实测站 1 个，经纬度（121.47°E，31.40°N）。

模拟高空实测站 4 个。由于全国共享高空实测站点数量较少，作者已开发了全国范围中尺度高空气象模拟数据（UPn.DAT）、3D.DAT 模拟数据来作为模拟探空数据，解决了环评单位无法获取用于 CALPUFF 高空模拟数据的难题。

地面气象站位置信息可点击 D：\caltest\info\高空站.kml，模拟高空站信息可点击 D：\caltest\info\模拟高空站.kml，从 Google Earth 打开信息文件并查看。

案例假设了一个点源、一个面源。污染源详细信息见光盘：\caltest\info\坐标表格.xlsx，用户也可点击光盘：\caltest\info\路径下的“点源.kml”和“面源.kmz”，查看相关污染源的位置信息。

案例假设两个敏感点，详细信息见光盘：\caltest\info\坐标表格.xlsx，用户也可点击光盘：\caltest\info\敏感点.kml，查看敏感点位置信息。

原始土地利用数据采用高分辨率遥感解译，分辨率 30 m。

原始地形数据取自 STRM 数据库，分辨率 90 m。

CALPUFF 模型的模拟参数如下：

西南角经度：121.266 049°E；

西南角纬度：31.182 023°N；

东西格点数：60；

南北格点数：76；

网格距：0.5 km。

考虑读者测试模型的运行速度，案例气象数据时间为 2011 年 1 月 1 日 0 时—2 月 1 日 0 时，网格设置 0.5 km。

第2章　数据预处理模块

【学习须知】

1. CALMET 模拟之前，需要准备地理数据（geo.dat）、气象数据（surf.dat）、高空数据（up.dat）等。

2. 读者要确定自己项目的模拟范围，制定一个坐标系（UTM），注意 CALPUFF 模拟的坐标单位为 km，这里输入系统的 *X*、*Y* 坐标数值均除以 1 000。本案例模拟范围为 30 km × 38 km，网格距为 500 m，所以可以计算出东西方向格点数为 60（*X*），南北方向格点数为 76（*Y*）。

3. 双击“D: \caltest\info\评价范围.KMZ”文件可从 Google Earth 上查看模拟范围。

4. 降水数据（precip.dat）、水面数据（sea.dat）由于国内相关数据较少，本次不叙述该部分模块。

5. 建议用户使用 CALPUFF 不同模块均采用“Sequential（连续模式）”选项，确保不遗漏控制文件 INP 参数输入。

2.1　网格设置

2.1.1　网格设置

CALPUFF 建模均采用三维网格系统（由 *X*、*Y*、*Z* 三个方向构成），设定 *X* 和 *Y* 轴分别为东西方向和南北方向。*X*、*Y* 代表二维平面，*Z* 代表垂直高度。由于地球是一个不可展平的曲面，采用任何投影方法进行转换都会产生误差和变形，而不同的投影方法具有不同性质和大小的变形。比较常用的地图投影有通用横轴墨卡托投影 UTM 和兰勃特正形圆锥投影 LCC。

UTM（Universal Transverse Mercartor Grid System，通用横轴墨卡托格网系统），属于横轴等角割圆柱投影，UTM 坐标是一种平面直角坐标，单位均为 m。在 UTM 系统中，从北纬 84°和南纬 80°之间将地球分为 60 个区，按经度 6°宽度划分为一个区。

CALPUFF 除了考虑 *X*、*Y* 方向坐标，还考虑垂直高度的坐标 *Z*。垂直网格采用地形相对高度，从地面 0 m 开始，一直到高空可设置为多个高度。

虚拟案例采用 UTM，大地基准面选 WGS-84。

虚拟案例 *X*、*Y* 方向，网格设置首先确定模拟范围的左下角即西南角为起始点坐标（*x* 为第 1 个格点，*y* 为第 1 格点，即 XORIGKM、YORIGKM），虚拟案例左下角坐标为（经度 121.266049°，西南角纬度 31.182023°），转换成 UTM 坐标为（334770，3451070，51），注意 CALPUFF 模拟的坐标单位为 km，这里要除以 1 000，即左下角坐标（334.77，3451.07，51）。

虚拟案例垂直高度 *Z* 设置 11 层，各层顶的高度分别为 0 m、20 m、40 m、80 m、160 m、320 m、640 m、1 200 m、2 000 m、3 000 m、4 000 m。

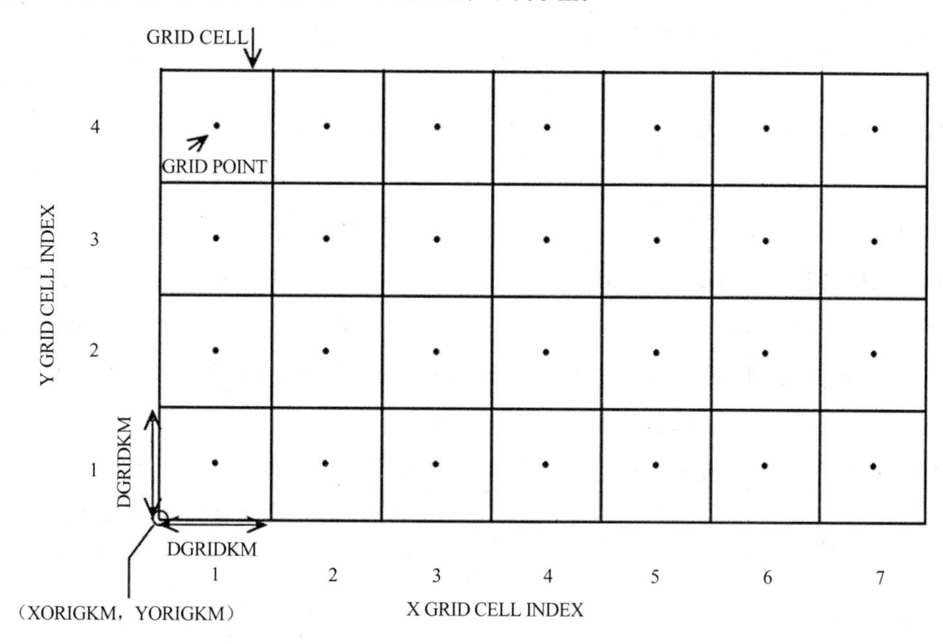

图 2-1 CALPUFF 坐标示意

2.1.2 共享网格（CMN 文件）

模拟网格信息可手动输入 CALMET、CALPUFF 等模块，也可以设置共享网格 CMN 格式文件直接导入各模块。设置共享网格的步骤如下：

（1）点击 CALPRO 界面上的“Identify Shared Information”按钮。

用户可点击菜单栏里的“Import（导入）”，读取并查看自带光盘\caltest\grid\\ProjectGrid.cmn。

本案例练习时，用户不选择“Import（导入）”。

（2）“Grid Type（网格类型）”选择“Cartesian，reference in Lower Left Corner（1，1）（直角坐标系，左下角坐标）”。

（3）“Reference Point Defining Domain Location（参考点定义位置）”，输入左下角坐标

（334.77，3451.07），“*X*（Easting）”输入 334.77，“*Y*（Northing）”输入 3451.07，注意单位 km。

（4）前文提到了本案例模拟范围为 30 km×38 km，网格间距为 500 m，东西方向格点数为 60（*X*），南北方向格点数为 76（*Y*）。

在“Cartesian Horizontal Definition（直角坐标系水平定义）”，“No.X Grid cells（*X* 方向网格点数量）”输入 60，“No.Y Grid cells（*Y* 方向网格点数量）”输入 76，“Grid spacing (km)（网格距）”输入 0.5。

（5）前文提到垂直高度 *Z* 各层顶的高度分别为 0 m、20 m、40 m、80 m、160 m、320 m、640 m、1 200 m、2 000 m、3 000 m、4 000 m。

在“Number of vertical layers（垂直层数）”输入 10，点击“Edit Cell Face Heights（编辑高度）”，在“layer height（垂直层高度）”逐次输入“0，20，40，80，160，320，640，1200，2000，3000，4000”，见图 2-2，输入完毕点击“OK”。

（6）“Base Time Zone（基准时区）”，选择“UTC+08：00 Beijing”。

（7）“Current Working Directory（当前工作文件路径）”，输入“D：\caltest\grid”。

（8）“Projection（投影）”，选择“Universal Transverse Mercartor（UTM）”。在“UTM Zone（区号）”输入 51，“Hemisphere（半球）”选择 N。

“DATUM code（大地基准面）”选择 WGS-84，其他选项不填。

（9）点击“File（文件）”，选择“Save As（另存为）”，将设置好的共享网格文件命名为“ProjectGrid.cmn”保存到“D：\caltest\grid”路径下。

生成的 ProjectGrid.cmn 共享网格文件可导入随后的地理数据处理、气象处理等模块。

整个流程参数设置见图 2-3。

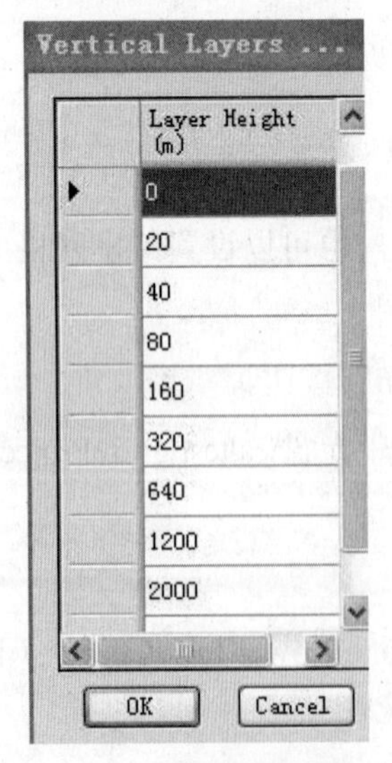

图 2-2 垂直层参数设置

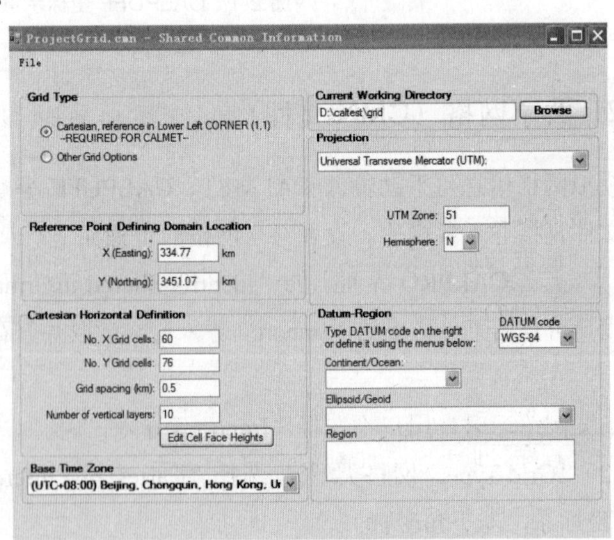

图 2-3 共享网格参数设置

2.2　地理数据预处理

点击 CALPRO 界面上的“Set Up Geophysical And Meteorological Data Files（设置地理和气象数据文件）”按钮。打开预处理模块界面“Pre-Processors”，见图 2-4。

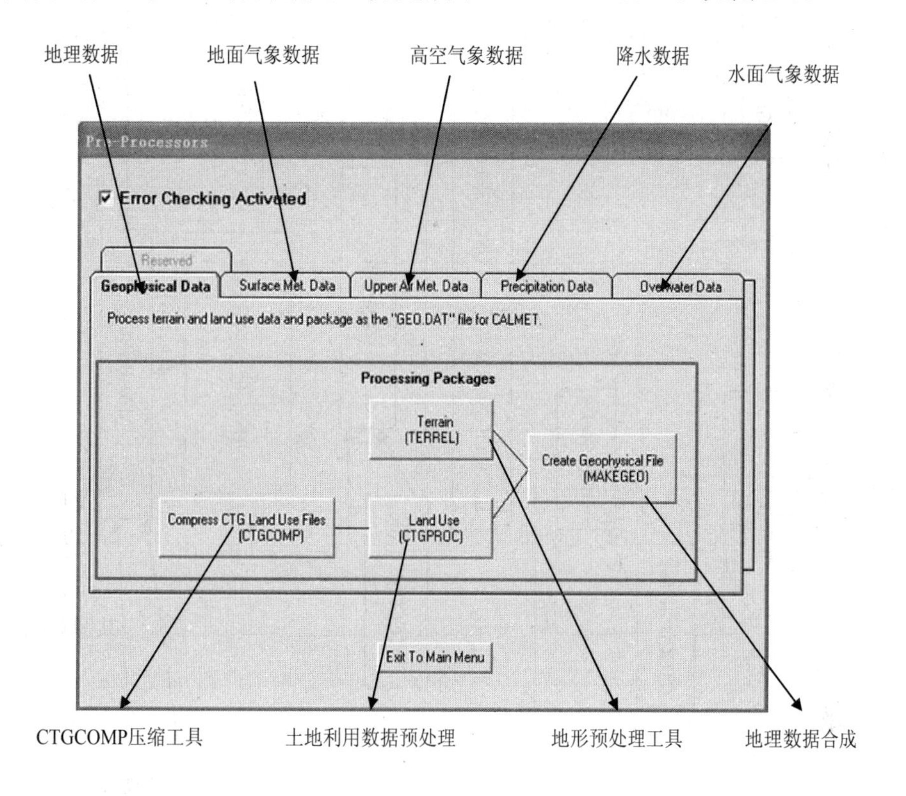

图 2-4　数据预处理模块

本节内容主要生成 CALMET 模型所需的地理数据（geo.dat），需要如下程序“TERREL（地形高程数据预处理模块）”“CTGPROC（土地利用数据预处理模块）”“MAKEGEO（地理数据合成模块）”。

地理数据预处理具体流程见图 2-5。

MAKEGEO 读取 TERREL 和 CTGPROC 生成的地形高程（terrel.dat）和用地类型数据（lu.dat），生成 CALMET 可识别的地理数据格式（geo.dat）。

注意：CTGCOMP 是将 USGS 格式数据压缩成 CTG 格式数据（提供给 CTGPROC）的预处理程序，此步骤我们可以直接跳过去，此处不再叙述。

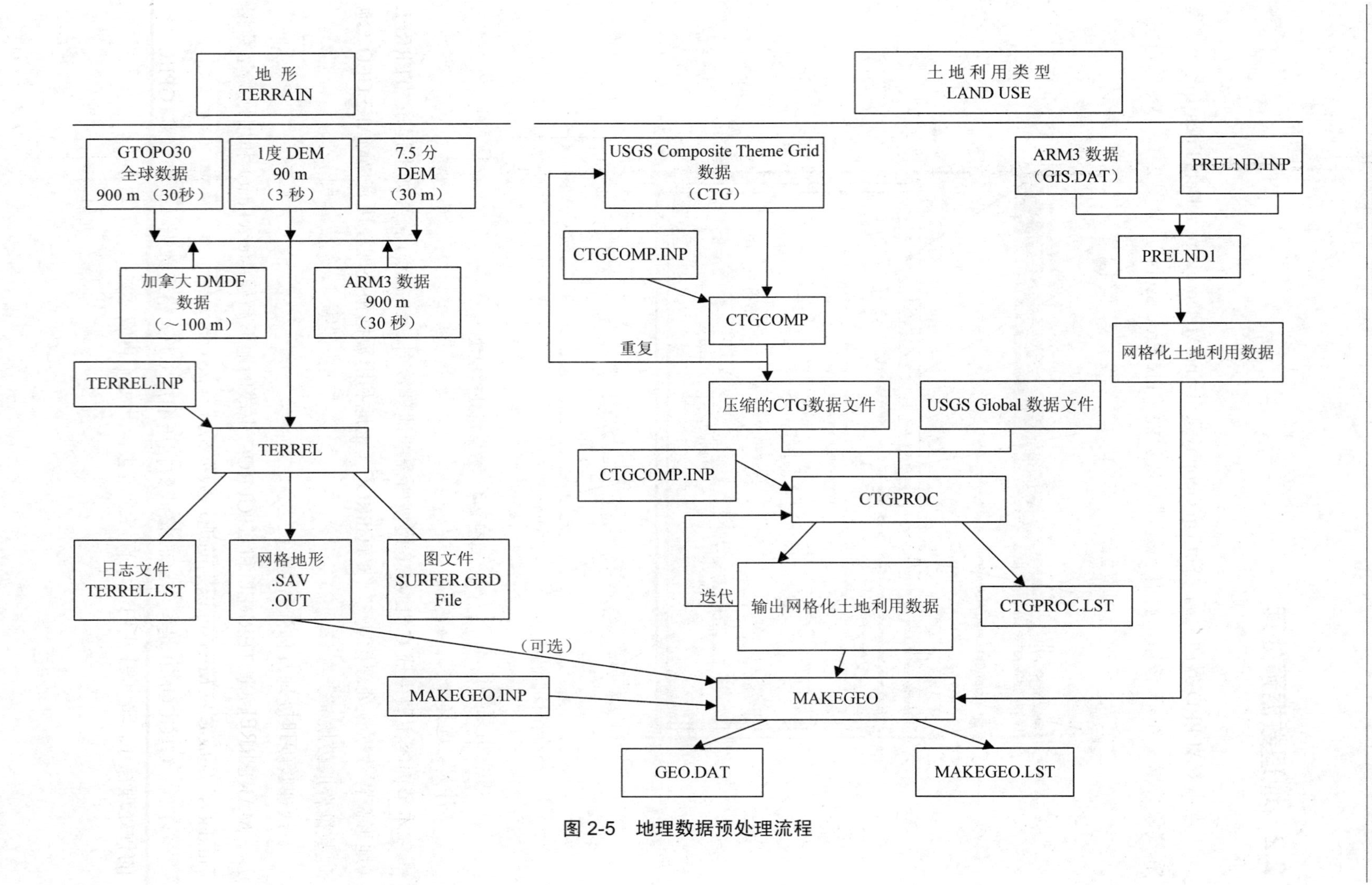

图 2-5 地理数据预处理流程

2.2.1　地形数据预处理（terrel.dat）

TERREL 是地形前处理程序，可将不同格式地形数据转换成模式所需的地形高程文件（terrel.dat）。生成 terrel.dat 步骤如下：

（1）点击“Terrain”按钮，打开“TERREL（地形前处理程序）”，用户可看到“TERREL General Information（地形前处理程序整体信息情况）” 界面，见图 2-6。

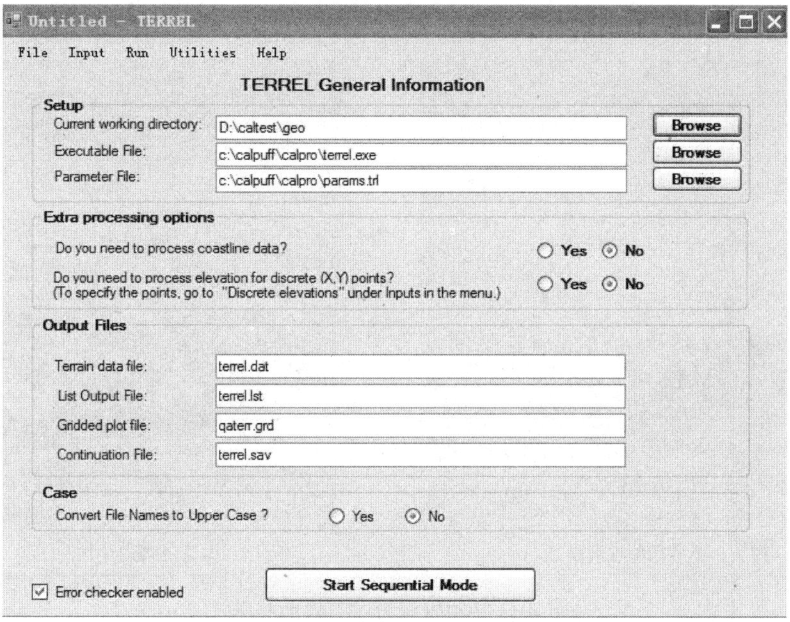

图 2-6　地形数据预处理模块（Terrel）

用户可点击菜单栏里的“File（可执行文件）”，选择“New（新建）”，可新建一个“.inp（控制文件）”。选择“Open（打开）”，可读取用户已做好的“.inp（控制文件）”。选择“Save（保存）”，可保存当前控制文件参数设置信息。选择“Save As（另存为）”，可将控制文件重命名另存为一个文件（inp 格式文件）。

用户可选择“Open（打开）”，读取并查看自带光盘\caltest\geo\terrel.inp。

本案例练习时，用户选择“New（新建）”。

（2）“TERREL General Information（地形前处理程序整体信息情况）” 界面里，用户在“Setup（设置）”中，选择“Current working directory（当前工作目录）”输入或者浏览设置 D：\caltest\geo。

“Executable File（可执行文件）”“Parameter File（参数文件）”，默认即可，此处不需额外设置。

（3）“Extra processing option（其他处理选项）”中“Do you need to process coastline data

（是否处理海岸线数据）”“Do you need to process elevation for discrete（X、Y）data（是否处理离散点 *X*、*Y* 高程数据）”，默认选择“No”即可，此处不需额外设置。

注意：在当前地形数据准确的情况下，一般不需输入海岸线数据。当地形数据无法体现海岸线情况，用户需选择输入海岸线数据，如水体、土地数据存在无效（丢失）、噪声（不准确）数据（大多发生在海洋或大型湖泊）。SRTM 数据中海洋、湖泊及毗邻海岸可能存在噪声数据，如水体、土地相邻点海拔为负值。通过使用在 Terrel 海岸线处理选项，用户可以处理、修正相关问题，如图 2-7。

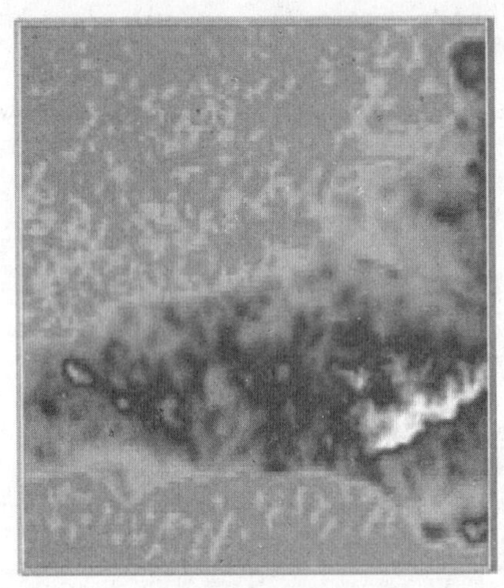

不考虑处理海岸线

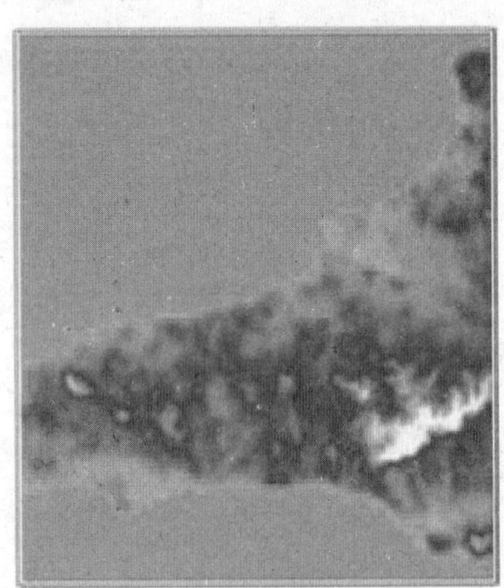

考虑处理海岸线

图 2-7　Terrel 是否考虑处理海岸线

免费海岸线数据可以采用美国地质调查局全球海岸线全分辨率数据（gshhs_f.b），http://www.ngdc.noaa.gov/mgg/shorelines/data/gshhg/oldversions/version1.5/下载，用户也可以手动绘制 bln 文件格式的多边形闭合海岸线数据文件。

（4）“Output Files（输出文件）”中“Terrain data file（地形数据文件）”“List Output file（日志文件）”“Gridded plot file（网格文件）”“Continuation File（延续文件）”等参数默认即可，用户也可输入其他名称。

“List Output file（日志文件）”可以用来查看运行信息或者查看错误信息等。

（5）“Case（案例）”中“Convert File Names to Upper Case（转换文件名大写）”，默认选择“No”即可，此处不需额外设置。

（6）用户设置完“TERREL General Information（地形前处理程序整体信息情况）”，点击“开始连续模式”按钮 Start Sequential Mode ，或者点击菜单栏里“Input（文件）”的“Sequential（连续模式）”选项，打开“Meteorological grid information（气象网格信息）”界面，见图 2-8。

注意：建议用户使用 CALPUFF 不同模块均采用“Sequential（连续模式）”选项，确保不遗漏控制文件每个参数输入。

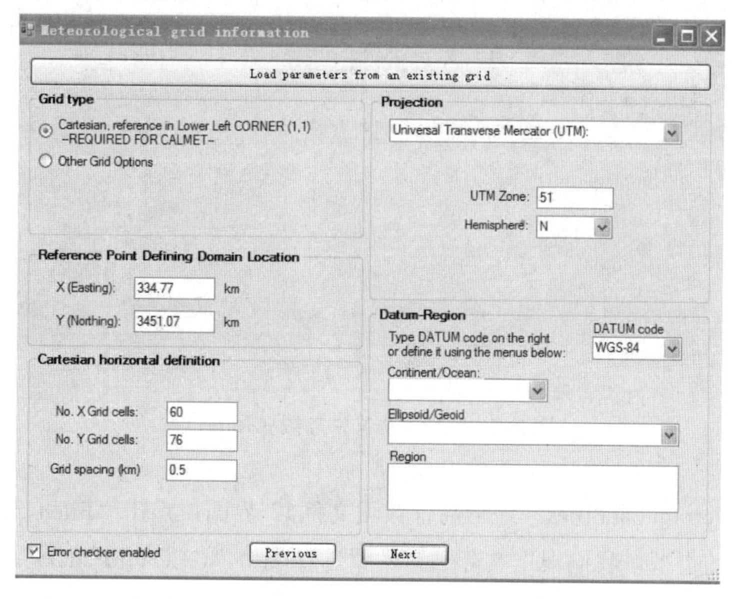

图 2-8　网格设置（Terrel）

（7）在“Meteorological grid information（气象网格信息）”界面，用户可点击“Load parameters from an existing grid（读取现有网格参数）”按钮，直接读取做好的共享网格文件“ProjectGrid.cmn”（文件在 D：\caltest\grid\路径下），系统自动加载已设好的共享网格信息，加载后的信息见图 2-8。

（8）在“Meteorological grid information（气象网格信息）”界面，用户也可以手动依次填写网格信息，见图 2-8。在“Grid type（网格类型）”选择“Cartesian，reference in Lower Left CORNER（1，1）（直角坐标系，左下角坐标）”。

“Reference Point Defining Domain Location（参考点定义位置）”，“X（Easting）”输入“334.77”，“Y（Northing）”输入“3451.07”，注意单位为 km。

在“Cartesian horizontal definition（直角坐标系水平定义）”，“No.X Grid cells（*X* 方向网格点数量）”输入“60”，“No.Y Grid cells（*Y* 方向网格点数量）”输入“76”，“Grid spacing（km）（网格距）”输入“0.5”。

“Projection（投影）”，选择“Universal Transverse Mercartor（UTM）”。在“UTM Zone（区号）”输入“51”，“Hemisphere（半球）”选择“N”。

“DATUM code（大地基准面）”输入“WGS-84”，其他选项不填。

点击“Next（下一步）”按钮，弹出“Terrain data files（地形高程数据文件）”界面，见图 2-9。

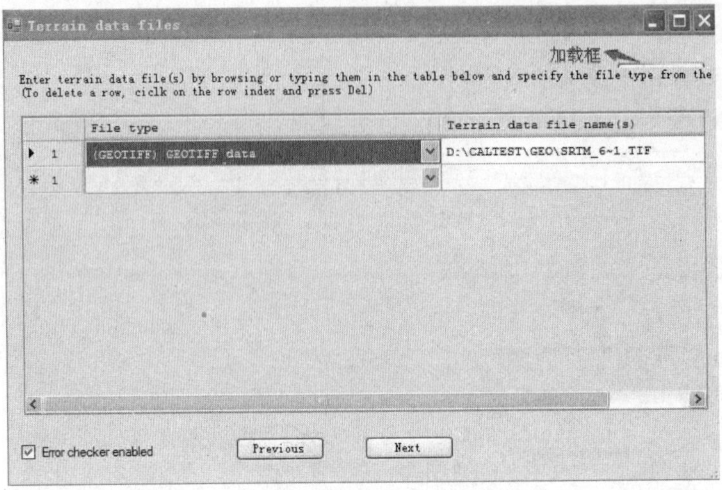

Terrain data files

加载框

Enter terrain data file(s) by browsing or typing them in the table below and specify the file type from the
(To delete a row, ciclk on the row index and press Del)

	File type	Terrain data file name(s)
▶ 1	(GEOTIFF) GEOTIFF data	D:\CALTEST\GEO\SRTM_6~1.TIF
✱ 1		

☑ Error checker enabled　　Previous　　Next

图 2-9 地形高程文件加载（Terrel）

（9）在“Terrain data files（地形高程数据文件）”界面，点击“File type（文件类型）”选择高程文件的类型，我们根据实际高程数据选择类型“GEOTIFF data”，点击加载框来选取原始高程文件（用户注意：加载框显示过小，用户点击要准确才能点中），用户也可以在“Terrain data file name (s)（地形数据名称）”手动输入高程文件路径，见图 2-9。

原始高程文件在 D：\caltest\geo\ srtm_61_06.tif 路径下。

读者设置好原始高程路径后，点击“Next（下一步）”按钮，弹出“Processing options（处理选项）”界面，见图 2-10。

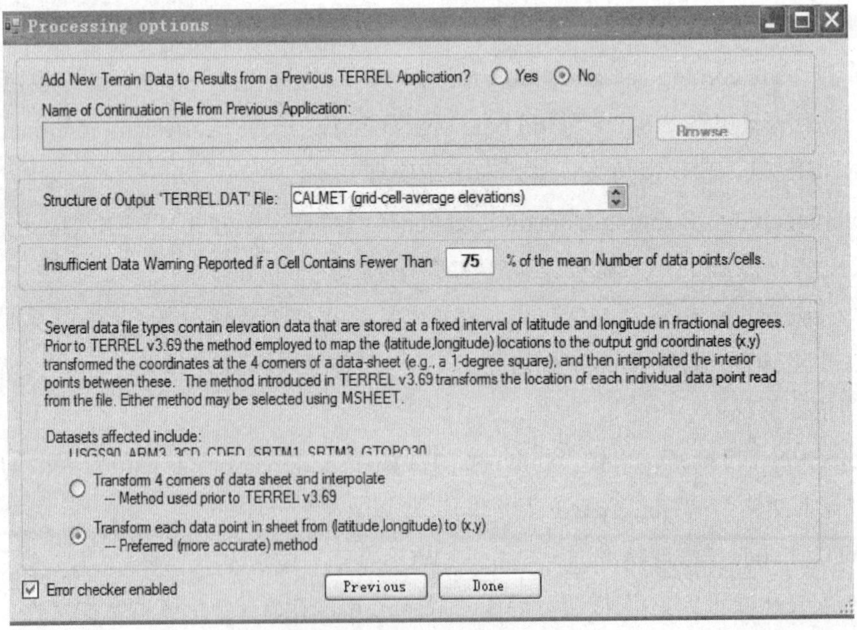

Processing options

Add New Terrain Data to Results from a Previous TERREL Application?　○ Yes　⊙ No

Name of Continuation File from Previous Application:

Browse

Structure of Output 'TERREL.DAT' File:　CALMET (grid-cell-average elevations)

Insufficient Data Warning Reported if a Cell Contains Fewer Than　75　% of the mean Number of data points/cells.

Several data file types contain elevation data that are stored at a fixed interval of latitude and longitude in fractional degrees. Prior to TERREL v3.69 the method employed to map the (latitude,longitude) locations to the output grid coordinates (x,y) transformed the coordinates at the 4 corners of a data-sheet (e.g., a 1-degree square), and then interpolated the interior points between these. The method introduced in TERREL v3.69 transforms the location of each individual data point read from the file. Either method may be selected using MSHEET.

Datasets affected include:
USGS90 ARM3 3CD CDED SRTM1 SRTM3 GTOPO30

○ Transform 4 corners of data sheet and interpolate
-- Method used prior to TERREL v3.69

⊙ Transform each data point in sheet from (latitude,longitude) to (x,y)
-- Preferred (more accurate) method

☑ Error checker enabled　　Previous　　Done

图 2-10 处理选项（Terrel）

读者注意："File type（文件类型）"中（USGS90）代表美国地质勘探局 1 度 DEM 文件(90 m)，(USGS30)代表美国地质勘探局 7.5 分 DEM 文件(30 m)，(ARM3)代表 ARM3 地形数据文件（900 米），(3CD）代表 3CD（二进制）1 度 DEM 文件（90 m），(DMDF）代表加拿大 DMDF 文件（100 m），(CDED）代表加拿大 DEM 文件（3 和 0.75 弧秒），(SRTM1）代表 1 s 航天飞机雷达地形测绘文件（30 m），(SRTM3）代表 3 s 航天飞机雷达地形测绘文件（90 m），(GTOPO30）代表 GTOPO30 的 30 s 数据（900 m），(USGSLA）代表美国地质勘探局兰勃特数据（1 km），(NZGEN）代表新西兰一般数据文件，(GEN）代表通用数据文件，(GeoTIFF）代表 GeoTIFF 数据文件。

上述大部分文件可从 http://src.com/calpuff/data/terrain.html 下载，或者登录 USGS 网站下载。

本案例的 GeoTIFF 数据文件从 http://srtm.csi.cgiar.org/下载。具体下载过程在此不再叙述。

（10）在"Processing option（处理选项）"界面，"Add New Terrain Data to Results from a Previous TERREL Application（在以前的 TERREL 结果添加新地形数据结果）"默认选择"No"即可，此处不需额外设置。

"Structure of Output 'Terrel.dat' File（输出 terrel.dat 的结构）"默认选择"CALMET (grid-cell-average elevations)（CALMET 的网格平均高程）"。

"Insufficient Data Warning Reported if a Cell Contains Fewer Than% of the mean Number of data points/cells（如果有效数据量占数据量的百分比低于此限制，系统给出数据不足警告）"，默认选择 75。

"Transform 4 corners of data sheet and interpolate（转换数据四角并插值）""Transform each data point in sheet from（latitude，longitude）to（x，y）[转换数据点从（纬度，经度）到（*x*，*y*）]"选项，默认选择"Transform each data point in sheet from（latitude，longitude）to（*x*，*y*）[转换数据点从（纬度，经度）到（*x*，*y*）]"。

以上设置完毕后，点击"Done（完成）"按钮。

（11）在菜单栏选择"File（文件）"，选择"Save（保存）"，将上述控制文件参数信息保存到 D：\caltest\geo\terrel.inp，然后点击菜单栏"Run（运行）"的"Run Terrel（运行 Terrel 程序）"选项，系统自动运行地形数据预处理程序"Terrel.exe"，开始运算并完成计算，见图 2-11。

输出的结果见图 2-12，其中 terrel.dat 是处理好的地形数据文件（可用记事本或者 ultra edit 等工具打开），qaterr.grd 是网格化地形文件（绘图使用），terrel.lst 是日志文件（查看相关计算信息），terrel.sav 是网格化地形文件（延续文件），run_terrel.bat 是批处理文件（调用 terrel.exe 计算 terrel.inp）。

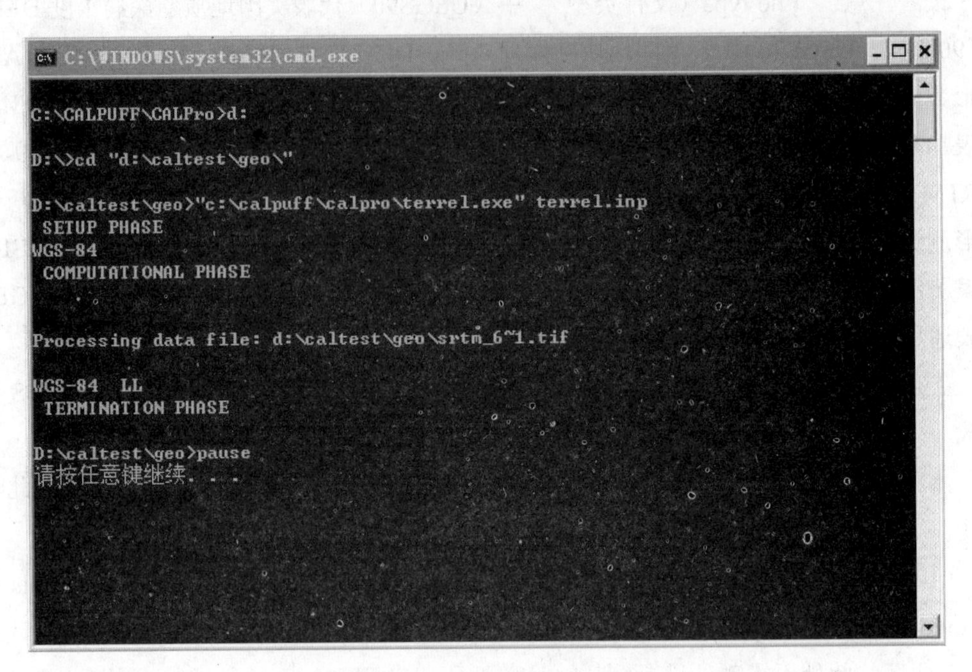

图 2-11　程序运算结束（Terrel）

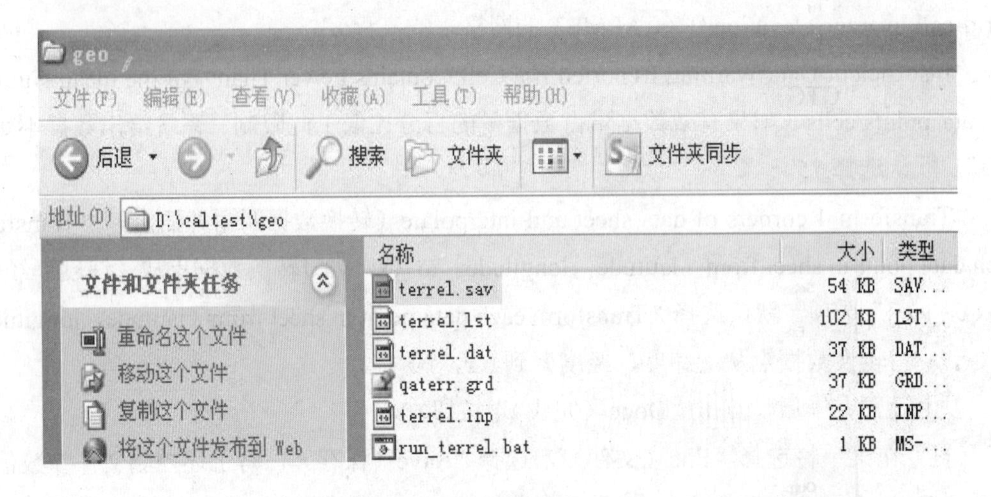

图 2-12　输出结果（Terrel）

用户可打开菜单栏的“utilities（实用工具）”的“View File（查看文件）”功能，查看“lst（日志文件）”，见图 2-13，也可用记事本或者 ultra edit 等工具打开日志文件。用户还可打开菜单栏的“utilities（实用工具）”的“View Map（查看地图）”功能，调用“Calview”工具来查看地形信息。

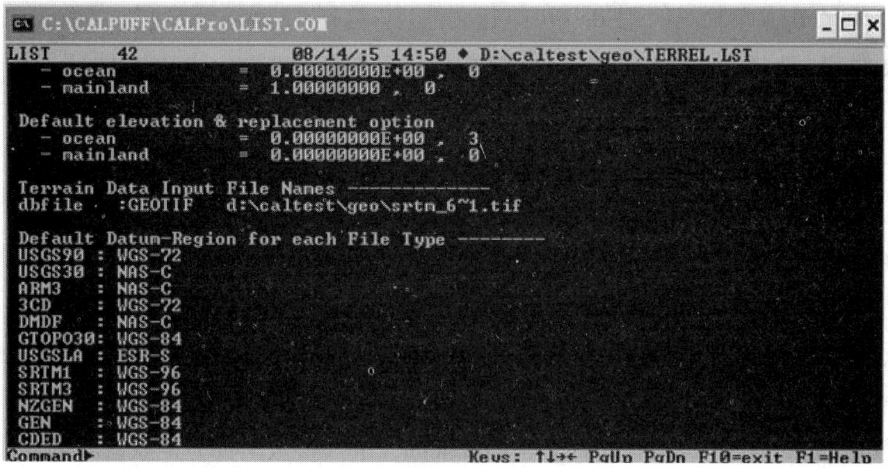

图 2-13　查看日志（Terrel）

2.2.2　土地利用数据预处理（lu.dat）

CTGPROC 是土地利用数据前处理程序，可将不同格式土地利用数据，转换成模式所需的土地利用文件（lu.dat）。生成 lu.dat 步骤与生成 terrel.dat 步骤类似，具体如下：

（1）点击 CTGPROC 按钮 Land Use (CTGPROC) ，打开“CTGPROC（土地利用数据预处理程序）”，用户可看到 “CTGPROC General Information（土地利用数据预处理程序整体信息情况）”界面，见图 2-14。

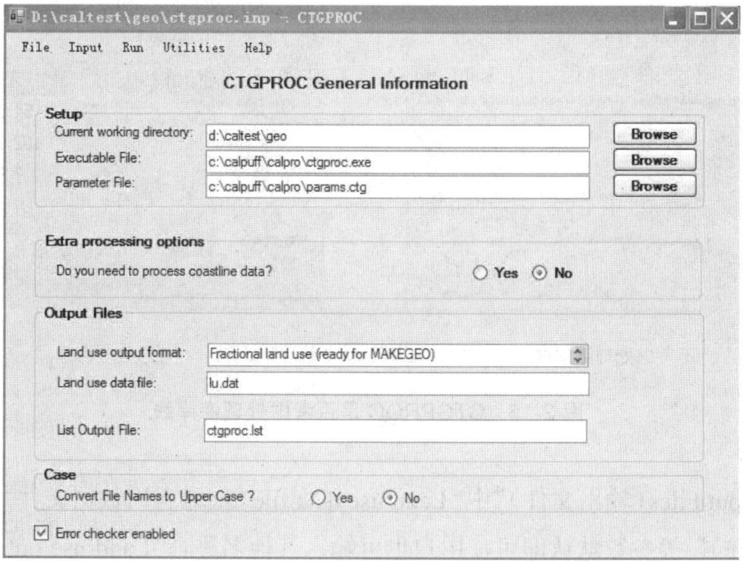

图 2-14　土地利用数据预处理模块（CTGPROC）

用户可点击菜单栏里的“File（可执行文件）”，选择“New（新建）”，可新建一个“.inp（控制文件）”。选择“Open（打开）”，可读取用户已做好的“.inp（控制文件）”。选择“Save（保存）”，可保存当前控制文件参数设置信息。选择“Save As（另存为）”，可将控制文件重命名另存为一个文件（inp 格式文件）。

用户可选择“Open（打开）”，读取并查看自带光盘\caltest\geo\ ctgproc.inp。

本案例练习时，用户选择“New（新建）”。

（2）“CTGPROC General Information（土地利用数据预处理程序整体信息情况）”界面里，用户在“Setup（设置）”中，选择“Current working directory（当前工作目录）”输入或者浏览设置 D：\caltest\geo。

“Executable File（可执行文件）”“Parameter File（参数文件）”，默认即可，此处不需额外设置。

（3）“Extra processing option（其他处理选项）”中 “Do you need to process coastline data（是否处理海岸线数据）”，默认选择“No”即可，此处不需额外设置。

注意：在当前土地利用数据准确的情况下，一般不需再输入海岸线数据。当沿海地区土地利用数据无法体现海岸线情况，用户需选择输入海岸线数据，土地利用数据通过使用在 CTGPROC 海岸线处理选项，用户可以处理、修正相关问题，见图 2-15。

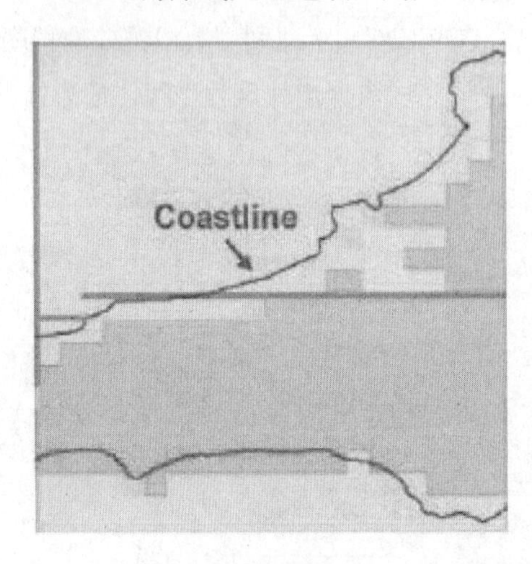

不考虑处理海岸线

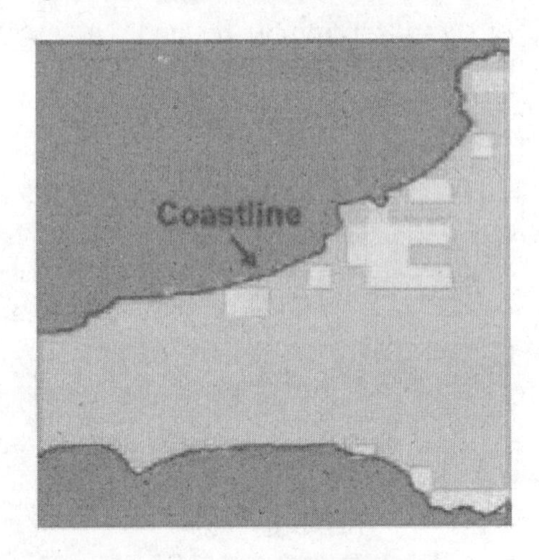

考虑处理海岸线

图 2-15 CTGPROC 是否考虑处理海岸线

（4）“Output Files（输出文件）”中“Land use data file（土地利用数据文件）”“List Output file（日志文件）”等参数默认即可，用户也可输入其他名称。“Land use output format（土地利用数据格式）”选择“Fractional land use（ready for MAKEGEO）（用于 MAKEGEO 土地利用数据）”。

“List Output file（日志文件）”可以用来查看运行信息或者查看错误信息等。

（5）“Case（案例）”中 “Convert File Names to Upper Case（转换文件名大写）”，默认选择“No”即可，此处不需额外设置。

（6）用户设置完“CTGPROC General Information（土地利用数据预处理程序整体信息情况）”，点击菜单栏里“Input（文件）”的“Sequential（连续模式）”选项，打开“Meteorological grid information（气象网格信息）”界面，见图 2-16。

（7）在“Meteorological grid information（气象网格信息）”界面，用户可点击“Load parameters from an existing grid（读取现有网格参数）”按钮，直接读取做好的共享网格文件“ProjectGrid.cmn”（文件在 D：\caltest\grid\路径下），系统自动加载已设好的共享网格信息，加载后的信息见图 2-16。

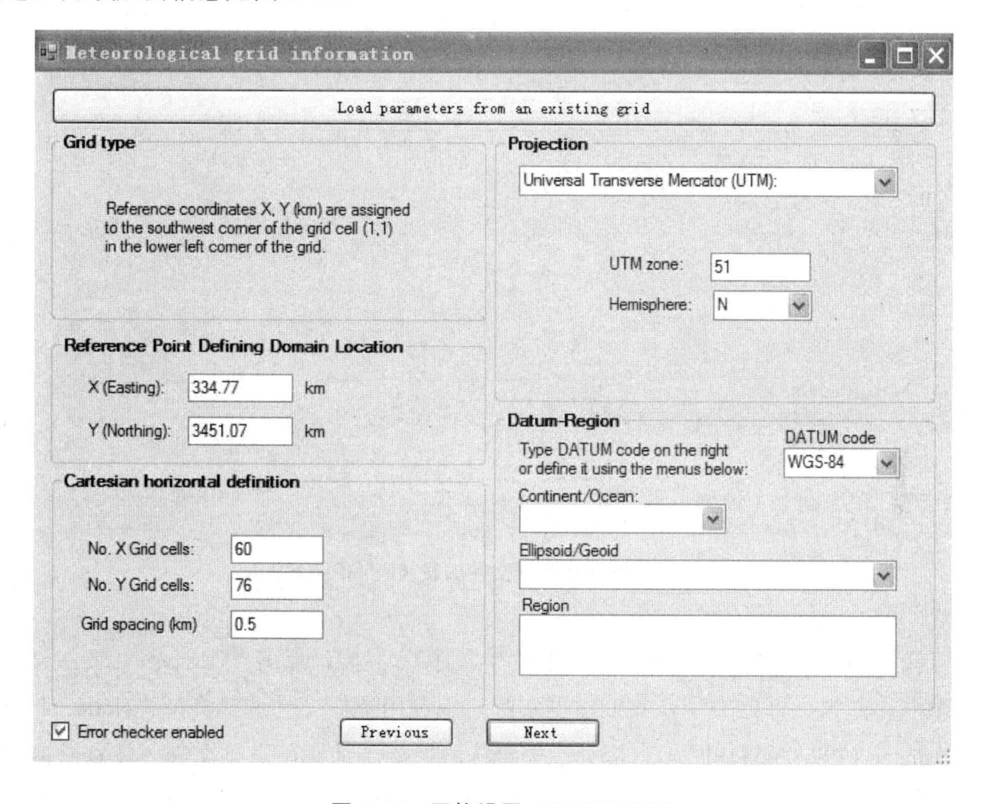

图 2-16　网格设置（CTGPROC）

（8）在“Meteorological grid information（气象网格信息）”界面，用户也可以手动依次填写网格信息，见图 2-16。在“Grid type（网格类型）”选择“Cartesian，reference in Lower Left CORNER（1，1）（直角坐标系，左下角坐标）”。

“Reference Point Defining Domain Location（参考点定义位置）”，“X（Easting）”输入“334.77”，“Y（Northing）”输入“3451.07”，注意单位为 km。

在“Cartesian horizontal definition（直角坐标系水平定义）”，“No.X Grid cells（*X* 方向网格点数量）”输入“60”，“No.Y Grid cells（*Y* 方向网格点数量）”输入“76”，“Grid spacing（km）（网格距）”输入“0.5”。

“Projection（投影）”，选择“Universal Transverse Mercartor（UTM）”。在“UTM Zone（区号）”输入“51”，“Hemisphere（半球）”选择“N”。

“DATUM code（大地基准面）”输入“WGS-84”，其他选项不填。

点击“Next（下一步）”按钮，弹出“Land use data files（土地利用数据文件）”界面，见图 2-17。

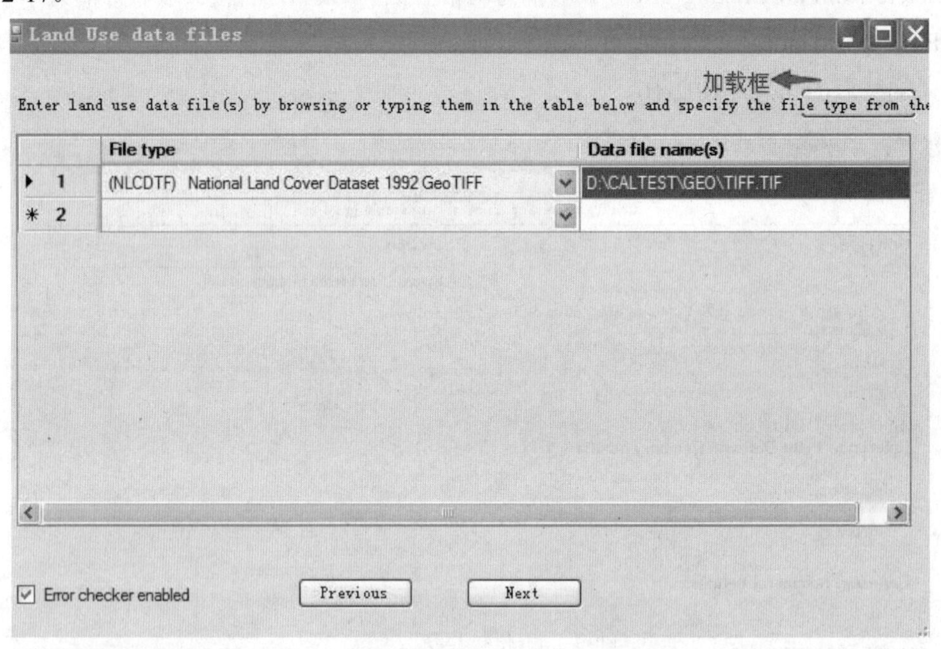

图 2-17　土地利用数据文件加载（CTGPROC）

（9）在“Land use data files（土地利用数据文件）”界面，点击“File type（文件类型）”选择土地利用数据文件的类型，我们根据实际土地利用数据文件选择类型“National Land Cover Dataset 1992 GeoTIFF”，点击加载框来选取原始土地利用数据文件（注意：加载框显示过小，用户点击要准确才能点中），用户也可以在“Data file name（数据名称）”手动输入土地利用数据文件路径，见图 2-17。

原始土地利用数据文件（30 m 分辨率）在 D：\caltest\geo\ TIFF.tif 路径下。

读者设置好原始土地利用数据路径后，点击“Next（下一步）”按钮，弹出“Processing option（处理选项）”界面，见图 2-18。

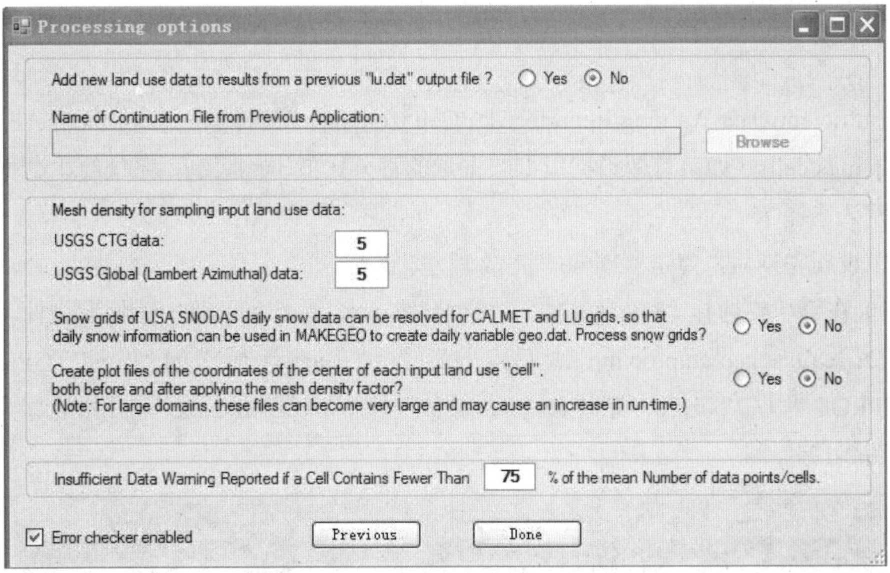

图 2-18　处理选项（CTGPROC）

注意："File type（文件类型）"中免费的土地利用数据大部分为国外数据（可从 http://src.com/calpuff/data/land_use.html 下载），中国部分可免费获取的土地利用资料数据为美国地质勘探局（USGS）的 GLCC 数据库中亚洲部分（USGS Global（Lambert Azimuthal）for Eurasia – Asia，精度 1 000 m，2000 年），可从网上下载，也可从光盘\caltest\landuse 查看免费数据。

本案例的 GeoTIFF 数据测试文件为作者负责开发的高分辨率土地利用数据，精度 30 m。

（10）在"Processing option（处理选项）"界面，"Add New land use data to results from a previous "lu.dat" output file（在以前的 lu.dat 添加新土地利用数据）"默认选择"No"即可，此处不需额外设置。

"Mesh density for sampling input land use data（土地利用采样网格点数量）"，"USGS CTG DATA"输入"5"，"USGS Global DATA（Lambert Azimuthal）"输入"5"。

"Snow grids of USA SNODAS daily snow data can be resolved for CALMET and LU grids，so that daily snow information can be used in MAKEGEO to create daily variable geo.dat.Process snow grids?（美国 SNODAS 降雪数据可提供给 CALMET 和 LU 网格，MAKEGEO 可制作每日 geo.dat，是否处理降雪数据网格？）"默认考虑"No"。

"Create plot files of the coordinates of the center of each input land use 'cell'.both before and after applying the mesh density factor?（Note：For large domains，these files can become very large and may cause an increase in run-time）[在采样网格点前后，均执行创建输入土地

利用数据每个网格中心坐标？（对于大区域，文件会增大，可能导致运行时间增长）]”默认考虑“No”。

“Insufficient Data Warning Reported if a Cell Contains Fewer Than% of the mean Number of data points/cells（如果有效数据量占数据量的百分比低于此限制，系统给出数据不足警告）”，默认选择 75。

以上设置完毕后，点击“Done（完成）”按钮。

（11）在菜单栏选择“File（文件）”，选择“Save（保存）”，将上述控制文件参数信息保存到 D：\caltest\geo\ctgproc.inp，然后点击菜单栏“Run（运行）”的“Run CTGPROC（运行 CTGPROC 程序）”选项，系统自动运行预处理程序“ctgproc.exe”，开始运算并完成计算，见图 2-19。

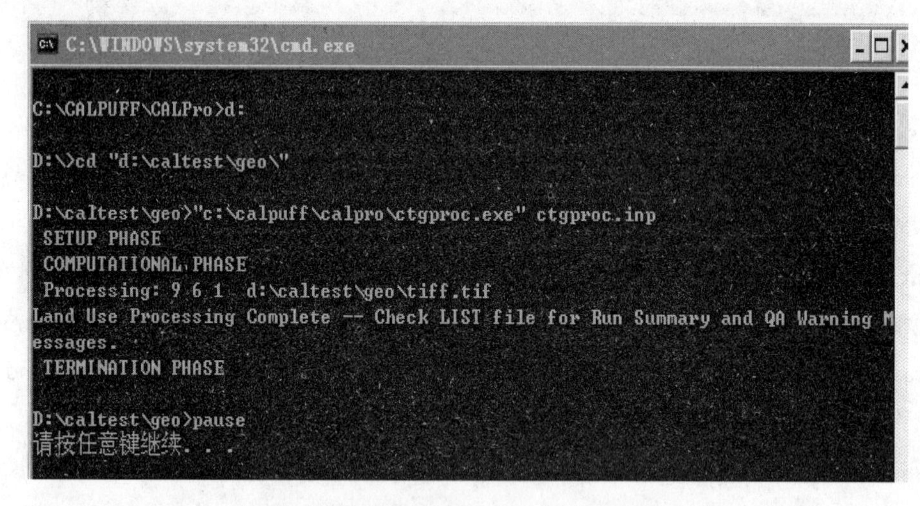

图 2-19 程序运算结束（CTGPROC）

输出的结果见图 2-20，其中 lu.dat 是处理好的土地利用数据文件（可用记事本或者 ultra edit 等工具打开），ctgproc.lst 是日志文件（查看相关计算信息），run_ctgproc.bat 是批处理文件（调用 ctgproc.exe 计算 ctgproc.inp）。

图 2-20 输出结果（CTGPROC）

用户可打开菜单栏的“utilities（实用工具）”的“View File（查看文件）”功能，查看“lst（日志文件）”，见图 2-21，也可用记事本或者 ultra edit 等工具打开日志文件。用户还可打开菜单栏的“utilities（实用工具）”的“View Map（查看地图）”功能，调用“Calview”工具来查看土地利用数据信息。

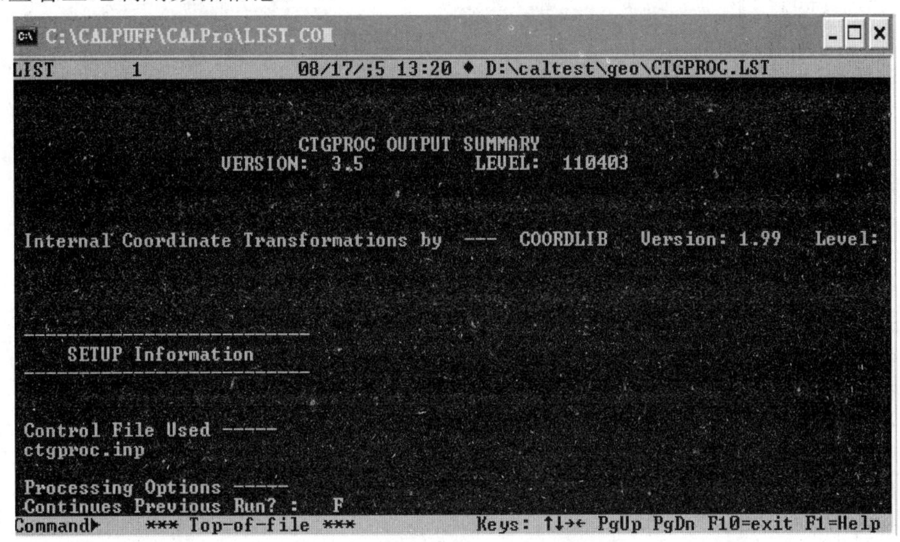

图 2-21　查看日志（CTGPROC）

2.2.3　地理数据合成（geo.dat）

MAKEGEO 是地理数据处理程序，它读取 TERREL 和 CTGPROC 生成的地形高程（terrel.dat）和用地类型数据（lu.dat），计算 CALMET 所需的地面特征参数（粗糙度、反照率、波文比等），生成 CALMET 可识别的地理数据格式（geo.dat）。生成 geo.dat 步骤与生成 terrel.dat、lu.dat 步骤类似，具体如下：

（1）点击 MAKEGEO 按钮 Create Geophysical File (MAKEGEO)，打开“MAKEGEO（地理数据处理程序）”，用户可看到 “MAKEGEO General Information（地理数据处理程序整体信息情况）”界面，见图 2-22。

用户可点击菜单栏里的“File（可执行文件）”，选择“New（新建）”，可新建一个“.inp（控制文件）”。选择“Open（打开）”，可读取用户已做好的“.inp（控制文件）”。选择“Save（保存）”，可保存当前控制文件参数设置信息。选择“Save As（另存为）”，可将控制文件重命名另存为一个文件（inp 格式文件）。

用户可选择“Open（打开）”，读取并查看自带光盘\caltest\geo\ makegeo.inp。

本案例练习时，用户选择“New（新建）”。

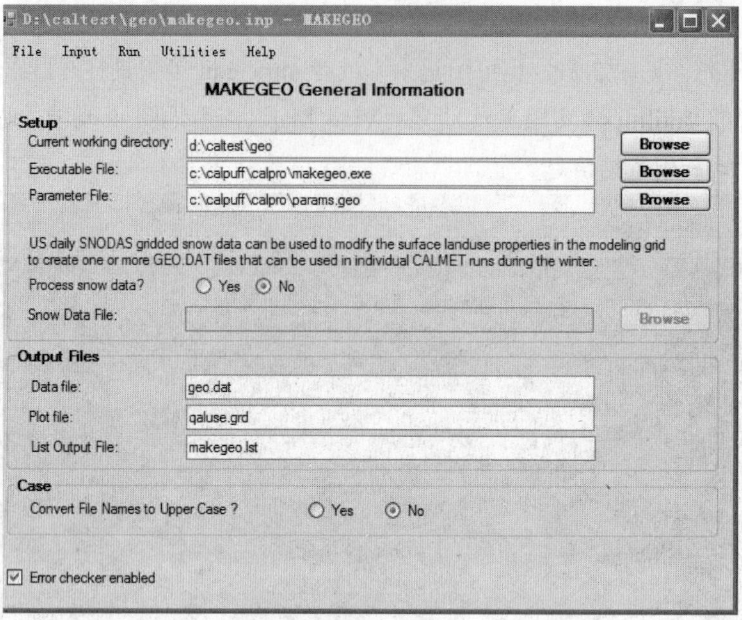

图 2-22 土地利用数据预处理模块（MAKEGEO）

（2）“MAKEGEO General Information（地理数据处理程序整体信息情况）” 界面里，用户在“Setup（设置）”中，选择“Current working directory（当前工作目录）”输入或者浏览设置 D：\caltest\geo。

“Executable File（可执行文件）”“Parameter File（参数文件）”，默认即可，此处不需额外设置。

（3）“US daily SNODAS gridded snow data can be used to modify the surface landuse properties in the modeling grid to create one or more GEO.DAT files that can be used in individual CALMET runs during the winter. Process snow data？（美国每日 SNODAS 降雪数据，可用于修订模型网格中地表土地利用参数来输出多个 GEO.DAT，多个 GEO.DAT 文件可用于多个 CALMET 文件模拟冬季气象场。是否处理降雪数据？）”，默认选择“No”即可，此处不需额外设置。

（4）“Output Files（输出文件）”中“Data file（数据文件）”“List Output file（日志文件）”“Plot file（网格文件）”等参数默认即可，用户也可输入其他名称。

“List Output file（日志文件）”可以用来查看运行信息或者查看错误信息等。

（5）“Case（案例）”中 “Convert File Names to Upper Case（转换文件名大写）”，默认选择“No”即可，此处不需额外设置。

（6）用户设置完“MAKEGEO General Information（地理数据处理程序整体信息情况）”，点击菜单栏里“Input（文件）”的“Sequential（连续模式）”选项，打开“Meteorological grid information（气象网格信息）”界面，见图 2-23。

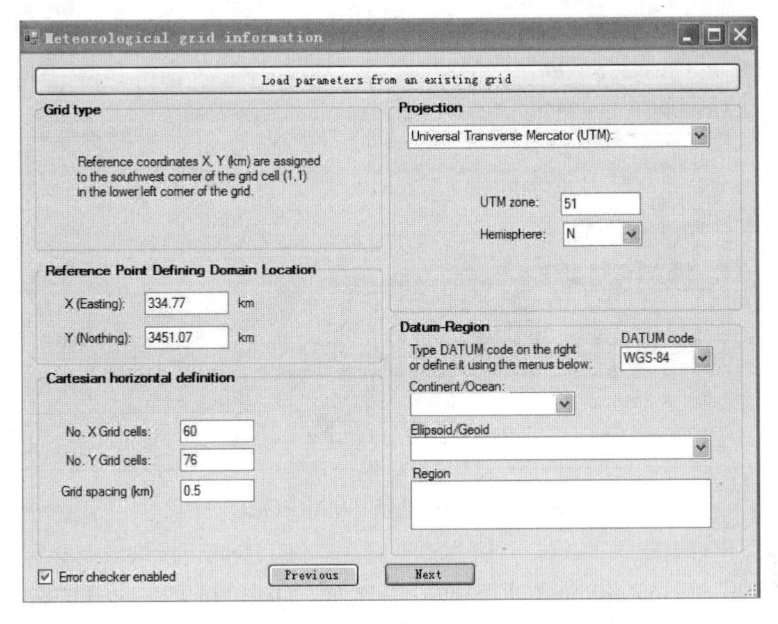

图 2-23　网格设置（MAKEGEO）

（7）在“Meteorological grid information（气象网格信息）”界面，用户可点击“Load parameters from an existing grid（读取现有网格参数）”按钮，直接读取做好的共享网格文件“ProjectGrid.cmn”（文件在 D：\caltest\grid\路径下），系统自动加载已设好的共享网格信息，加载后的信息见图 2-23。

（8）在“Meteorological grid information（气象网格信息）”界面，用户也可以手动依次填写网格信息，见图 2-23。在“Grid type（网格类型）”选择“Cartesian，reference in Lower Left CORNER（1，1）（直角坐标系，左下角坐标）”。

“Reference Point Defining Domain Location（参考点定义位置）”，“X（Easting）”输入“334.77”，“Y（Northing）”输入“3451.07”，注意单位为 km。

在“Cartesian Horizontal Definition（直角坐标系水平定义）”，“No.X Grid cells（*X* 方向网格点数量）”输入“60”，“No.Y Grid cells（*Y* 方向网格点数量）”输入“76”，“Grid spacing（km）（网格距）”输入“0.5”。

“Projection（投影）”，选择“Universal Transverse Mercartor（UTM）”。在“UTM Zone（区号）”输入“51”，“Hemisphere（半球）”选择“N”。

“DATUM code（大地基准面）”输入“WGS-84”，其他选项不填。

点击“Next（下一步）”按钮，弹出“Processing option（处理选项）”界面，见图 2-24。

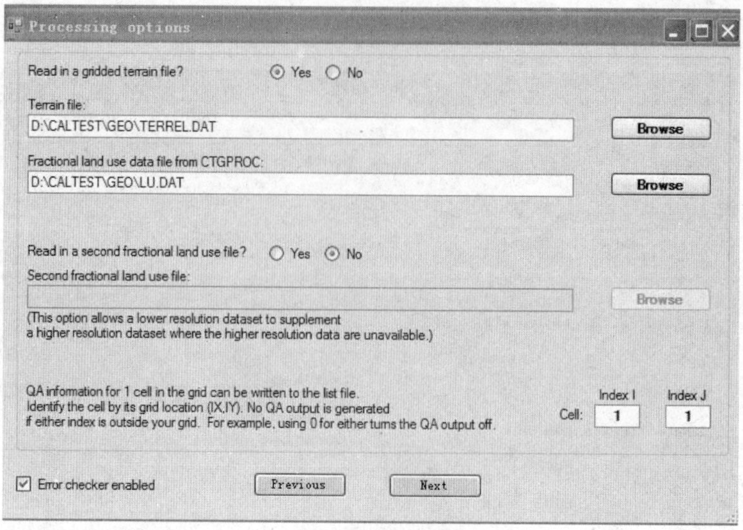

图 2-24　处理选项（MAKEGEO）

（9）在“Processing option（处理选项）”界面，“Read in a gridded terrain file（读取网格化地形文件）”默认选择“Yes”即可，此处不需额外设置。

“Terrain file（地形高程文件）”界面，点击加载框来选取 terrel.dat 文件，用户也可以在手动输入高程文件路径“D：\CALTEST\GEO\TERREL.DAT”，“Fractional land use data file from CTGPROC（土地利用数据文件）”界面，点击加载框来选取 lu.dat 文件，用户也可以在手动输入高程文件路径“D：\CALTEST\GEO\LU.DAT”，见图 2-24。

“Read in a second fractional land use file（读取第二个土地利用数据文件）”默认选择“No”即可，此处不需额外设置。

“QA information for 1 cell in the grid can be written to the list file. Identify the cell by its grid location（IX，IY）.No QA output is generated if either index is outside your grid. For example，using 0 for either turns the QA output off.（网格质量信息数据写入日志文件，确定网格位置（IX，IY），超过网格外的数据不产生 QA 输出，例如，输入 0 即关闭 QA 输出）”，Index I、Index J 默认选择“1”“1”即可，此处不需额外设置。

读者设置好原始高程路径后，点击“Next（下一步）”按钮，弹出“land use data files（土地利用数据）”界面，默认即可，此处不需额外设置，见图 2-25。

以上设置完毕后，点击“Done（完成）”按钮。

（10）在菜单栏选择“File（文件）”，选择“Save（保存）”，将上述控制文件参数信息保存到 D：\caltest\geo\makegeo.inp，然后点击菜单栏“Run（运行）”的“Run MAKEGEO（运行 MAKEGEO 程序）”选项，系统自动运行预处理程序“Makegeo.exe”，开始运算并完成计算，见图 2-26。

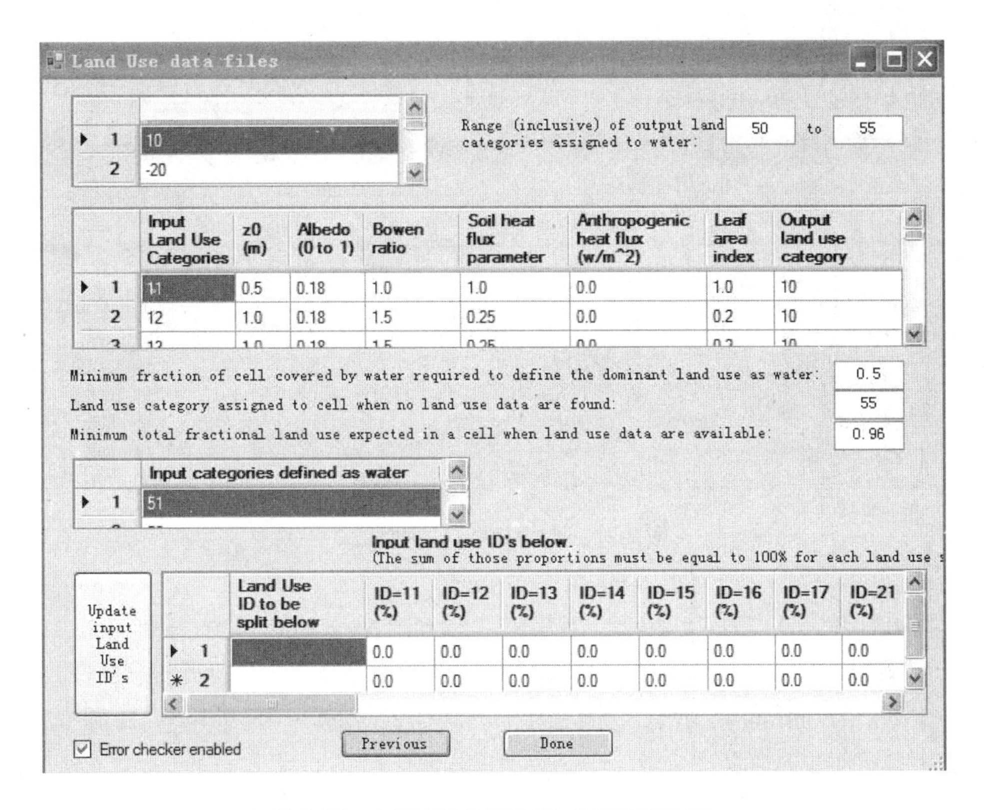

图 2-25　土地利用数据选项（MAKEGEO）

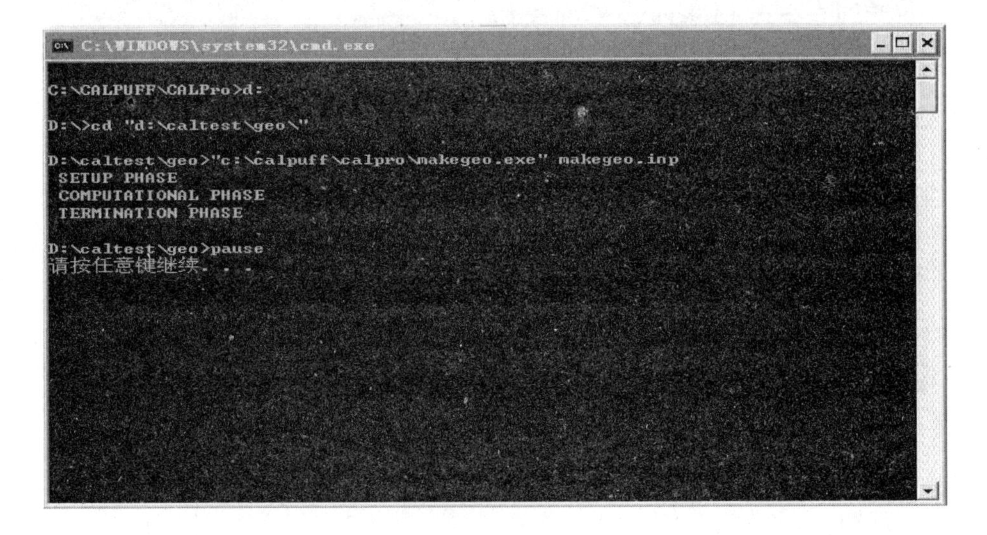

图 2-26　程序运算结束（MAKEGEO）

输出的结果见图 2-27，其中 geo.dat 是处理好的地理数据文件（可用记事本或者 ultra edit 等工具打开），qaterr.grd 是网格化地形文件（绘图使用），qaluse.grd 是网格化土地利用数据文件（绘图使用），geo.lst 是日志文件（查看相关计算信息），run_geo.bat 是批处理文件（调用 geo.exe 计算 geo.inp）。

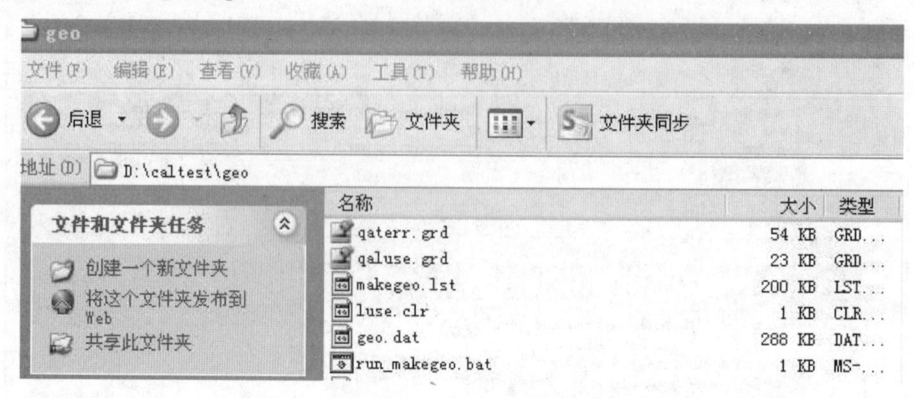

图 2-27 输出结果（MAKEGEO）

用户可打开菜单栏的“utilities（实用工具）”的“View File（查看文件）”功能，查看“lst（日志文件）”，见图 2-28，也可用记事本或者 ultra edit 等工具打开日志文件。用户还可打开菜单栏的“utilities（实用工具）”的“View Map（查看地图）”功能，调用“Calview”工具来查看地理数据信息。

```
C:\CALPUFF\CALPro\LIST.COM
LIST        1          08/17/;5 21:54 ♦ D:\caltest\geo\MAKEGEO.LST

                 MAKEGEO OUTPUT SUMMARY
            VERSION:  3.2          LEVEL:  110401

 ----------------------------
     SETUP Information
 ----------------------------

 Application ------
 GEO.DAT file

 Control File Used -----
 makegeo.inp

 Processing Options -----
 Terrain Data File Used? :   T
 Snow Data File Used?    :   F
Command▸    *** Top-of-file ***          Keys: ↑↓→← PgUp PgDn F10=exit F1=Help
```

图 2-28 查看日志（MAKEGEO）

geo.dat 文件包含各气象网格的海拔高度、用地类型及一些地表特征参数（如地表粗糙度、反照率、波文比、土壤热通量、叶面积指数、人类活动热通量），geo.dat 数据格式说明见附录 A.1 地理数据 GEO.DAT 文件格式。

2.3　气象数据预处理

本案例气象站 2 个（上海站、虹桥站），上海站经纬度（121.47°E，31.40°N），虹桥站经纬度（121.34°E，31.20°N），气象要素包括风向、风速、总云、温度、湿度、气压和云高。原始文件为 csv 格式，路径为光盘\caltest\smerge。

高空实测站 1 个，经纬度（121.47°E，31.40°N）。

2.3.1　地面气象数据预处理（surf.dat）

点击打开“Pre-Processors（预处理模块）”界面 Surface Met. Data 按钮，见图 2-29。

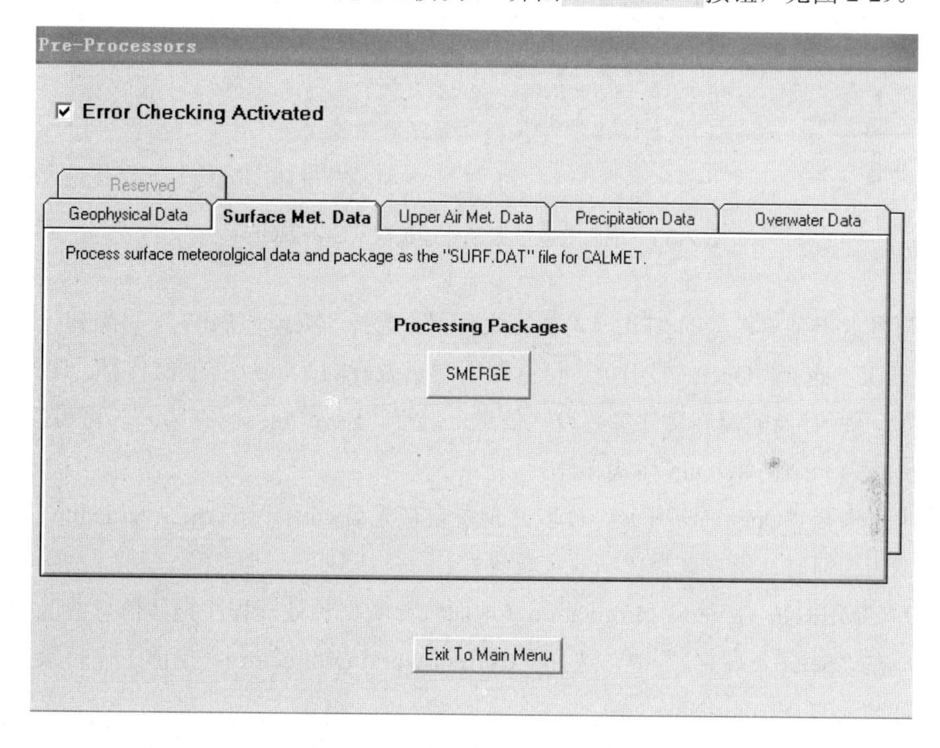

图 2-29　数据预处理模块（SMERGE）

SMERGE 是地面气象预处理程序，可将不同格式地面气象观测数据转换成 CALMET 程序可识别格式（SURF.DAT）。注意：SMERGE 可转换多种格式 CD144、NCDC SAMSON、NCDC HUSWO、TD3505、CSV 等生成 surf.dat，SMERGE 不能读取我国的气象 A 文件。由于 CD144、NCDC SAMSON 等均为国外格式，我国原始气象数据格式与之差异较大，本案例以 csv 格式为准。生成 surf.dat 步骤如下：

（1）点击“SMERGE（地面气象数据预处理模块）”，打开 SMERGE 地面气象预处理模块界面，用户可看到“SMERGE General Information（地面气象数据预处理程序整体信息情况）”界面，见图 2-30。

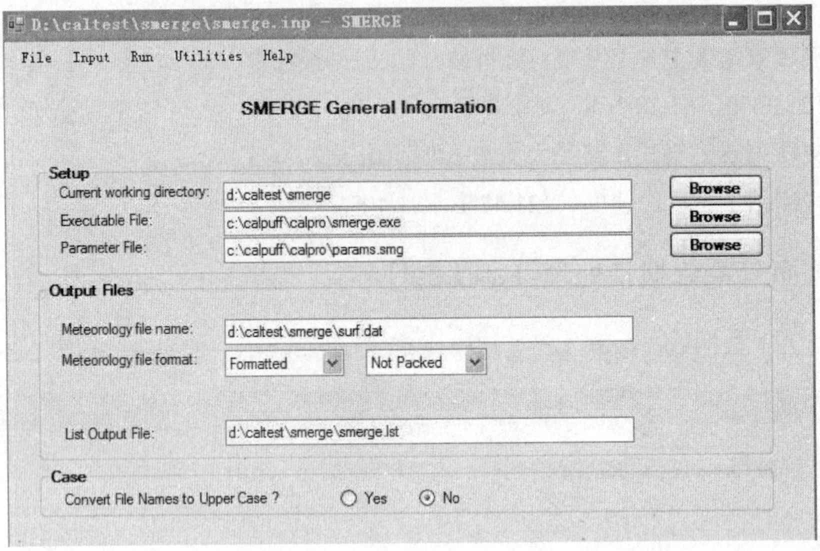

图 2-30 地面气象数据预处理模块（SMERGE）

用户可点击菜单栏里的“File（可执行文件）”，选择“New（新建）”，可新建一个“.inp（控制文件）”。选择“Open（打开）”，可读取用户已做好的“.inp（控制文件）”。选择“Save（保存）”，可保存当前控制文件参数设置信息。选择“Save As（另存为）”，可将控制文件重命名另存为一个文件（inp 格式文件）。

用户可选择“Open（打开）”，读取并查看自带光盘\caltest\smerge\smerge.inp。

本案例练习时，用户选择“New（新建）”。

（2）“SMERGE General Information（地面气象数据预处理程序整体信息情况）”界面里，用户在“Setup（设置）”中，选择“Current working directory（当前工作目录）”输入或者浏览设置 D：\caltest\smerge\。

“Executable File（可执行文件）”“Parameter File（参数文件）”，默认即可，此处不需额外设置。

（3）“Output Files（输出文件）”中“Meteorology file name”输入“d：\caltest\smerge\surf.dat”，“Meteorology file format”选择“Formatted”“Not Packed”，“List Output file（日志文件）”输入“d：\caltest\smerge\smerge.lst”，用户也可输入其他名称。

“List Output file（日志文件）”可以用来查看运行信息或者查看错误信息等。

（4）“Case（案例）”中“Convert File Names to Upper Case（转换文件名大写）”，默认选择“No”即可，此处不需额外设置。

（5）用户设置完“SMERGE General Information（地面气象数据预处理程序整体信息情况）”，点击菜单栏里“Input（文件）”的“Sequential（连续模式）”选项，打开“Processing information（处理信息）”界面，见图 2-31。

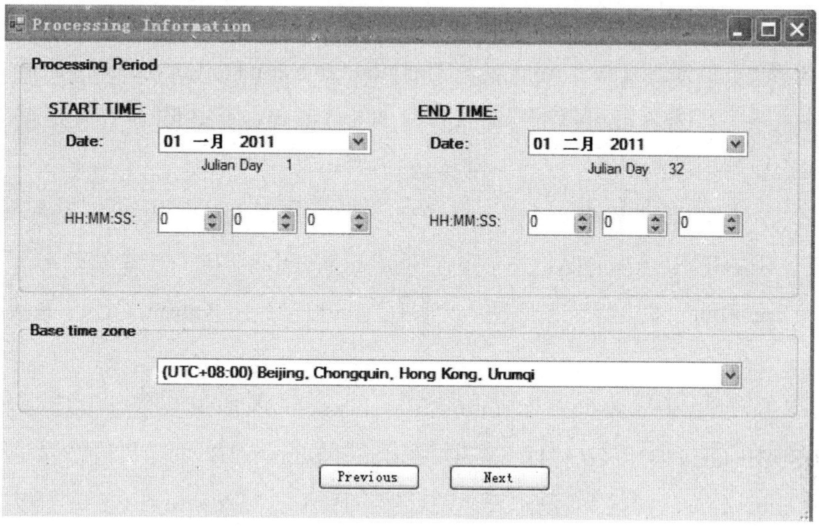

图 2-31　处理信息设置（SMERGE）

“START TIME（开始时间）”输入“2011.01.01”，“HH：MM：SS”输入“0：0：0”，“END TIME（结束时间）”输入“2011.02.01”，“HH：MM：SS”输入“0：0：0”。

“Base time zone（基准时区）”输入“（UTC+08：00）Beijing，Chongquin”。

点击“Next（下一步）”按钮，弹出“Surface Stations（地面站）”界面，见图 2-32。

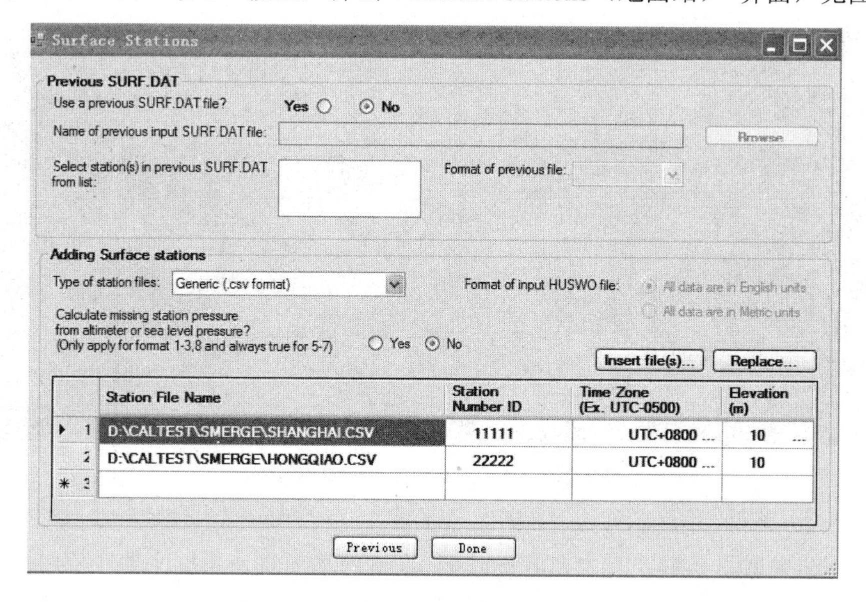

图 2-32　地面站数据（SMERGE）

（6）在“Surface Stations（地面站）”界面，“Previous SURF.DAT（之前设置的SURF.DAT）”中“Use a previous SURF.DAT file?（是否采用之前设置的 SURF.DAT?）”，默认选择“No”。

“Adding Surface stations（增加地面站）”选项，“Type of station files:（气象站文件数据类型）”选择“Generic（.csv format）”。“Calculate mission station pressure from altimeter or sea level pressure?（Only apply for format 1-3，8 and always true for 5-7）（根据高度计或海平面气压来计算站点缺失的压力？）”默认选择“No”。

输入第 1 个气象站数据，“Station File Name（地面站名称）”选项输入“D:\CALTEST\SMERGE\SHANGHAI.CSV”，“Station Number ID（气象站站号）”选项输入“11111”，“Time Zone（时区）”选项输入“UTC+0800”。“Elevation（m）（海拔高度，m）”输入“10”。

输入第 2 个气象站数据，“Station File Name（地面站名称）”选项输入“D:\CALTEST\SMERGE\HONGQIAO.CSV”“Station Number ID（气象站站号）”选项输入“22222”，“Time Zone（时区）”选项输入“UTC+0800”。“Elevation（m）（海拔高度，m）”输入“10”。

以上设置完毕后，点击“Ok（完成）”按钮。

（7）在菜单栏选择“File（文件）”，选择“Save（保存）”，将上述控制文件参数信息保存到 D:\caltest\smerge\ smerge.inp，然后点击菜单栏“Run（运行）”的“Run SMERGE（运行 SMERGE 程序）”选项，系统自动运行预处理程序“smerge.exe”，开始运算并完成计算，见图 2-33。

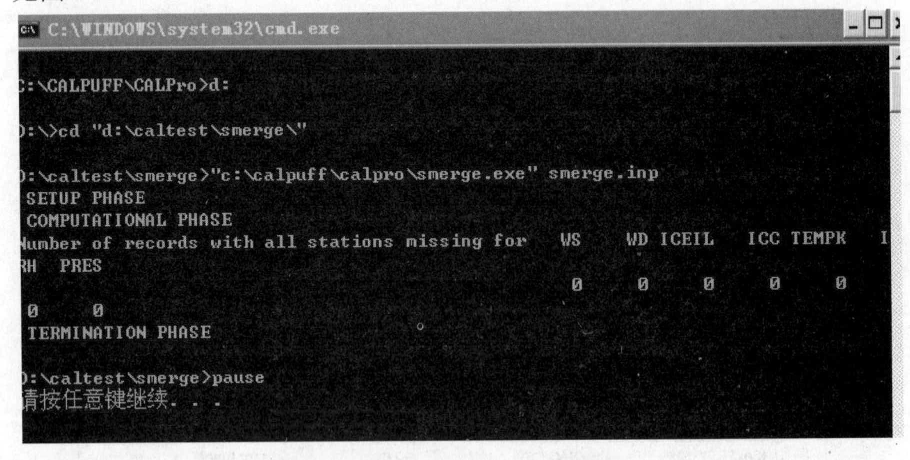

图 2-33 程序运算结束（SMERGE）

输出的结果见图 2-34，其中 surf.dat 是处理好的地面气象数据文件（可用记事本或者 ultra edit 等工具打开），smerge.lst 是日志文件（查看相关计算信息），run_smerge.bat 是批处理文件（调用 smerge.exe 计算 smerge.inp）。

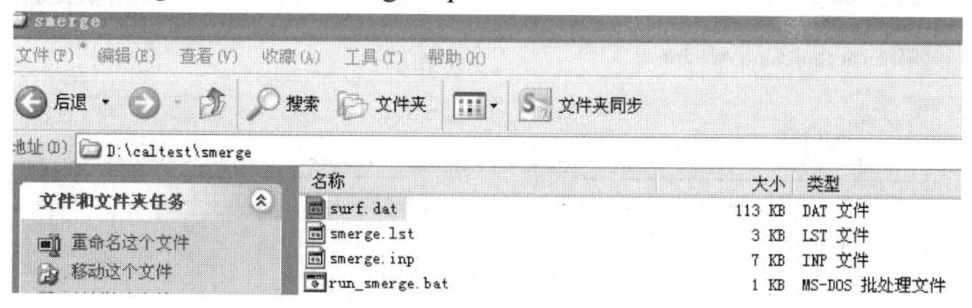

图 2-34　输出结果（SMERGE）

用户可打开菜单栏的“utilities（实用工具）”的“View/Edit File（查看/修改文件）”功能，查看“lst（日志文件）”，见图 2-35，也可用记事本或者 ultra edit 等工具打开日志文件。用户还可打开菜单栏的“utilities（实用工具）”的“View Map（查看地图）”功能，调用“Calview”工具来查看地面气象数据信息。

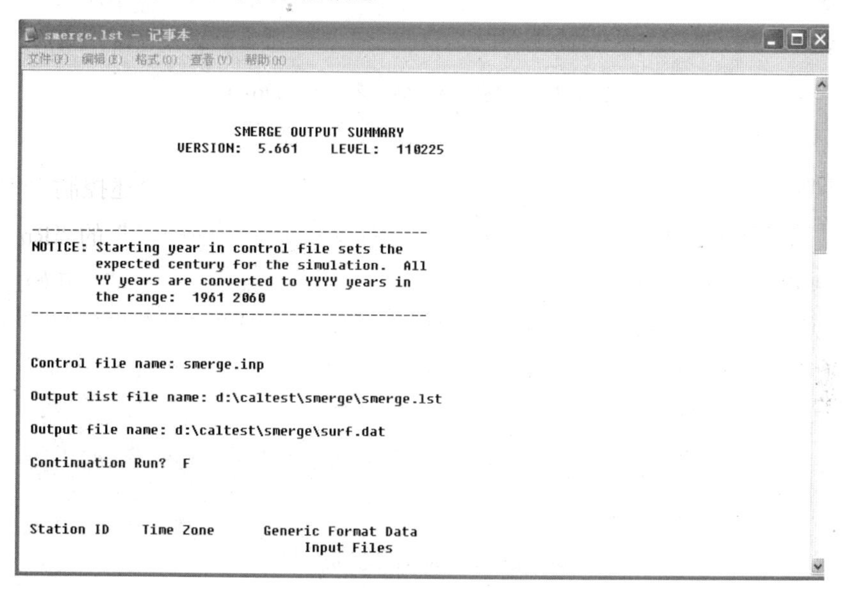

图 2-35　查看日志（SMERGE）

SURF.DAT 文件中前 8 行为文件头，主要为文件版本、时间、时区等；其他行为气象数据，气象数据包含时间、风速、风向、云底高度、云量、温度、相对湿度、站点气压、降水类型等。

SURF.DAT 说明见附录 A.3 地面气象数据 SURF.DAT 文件格式。

2.3.2　高空气象数据预处理（up.dat）

点击打开“Pre-Processors（预处理模块）”界面 Upper Air Met. Data 按钮，见图 2-36。

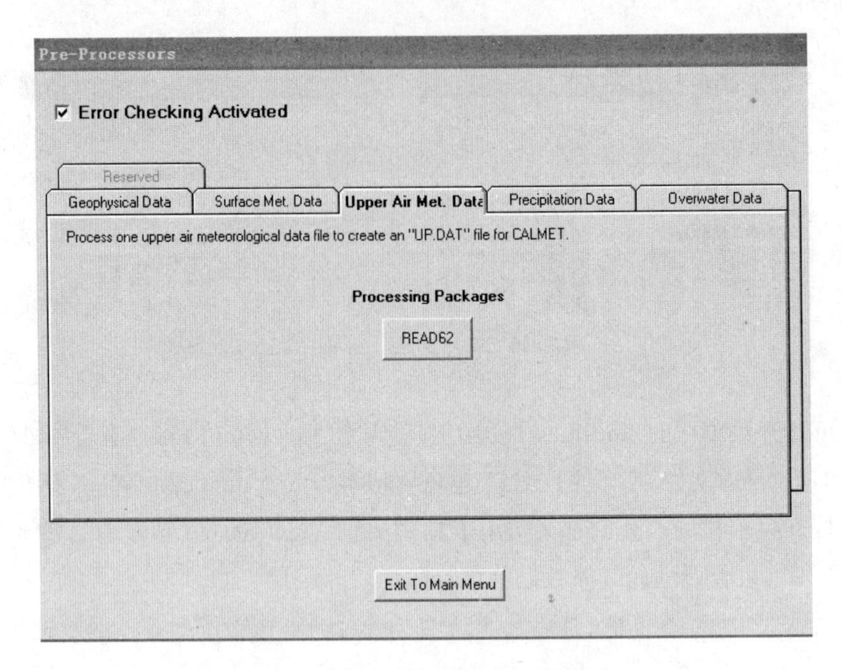

图 2-36 数据预处理模块（READ62）

READ62 是高空气象预处理程序，可将标准高空观测数据（FSL、TD-6201）转换成 upper.dat，每个高空气象站数据可转换成一个 UP.DAT，本案例以国际共享站 FSL 数据为例，生成 up.dat 步骤如下：

（1）点击“READ62（高空气象预处理程序）”，打开 READ62 高空气象预处理程序模块界面，用户可看到“READ62 General Information（高空气象预处理程序整体信息情况）”界面，见图 2-37。

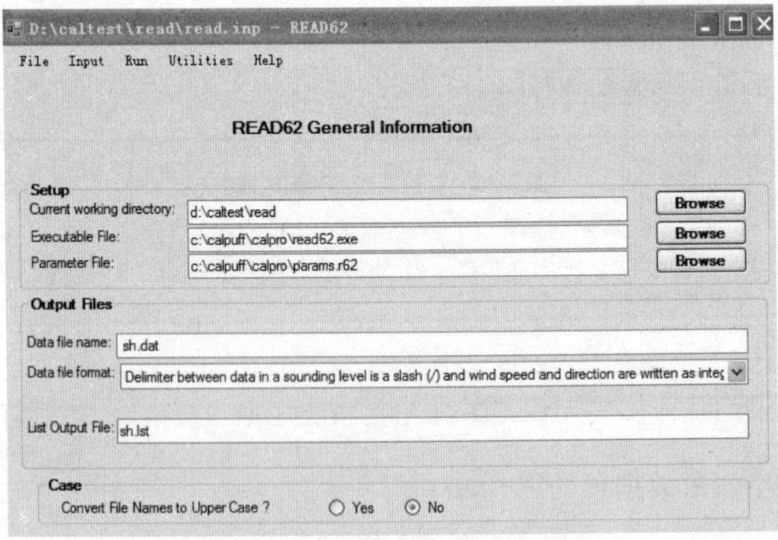

D:\caltest\read\read.inp - READ62
File Input Run Utilities Help
READ62 General Information
Setup
Current working directory: d:\caltest\read Browse
Executable File: c:\calpuff\calpro\read62.exe Browse
Parameter File: c:\calpuff\calpro\params.r62 Browse
Output Files
Data file name: sh.dat
Data file format: Delimiter between data in a sounding level is a slash (/) and wind speed and direction are written as integ
List Output File: sh.lst
Case
Convert File Names to Upper Case ? Yes No

图 2-37 高空数据预处理模块（READ62）

用户可点击菜单栏里的“File（可执行文件）”，选择“New（新建）”，可新建一个“.inp（控制文件）”。选择“Open（打开）”，可读取用户已做好的“.inp（控制文件）”。选择“Save（保存）”，可保存当前控制文件参数设置信息。选择“Save As（另存为）”，可将控制文件重命名另存为一个文件（inp 格式文件）。

用户可选择“Open（打开）”，读取并查看自带光盘\caltest\read\read.inp。

本案例练习时，用户选择“New（新建）”。

（2）“READ62 General Information（高空气象预处理程序整体信息情况）” 界面里，用户在“Setup（设置）”中，选择“Current working directory（当前工作目录）”输入或者浏览设置 d：\caltest\read。

“Executable File（可执行文件）”“Parameter File（参数文件）”，默认即可，此处不需额外设置。

（3）“Output Files（输出文件）”中“Data file name”输入 sh.dat，“data file format”选择“Delimiter between data in a sounding level is a slash（/）and wind speed and direction are written as integers（在探空数据层之间分隔符为斜杠（/），风速和风向写为整数）”，“List Output file（日志文件）”输入“sh.lst”，用户也可输入其他名称。

“List Output file（日志文件）”可以用来查看运行信息或者查看错误信息等。

（4）“Case（案例）”中 “Convert File Names to Upper Case（转换文件名大写）”，默认选择“No”即可，此处不需额外设置。

（5）用户设置完“READ62 General Information（高空气象预处理程序整体信息情况）”，点击菜单栏里“Input（文件）”的“Sequential（连续模式）”选项，打开“Processing option（处理选项）”界面，见图 2-38。

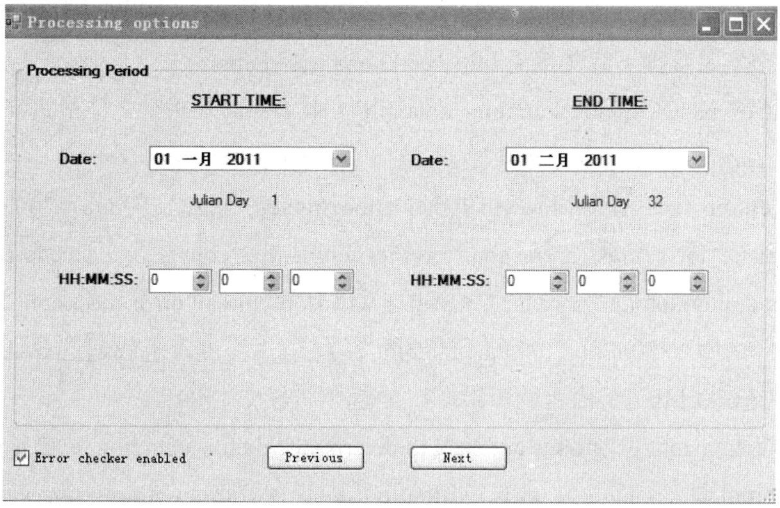

Processing options

Processing Period

START TIME:　　END TIME:

Date: 01 一月 2011　　Date: 01 二月 2011

Julian Day 1　　Julian Day 32

HH:MM:SS: 0 0 0　　HH:MM:SS: 0 0 0

Error checker enabled　Previous　Next

图 2-38　处理信息设置（READ62）

“START TIME（开始时间）”输入“2011.01.01”，“HH：MM：SS”输入“0：0：0”，“END TIME（结束时间）”输入“2011.02.01”，“HH：MM：SS”输入“0：0：0”，“Base time zone（基准时区）”输入“（UTC+08：00）Beijing，Chongquin”。

点击“Next（下一步）”按钮，弹出“Sounding file and processing specifications（探空文件和处理规范）”界面，见图 2-39。

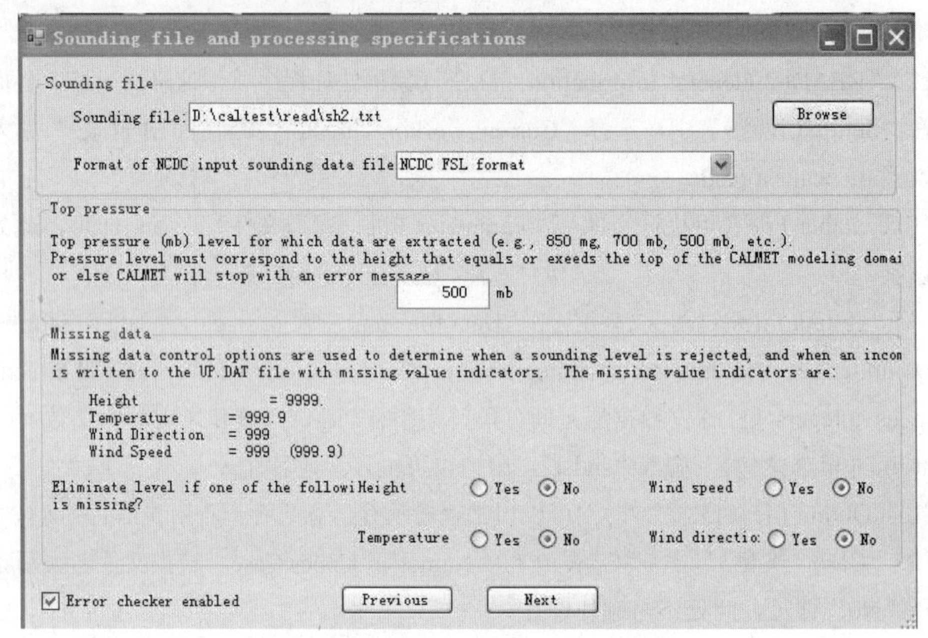

图 2-39　探空文件和处理规范（READ62）

（6）在“Sounding file and processing specifications（探空文件和处理规范）”界面，“Sounding file（探空文件）”输入下载的探空数据的路径 D：\caltest\read\sh2.txt。

原始高空气象数据下载链接见 http://esrl.noaa.gov/raobs/。

“Format of NCDC input sounding data file（NCDC 输入探空文件格式）”选项，选择“NCDC FSL format”。

“Top pressure（mb）level for which data are extracted（e.g.，850 mb，700 mb，500 mb，etc.）. Pressure level must correspond to the height that equals or exceeds the top of the CALMET modeling domain，or else CALMET will stop with an error message.[探空数据顶部气压（bPa）（例如，850bPa，700bPa，500bPa 等），气压高度等于或超过 CALMET 建模垂直高度，否则 CALMET 将停止并报错。］”选项，输入“500”。

“Missing data control options are used to determine when a sounding level is rejected，and when an incomplete sounding level is written to the UP.DAT file with missing value indicators. The missing value indicators（are）Height = 9999（9999.0）Temperature = 999.9 Wind（Direction

= 999（999.0））Wind（Speed = 999（999.0））. [缺失数据选项，当探空层丢失以及不完整的探空层数据按缺失值形式写入 UP.DAT 文件。缺失值：高度=9999（9999.0）温度=999.9 风（风向角=999（999.0））风（速度=999（999.0））]”选项，默认选择“No”。

点击“Next（下一步）”按钮，弹出“Sounding repair and substitution（探空数据修复与替换）”界面，见图 2-40。

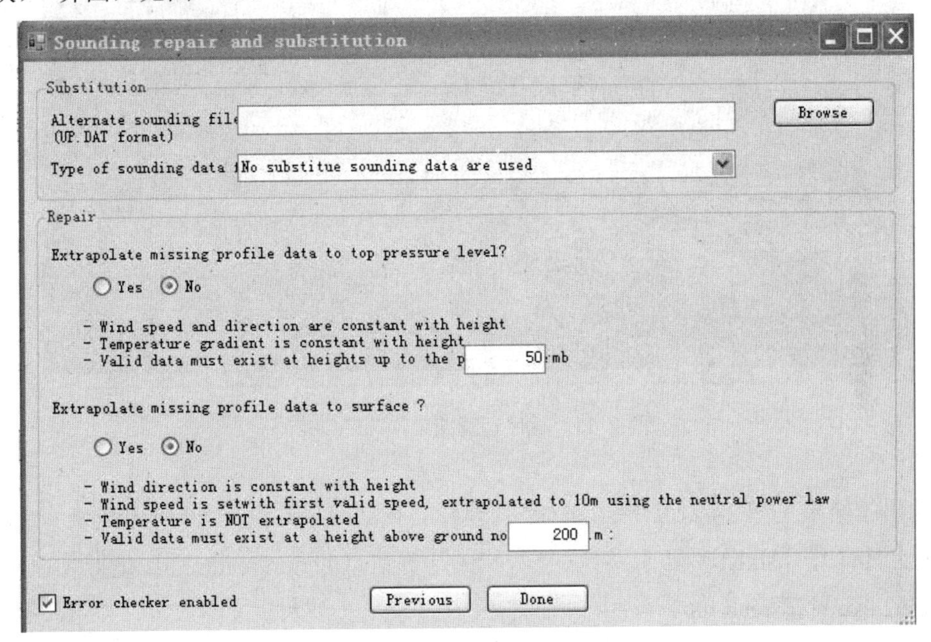

图 2-40　探空数据替换（READ62）

（7）在“Sounding repair and substitution（探空数据修复与替换）”界面，“substitution（替换）”中“Alternate sounding file（替代探空文件）”输入空。

“Type of sounding data（替换的探空数据类型）”选择“No substitue sounding data are used（不采用替换的探空数据）”。

“Repair（修复）”默认全部选择“No”。

以上设置完毕后，点击“Done（完成）”按钮。

（8）在菜单栏选择“File（文件）”，选择“Save（保存）”，将上述控制文件参数信息保存到 D：\caltest\read\ read.inp，然后点击菜单栏“Run（运行）”的“Run READ62（运行 READ62 程序）”选项，系统自动运行预处理程序“READ62.exe”，开始运算并完成计算，见图 2-41。

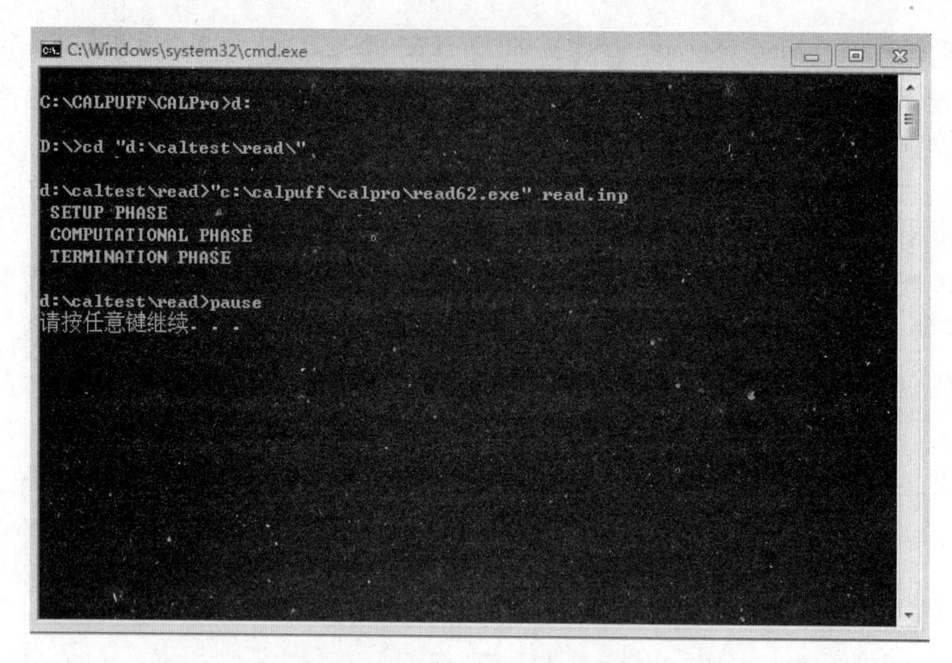

图 2-41 程序运算结束（READ62）

输出的结果见图 2-42，其中 sh.dat 是处理好的高空气象数据文件（可用记事本或者 ultra edit 等工具打开），sh.lst 是日志文件（查看相关计算信息），run_read62.bat 是批处理文件（调用 read62.exe 计算 read.inp）。

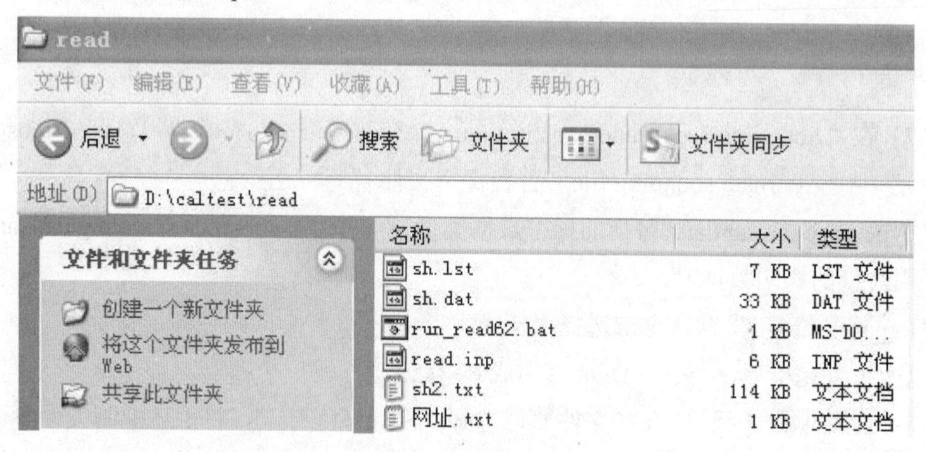

图 2-42 输出结果（READ62）

用户可打开菜单栏的“utilities（实用工具）”的“View/Edit File（查看/修改文件）”功能，查看“lst（日志文件）”，见图 2-43，也可用记事本或者 ultra edit 等工具打开日志文件。用户还可打开菜单栏的“utilities（实用工具）”的“View Map（查看地图）”功能，调用“Calview”工具来查看高空气象数据信息。

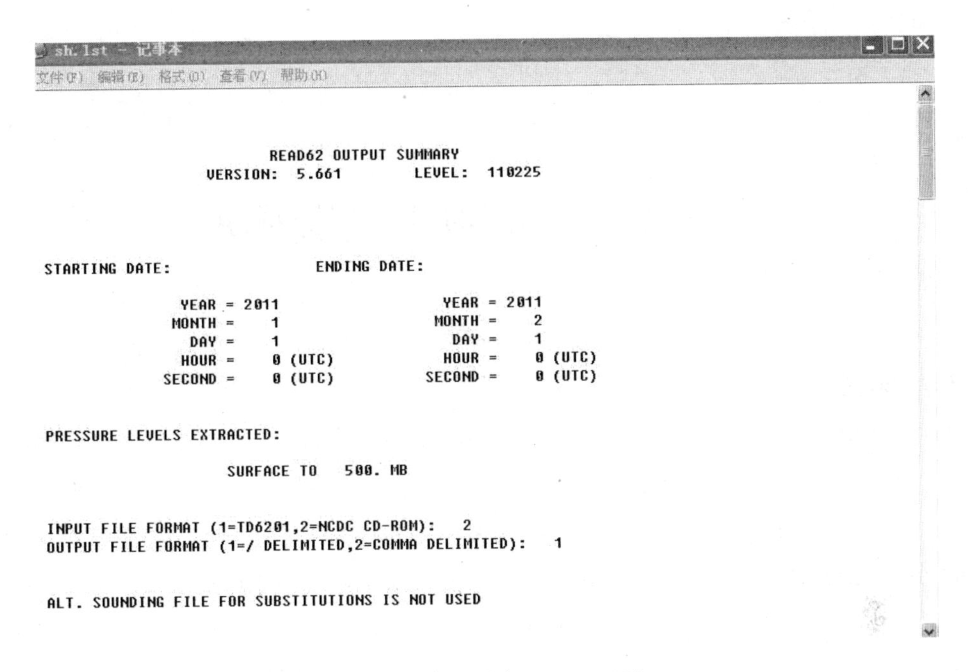

图 2-43　查看日志（READ62）

（9）由于全国共享高空实测站点数量较少，作者已开发了全国范围中尺度高空气象模拟数据（UPn.DAT）作为模拟探空数据，用于大气污染模型 CALPUFF，数据内容包括网格点编号、网格中心点海拔高度、模拟数据层数、压力、海拔高度、温度、风向、风速等信息，已经处理转换 2010—2013 年共计 87 000 多个高空模拟文件（upper.dat），解决了环评单位无法获取用于 CALPUFF 高空模拟数据的难题。

申请数据链接见国家环境保护环境影响评价数值模拟重点实验室网站的中尺度模拟气象数据在线服务系统（http://www.lem.org.cn）。

UP.DAT 文件内容前 6 行为文件头，主要内容为版本号、时间等，其他 7 行为高空数据要素信息。

UP.DAT 说明见附录 A.2 高空气象数据 UP.DAT 文件格式。

第3章　CALMET气象模块

【学习须知】

1. CALMET 模拟可输入文件为：CALMET.INP（控制文件）、GEO.DAT（地理数据文件）、SURF.DAT（地面站数据文件）、UPn.DAT（高空站数据文件）、PRECIP.DAT（降水数据文件）、SEAn.DAT（水面站数据文件）、DIAG.DAT（前处理诊断数据文件）、PROG.DAT（诊断模型数据文件）、3 d.dat（中尺度数据文件）、WT（地形权重因子文件）等。

CALMET 主要输出文件为：CALMET.LST（CALMET 日志文件）、CALMET.DAT（CALMET 输出数据文件，即我们用于 CALPUFF 模拟的气象场）等。

2. 读者需要把生成的前处理数据拷贝到 CALMET.INP 所在目录下，本案例中将 D:\caltest\geo\geo.dat 拷贝到 D:\caltest\calmet1 路径下，将 D:\caltest\smerge\surf.dat 拷贝到 D:\caltest\calmet1 路径下，将 D:\caltest\upper 路径下的 162068.dat、161067.dat、161068.dat、162067.dat 拷贝到 D:\caltest\calmet1 路径下。

3. CALMET 建模参数值可参考 2009 年美国 EPA 发布的备忘录，见光盘 \caltest\paper\calmet 参考值\ memo-5-2009_0831_CALMETCLARIFICATION.pdf。

4. CALMET 气象网格在各方向应设置一定缓冲区，例如气象网格各方向均比预测范围多 5 km。高空气象观测数据、中尺度预测数据（WRF、MM5 等）均为格林尼治时间（世界时），收集数据时应注意时差，地面气象数据等均为当地时间。

5. CALMET 建模具体流程见图 3-1。

CALMET 有三种输入气象数据组合方式：

（1）仅使用中尺度预测数据（WRF、MM5）。

（2）使用观测数据（有地面数据，无高空实测数据）+中尺度预测数据。

（3）使用观测数据（有地面数据+高空实测数据）+中尺度预测数据。

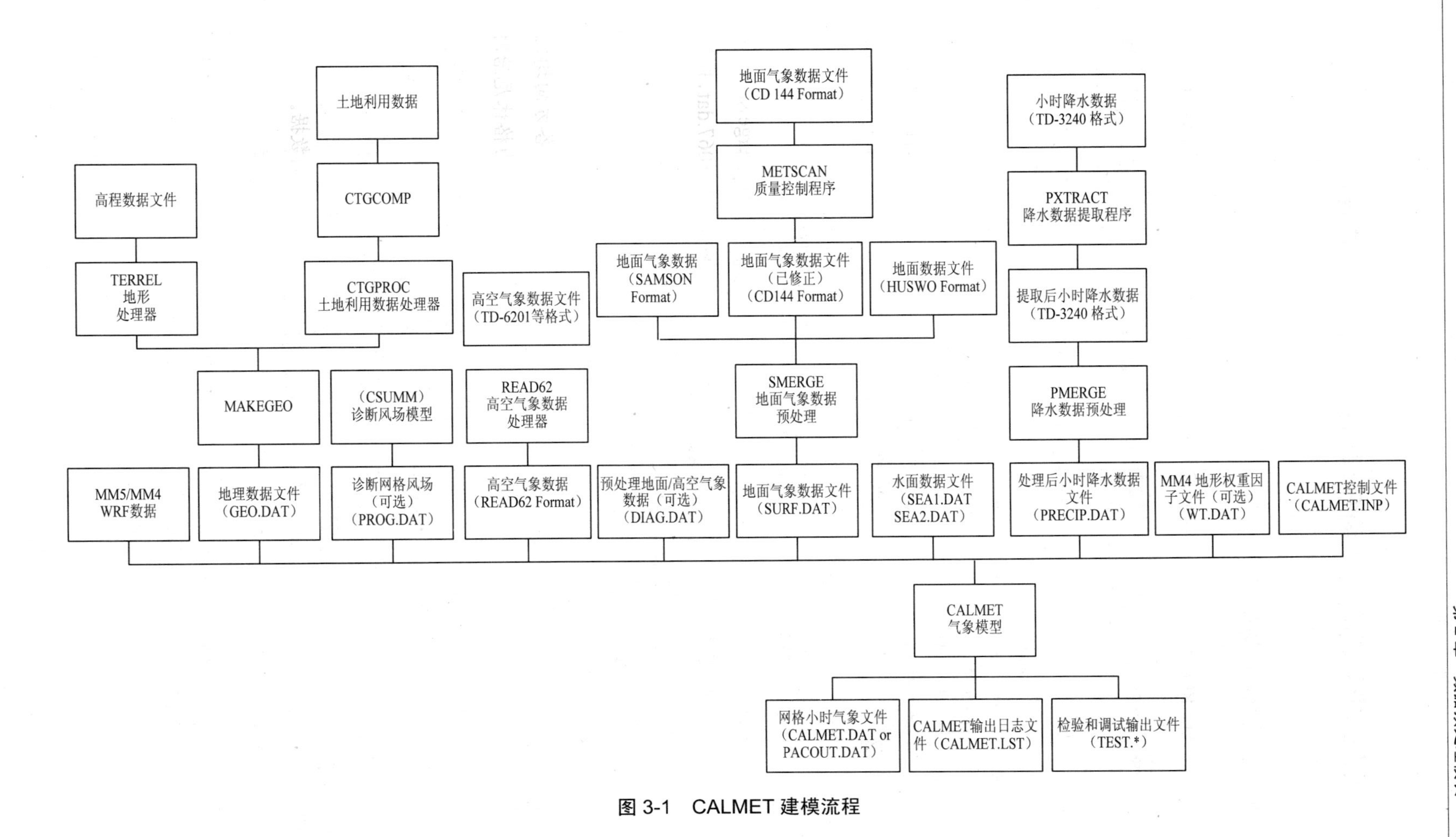

图 3-1　CALMET 建模流程

3.1　CALMET 建模（地面气象数据+高空模拟数据）

3.1.1　CALMET 基础信息

点击 CALPRO 界面上的“CALMET”按钮。打开气象模块界面“CALMET”，见图 3-2。

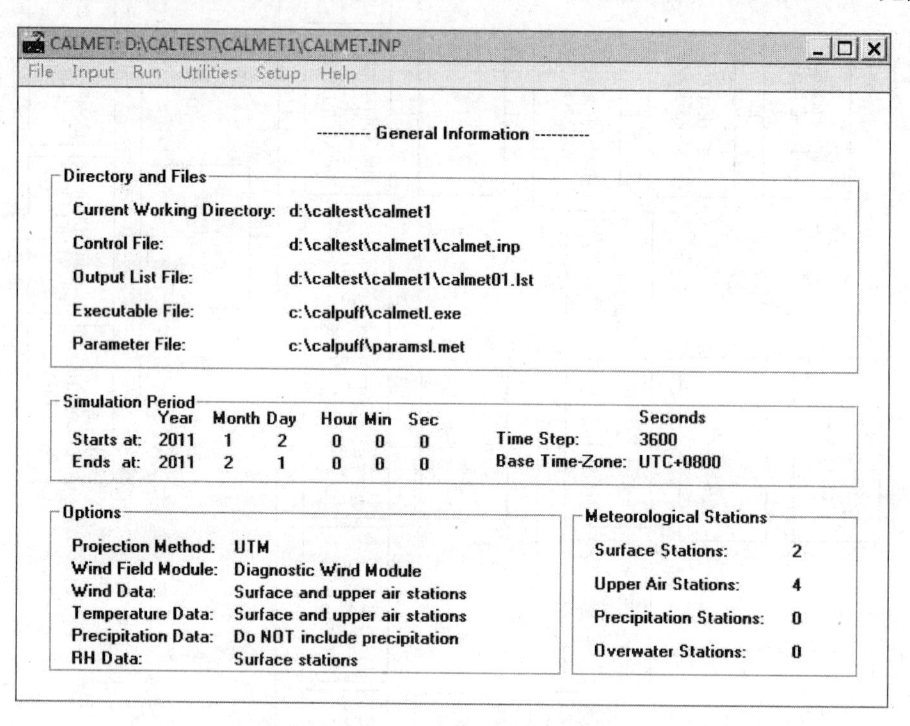

图 3-2　CALMET 界面（基础信息）

用户可点击菜单栏里的“File（可执行文件）”，选择“Change Directory（更改目录）”，可更改当前工作目录，工作目录选择 D：\caltest\calmet1，见图 3-3。选择“New（新建）”，可新建一个“.inp（控制文件）”。选择“Open（打开）”，可读取用户已做好的“.inp（控制文件）”。选择“Save（保存）”，可保存当前控制文件参数设置信息。选择“Save As（另存为）”，可将控制文件重命名另存为一个文件（inp 格式文件）。选择“Exit（退出）”，可关闭 CALMET 模块。

用户可选择“Open（打开）”，读取并查看自带光盘例子\caltest\calmet1\ calmet01.inp。本案例练习时，用户选择“New（新建）”。

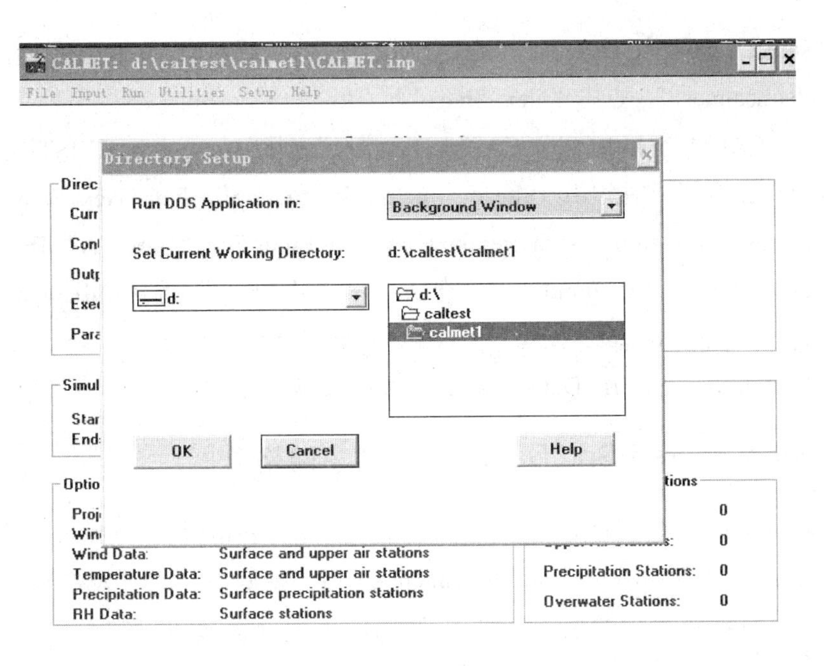

图 3-3　工作目录设置界面（CALMET）

3.1.2　Setup（设置）

用户点击菜单栏里“Input（文件）”的“Sequential（连续模式）”选项，打开“Setup（设置）”界面，见图 3-4。

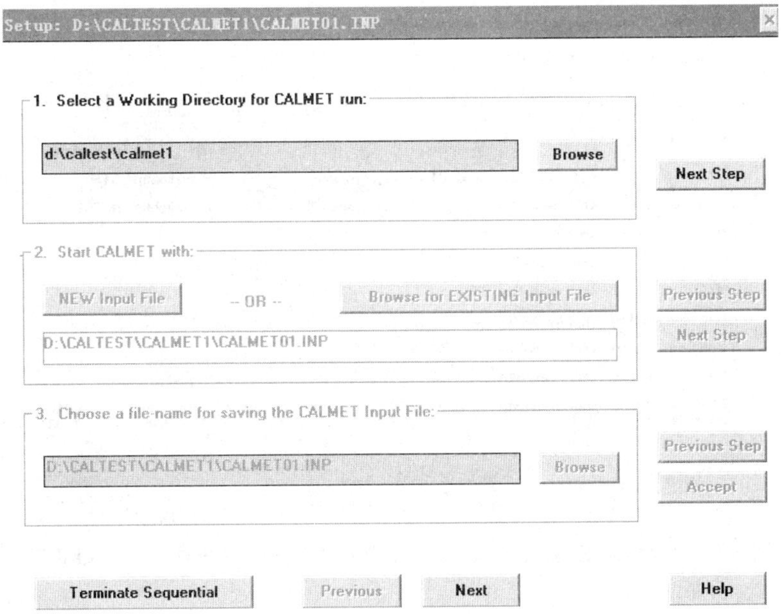

图 3-4　“Setup（设置）”（CALMET）

（1）“Select a Working Directory for CALMET run（选择 CALMET 运行工作路径）”输入“d：\caltest\calmet1”，点击“Next Step（下一步）”。

（2）“Start CALMET with（建立 CALMET 采用）”选择“Browse for EXISTING Input File（选择已有控制文件）”，选择“d：\caltest\calmet1\calmet01.inp”，点击“Next Step（下一步）”。

（3）“Choose a file-name for saving the CALMET Input File（建立 CALMET 采用）”选择“Browse for EXISTING Input File（选择已有控制文件）”，选择“d：\caltest\calmet1\calmet01.inp”，点击“Accept（接受）”。点击“Next（下一步）”按钮。

打开“Import Shared Grid Data（输入共享网格数据）”界面。

3.1.3 Import Shared Grid Data（输入共享网格数据）

在“Import Shared Grid Data（输入共享网格数据）”界面，用户可导入共享网格数据，也可以略过此步骤，在“Grid Control Parameters（网格控制参数）”手动填写。

导入共享网格数据步骤如下（见图 3-5）：点击浏览按钮 Browse... ，选择“D：\caltest\grid\ProjectGrid.cmn”，或者在“Shared Grid Data File Name（共享网格数据文件名称）”输入“D：\caltest\grid\ProjectGrid.cmn”。点击导入按钮 Import ，将共享网格信息导入 CALMET。

导入 ProjectGrid.cmn 信息后，“Shared Data（共享网格）”显示了案例的网格信息。

点击“Next（下一步）”按钮。打开“Run Information（运行信息）”界面。

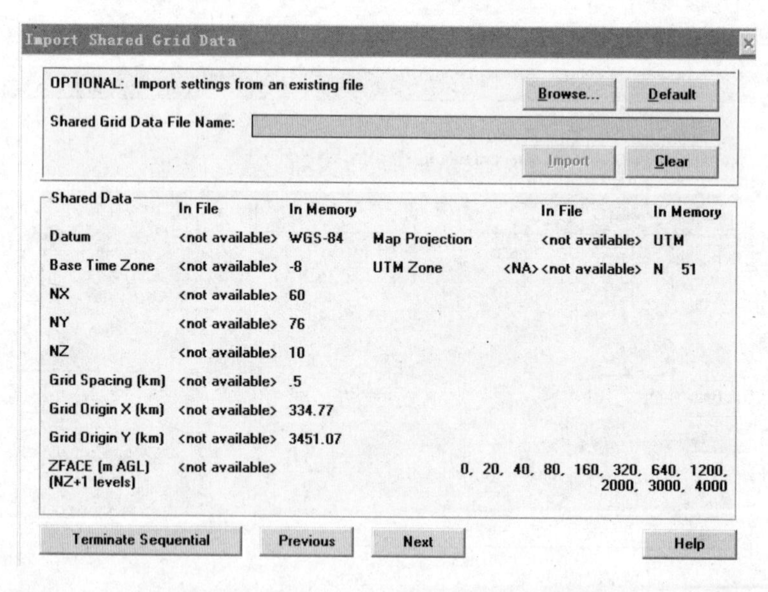

图 3-5 “Import Shared Grid Data（输入共享网格数据）”（CALMET）

3.1.4　Run Information（运行信息）

在“Run Information（运行信息）”界面，操作步骤如下（见图 3-6）：

“Title（题目）”输入记录信息，如项目名称、地点等，此处为选填项，可不填写。

案例运行时间为 2011 年 1 月—2 月，用户在“Starting Time（开始时间）”年、月、日、小时、分、秒分别输入 2011、1、2、0、0、0，“Ending Time（结束时间）”年、月、日、小时、分、秒分别输入 2011、2、1、0、0、0。

“Base Time Zone（基准时区）”，选择“UTC+08：00”。“Time Step sec（步长，秒）”输入“3600”，即 1 小时。

“Run options（运行选项）”，第一行选择“Compute All Data Fields Required by CALGRID or CALPUFF（计算模拟 CALPUFF、CALGRID 气象场）”，第二行选择“Use surface, overwater, and upper air stations（采用地面站、水面站、高空实测站）”，第三行选择“Do NOT include precipitation（不包含降水）”。

“Regulatory Option（法规选项）”，选择“Do not check selection against EPA Regulatory Guidance（不根据美国环保局法规导则要求检查设置）”。

点击“Next（下一步）”按钮。打开“Grid Control Parameters（网格控制参数）”界面。

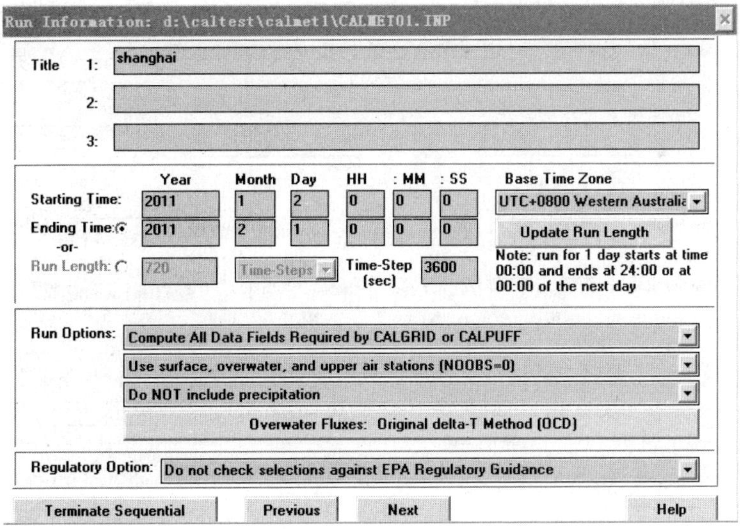

图 3-6　“Run Information（运行信息）”（CALMET）

3.1.5　Grid Control Parameters（网格控制参数）

在“Grid Control Parameters（网格控制参数）”界面，操作步骤如下（见图 3-7）：

（1）如果在“Import Shared Grid Data（输入共享网格数据）”界面，用户已经导入共享网格数据（CMN），那么此部分网格信息已经存在，用户不需要额外输入网格信息。

（2）若用户没有导入共享网格数据（CMN），用户要手动输入网格信息。

“Map Projection（地图投影）”，选择“Universal Transverse Mercartor（UTM）”，“DATUM（大地基准面）”选择“WGS-84”，“UTM Zone（区号）”输入“51”，“Hemisphere（半球）”选择“N”。

在“Grid Origin（左下角坐标）”，“X（km）”输入“334.77”，“Y（km）”输入“3451.07”，“Grid spacing（km）（网格距）”输入“0.5”。注意单位为 km。在“Number of Cells（网格数量）”，“NX（*X* 方向网格点数量）”输入“60”，“NY（*Y* 方向网格点数量）”输入“76”，“NZ（*Z* 方向网格点数量）”输入“10”，点击 Edit Cell Face Heights 输入垂直层高度，分别为 0 m、20 m、40 m、80 m、160 m、320 m、640 m、1200 m、2000 m、3000 m、4000 m。

（3）在“Geophysical Data File Name（地理数据文件名称）”输入“D：\CALTEST\CALMET1\GEO.DAT”。

点击“Next（下一步）”按钮。打开“Mixing Height Parameters（混合层高度参数）”界面。

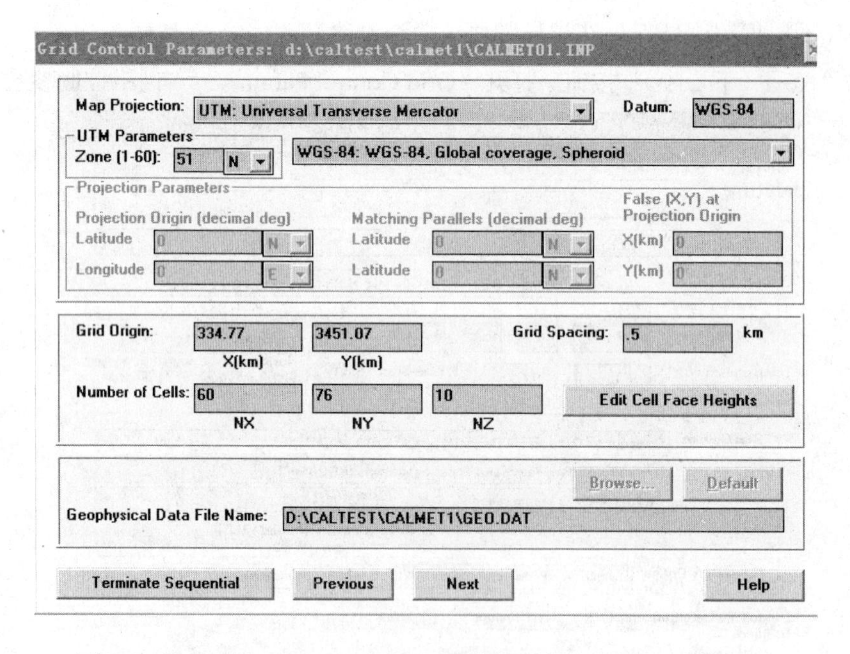

图 3-7 “Grid Control Parameter（网格控制参数）”（CALMET）

3.1.6 Mixing Height Parameters（混合层高度参数）

在“Mixing Height Parameters（混合层高度参数）”界面，此步骤中，大部分参数为默认参数或参考美国 EPA 推荐值，见图 3-8。

点击“Next（下一步）”按钮。打开“Temperature & RH Parameters（温度和相对湿度参数）”界面。

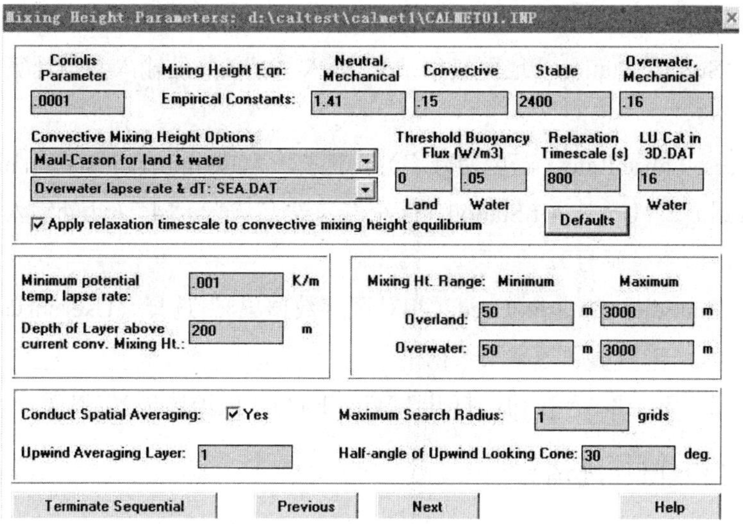

图 3-8　“Mixing Height Parameters（混合层高度参数）”（CALMET）

3.1.7　Temperature & RH Parameters（温度和相对湿度参数）

在“Temperature & RH Parameters（温度和相对湿度参数）”界面，操作步骤如下（见图 3-9）：

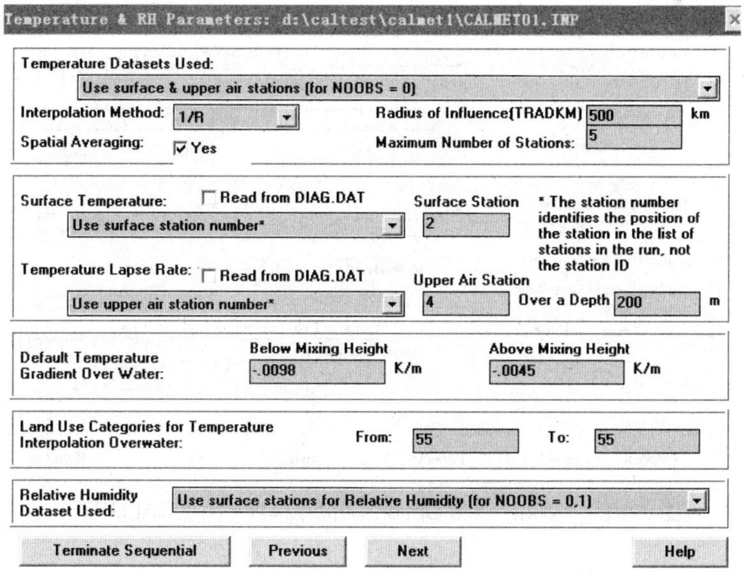

图 3-9　“Temperature & RH Parameters（温度和相对湿度参数）”（CALMET）

“Temperature Dataset Used（温度数据集）”选择“Use surface & upper air stations（采用地面气象站和高空气象站数据）”。

“Surface Temperature（地面站温度）:”选择“Use surface station number*（采用地面气象站数据）”。“Surface Station（地面气象站）”输入“2”（此处输入参与计算的地面气象站数量，而不是站号）。

“Temperature Lapse Rate（温度递减率）:”选择 “Use upper air station number*（采用高空气象站数据）”。“Upper Air Station（高空气象站）”输入“4”（此处输入参与计算的高空气象站数量，而不是站号）。

“Relative Humidity Dataset Used（相对湿度数据集）”选择“Use surface stations for Relative Humidity（采用地面气象站数据）”。

点击“Next（下一步）”按钮。打开“Wind Field（风场选项）”界面。

3.1.8 Wind Field（风场）

（1）在“Wind Field Options（风场选项）”界面，操作步骤如下（见图 3-10）:

“Model Selection（选择模型）”选择“Diagnostic Wind Module（诊断风场模型）”。其他参数为默认参数或参考美国 EPA 推荐值。

点击“Next（下一步）”按钮。打开“Initial Guess（初始猜测场）”界面。

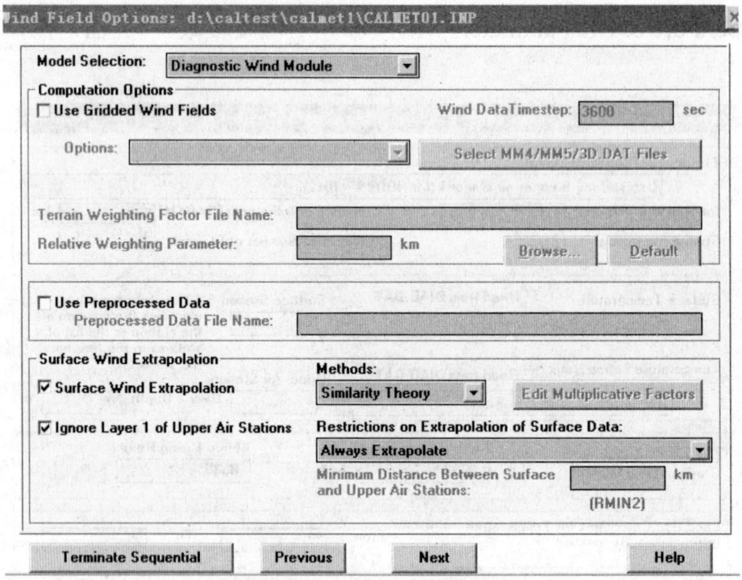

图 3-10 “Wind Field Options（风场选项）”（CALMET）

（2）在“Initial Guess（初始猜测场）”界面，此步骤参数可为默认参数或参考美国 EPA 推荐值（见图 3-11）:

点击“Next（下一步）”按钮。打开“Step 1（第 1 步气象场）”界面。

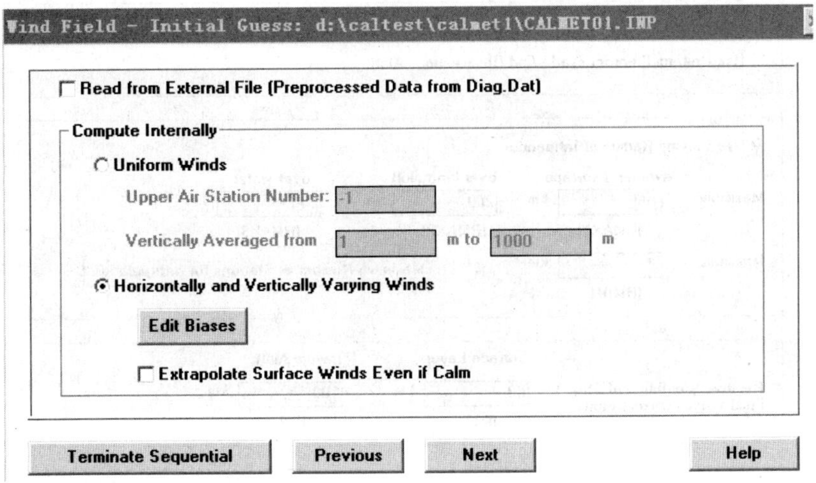

Wind Field - Initial Guess: d:\caltest\calmet1\CALMET01.INP

Read from External File (Preprocessed Data from Diag.Dat)

Compute Internally

Uniform Winds

Upper Air Station Number: -1

Vertically Averaged from 1 m to 1000 m

Horizontally and Vertically Varying Winds

Edit Biases

Extrapolate Surface Winds Even if Calm

Terminate Sequential　Previous　Next　Help

图 3-11　“Initial Guess（初始猜测场）”（CALMET）

（3）在“Step 1（第 1 步气象场）”界面，此步骤参数可为默认参数或参考美国 EPA 推荐值（见图 3-12）：

点击“Next（下一步）”按钮。打开“Step 2（第 2 步气象场）”界面。

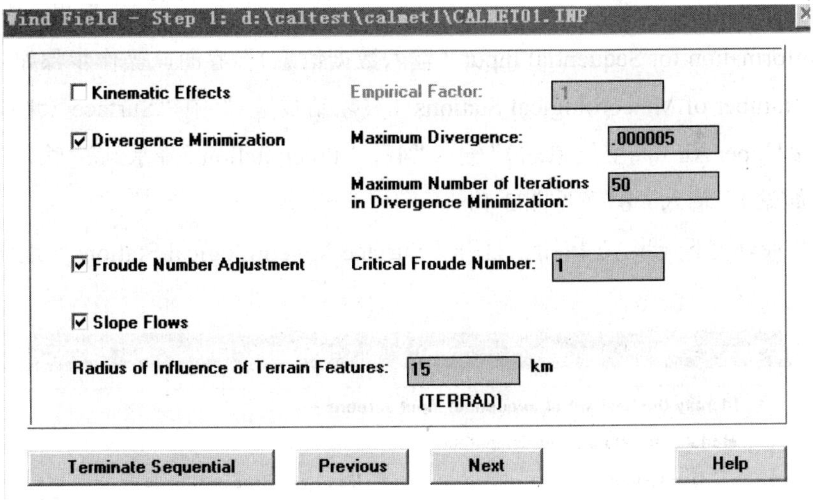

Wind Field - Step 1: d:\caltest\calmet1\CALMET01.INP

Kinematic Effects　Empirical Factor: 1

Divergence Minimization　Maximum Divergence: .000005

Maximum Number of Iterations in Divergence Minimization: 50

Froude Number Adjustment　Critical Froude Number: 1

Slope Flows

Radius of Influence of Terrain Features: 15 km (TERRAD)

Terminate Sequential　Previous　Next　Help

图 3-12　“Step 1（第 1 步气象场）”（CALMET）

（4）在“Step 2（第 2 步气象场）”界面，此步骤参数可为默认参数或参考美国 EPA 推荐值（见图 3-13）：

点击“Next（下一步）”按钮。打开“Information for Sequential Input（输入数据信息）”界面。

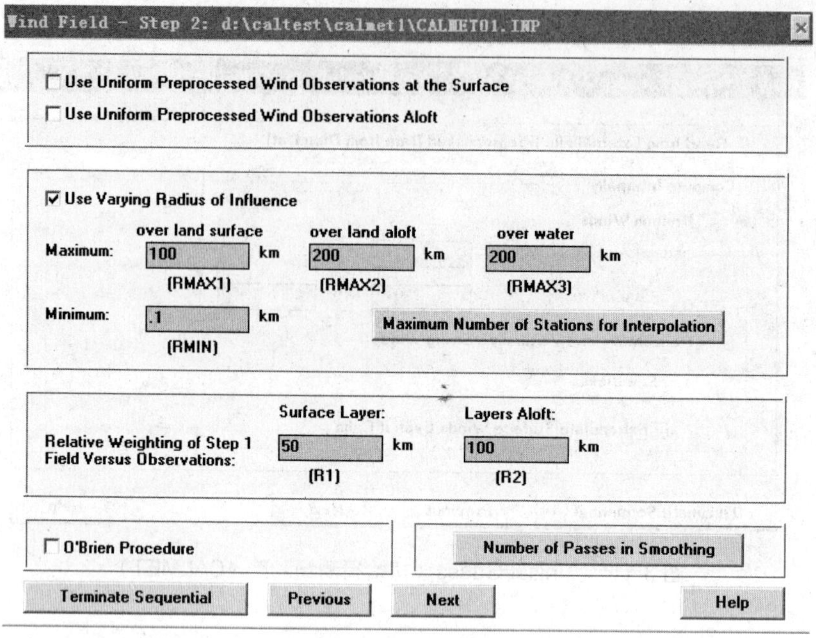

Wind Field - Step 2: d:\caltest\calmet1\CALMET01.INP
Use Uniform Preprocessed Wind Observations at the Surface
Use Uniform Preprocessed Wind Observations Aloft
Use Varying Radius of Influence
over land surface
over land aloft
over water
Maximum:
100
km
200
km
200
km
(RMAX1)
(RMAX2)
(RMAX3)
Minimum:
.1
km
(RMIN)
Maximum Number of Stations for Interpolation
Surface Layer:
Layers Aloft:
Relative Weighting of Step 1 Field Versus Observations:
50
km
100
km
(R1)
(R2)
O'Brien Procedure
Number of Passes in Smoothing
Terminate Sequential
Previous
Next
Help

图 3-13 “Step 2（第 2 步气象场）”（CALMET）

3.1.9 Information for Sequential Input（输入数据信息）

在“Information for Sequential Input（输入数据信息）”界面，操作步骤如下：

（1）“Number of Meteorological Stations（气象站数量）”中“Surface（地面气象站）”输入“2”，“Upper Air（高空气象站）”输入“4”，“Precipitation（降水站）”输入“0”，“Over Water（水面站）”输入“0”（见图 3-14）。

点击“Next（下一步）”按钮。打开“Surface Meteorological Stations（地面气象站）”界面。

Information for Sequential Input: d:\caltest\calmet1\CALMET0...
Identify the next set of sequential input screens ---
Modules for Wind Field Computation
Use Barriers
Use Lake Breeze Module
Number of Meteorological Stations
2
4
0
0
Surface
Upper Air
Precipitation
Over Water
Terminate Sequential
Previous
Next
Help

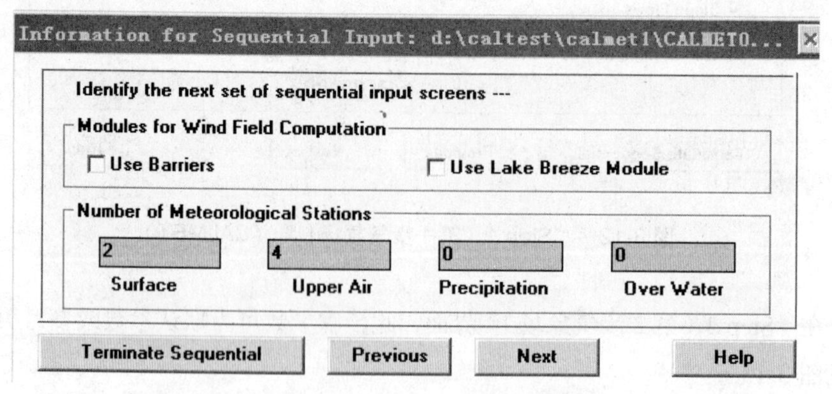

图 3-14 “Information for Sequential Input（输入数据信息）”（CALMET）

（2）在“SURF.DAT file Formatted（SURF.DAT 文件格式）”选择“Yes（是）”，“File Name（文件名称）”输入或浏览选择（Browse）D：\CALTEST\CALMET1\SURF.DAT，点击 Add Row ，依次在“Name（名称）”输入“SH”或者其他名称，“ID”输入“11111”，“X（km）”输入上海站的 UTM 坐标 X“354.257”，“Y（km）”输入上海站的 UTM 坐标 Y“3474.949”，“Time Zone（时区）”输入“-8”，“Anem.Ht（测风高）”输入“10”。

点击 Add Row ，依次在“Name（名称）”输入“HQ”或者其他名称，“ID”输入“22222”，“X（km）”输入虹桥站的 UTM 坐标 X“341.463”，“Y（km）”输入虹桥站的 UTM 坐标 Y“3452.738”，“Time Zone（时区）”输入“-8”，“Anem.Ht（测风高）”输入“10”。

注意：ID 站号与 Surf.dat 输入的气象站站号应对应（见图 3-15）。

点击“Next（下一步）”按钮。打开“Upper Air Stations（地面气象站）”界面。

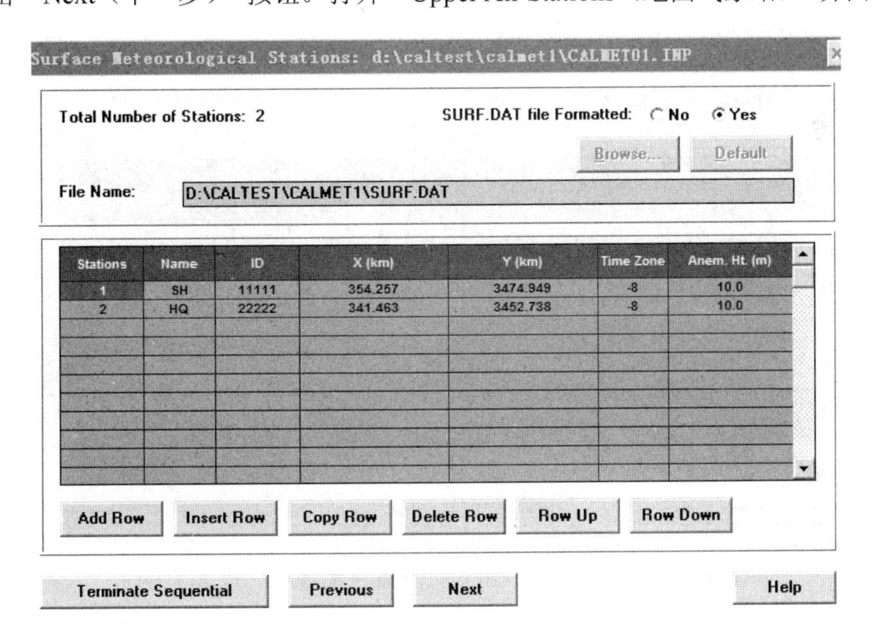

图 3-15 “Surface Meteorological Stations（地面气象站）”（CALMET）

（3）在“Upper Air Stations（地面气象站）”界面中，点击 Add Row ，依次在“Name（名称）”输入“UP1”或者其他名称，“ID”输入“36167”，“X（km）”输入 UP1 的 UTM 坐标 X“325.03”，“Y（km）”输入 UP1 坐标 Y“3453.888”，“Time Zone（时区）”输入“-8”，“File Name（文件名）”输入或浏览选择（Browse）“161067.DAT”。

点击 Add Row ，依次在“Name（名称）”输入“UP2”或者其他名称，“ID”输入“36267”，“X（km）”输入 UP2 的 UTM 坐标 X“351.922”，“Y（km）”输入 UP2 坐标 Y“3448.187”，“Time Zone（时区）”输入“-8”，“File Name（文件名）”输入或浏览选择（Browse）“162067.DAT”。

点击 **Add Row** ，依次在“Name（名称）”输入“UP3”或者其他名称，“ID”输入“36168”，“X（km）”输入 UP3 的 UTM 坐标 X“330.753”，“Y（km）”输入 UP3 坐标 Y“3480.654”，“Time Zone（时区）”输入“-8”，“File Name（文件名）”输入或浏览选择（Browse）“161068.DAT”。

点击 **Add Row** ，依次在“Name（名称）”输入“UP4”或者其他名称，“ID”输入“36268”，“X（km）”输入 UP4 的 UTM 坐标 X“357.654”，“Y（km）”输入 UP4 坐标 Y“3474.949”，“Time Zone（时区）”输入“-8”，“File Name（文件名）”输入或浏览选择（Browse）“162068.DAT”。

注意：ID 站号与 up.dat 输入的气象站站号应对应（见图 3-16）。

点击“Next（下一步）”按钮。打开“Output Options（输出选项）”界面。

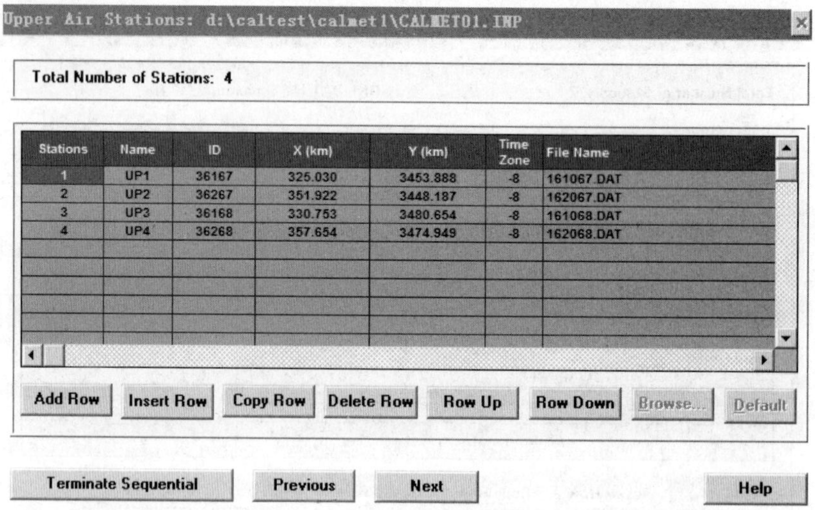

Upper Air Stations: d:\caltest\calmet1\CALMET01.INP

Total Number of Stations: 4

Stations	Name	ID	X (km)	Y (km)	Time Zone	File Name
1	UP1	36167	325.030	3453.888	-8	161067.DAT
2	UP2	36267	351.922	3448.187	-8	162067.DAT
3	UP3	36168	330.753	3480.654	-8	161068.DAT
4	UP4	36268	357.654	3474.949	-8	162068.DAT

Add Row | Insert Row | Copy Row | Delete Row | Row Up | Row Down | Browse... | Default

Terminate Sequential | Previous | Next | Help

图 3-16 “Upper Air Stations（地面气象站）”（CALMET）

3.1.10 Output Options（输出选项）

在“Output Options（输出选项）”界面，操作步骤如下（见图 3-17）：

“Save output in an unformatted data file（输出非格式化数据文件）”选择“Yes（是）”，“File Type（文件格式）”选择“CALPUFF/CALGRID File”，“Met Output File Name（输出气象文件名称）”输入“D：\CALTEST\CALMET1\CALMET01.DAT”，“Cloud Option（云选项）”选择“CLOUD.DAT not used（use SURF.DAT dat）（采用 surf.dat 云量数据）”，“List File Name（日志文件名称）”输入“D：\CALTEST\CALMET1\CALMET01.LST”。

点击“Next（下一步）”按钮。打开“Export Shared Grid Data（输出共享网格）”界面，见图 3-18，不输出共享网格，直接点击“Done（完成）”。

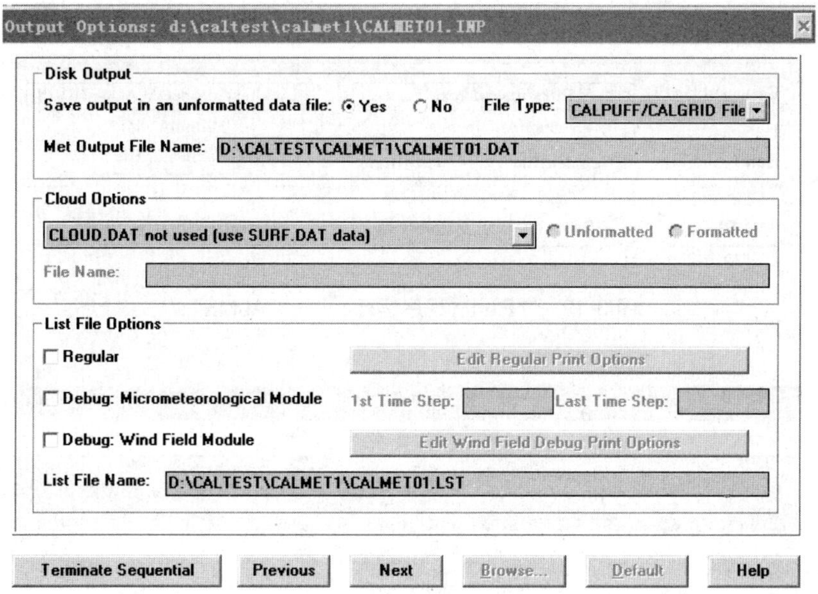

图 3-17　“Output Options（输出选项）”（CALMET）

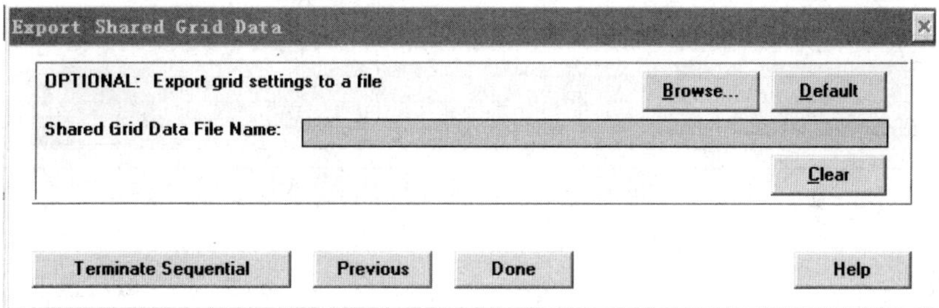

图 3-18　“Export Shared Grid Data（输出共享网格）”（CALMET）

3.1.11　运行和其他

在菜单栏选择“File（文件）”，选择“Save（保存）”，将上述控制文件参数信息保存到 D：\caltest\calmet1\calmet01.inp，点击菜单栏“Run（运行）”的“Run CALMET（运行 CALMET 程序）”选项，打开“Run（程序运行）”界面，见图 3-19，参数默认即可，点击“OK”，打开“Files Need For This Run（本次运行所需文件）”界面，见图 3-20，用户可检查输入、输出路径等信息。点击“Run（运行）”系统自动运行程序“calmetl.exe”，开始运算，完成计算见图 3-21。

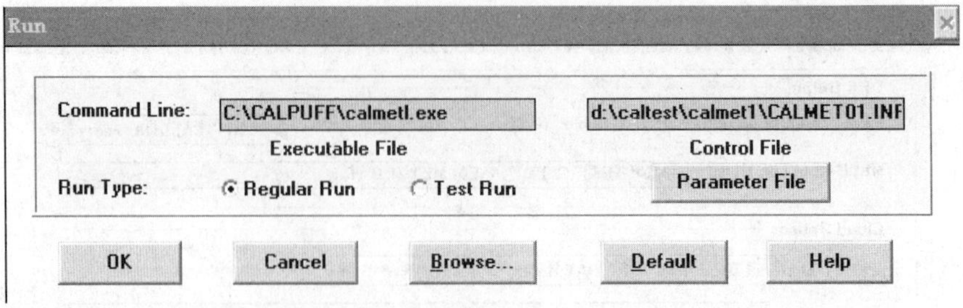

Run

Command Line: C:\CALPUFF\calmetl.exe　d:\caltest\calmet1\CALMET01.INP

Executable File　Control File

Run Type: Regular Run　Test Run　Parameter File

OK　Cancel　Browse...　Default　Help

图 3-19　“Run（程序运行）”（CALMET）

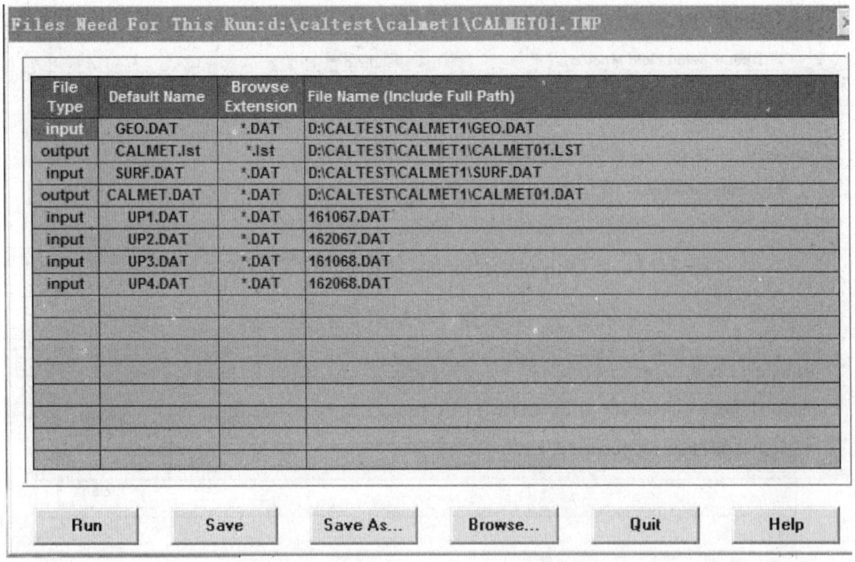

Files Need For This Run:d:\caltest\calmet1\CALMET01.INP

File Type	Default Name	Browse Extension	File Name (Include Full Path)
input	GEO.DAT	*.DAT	D:\CALTEST\CALMET1\GEO.DAT
output	CALMET.lst	*.lst	D:\CALTEST\CALMET1\CALMET01.LST
input	SURF.DAT	*.DAT	D:\CALTEST\CALMET1\SURF.DAT
output	CALMET.DAT	*.DAT	D:\CALTEST\CALMET1\CALMET01.DAT
input	UP1.DAT	*.DAT	161067.DAT
input	UP2.DAT	*.DAT	162067.DAT
input	UP3.DAT	*.DAT	161068.DAT
input	UP4.DAT	*.DAT	162068.DAT

Run　Save　Save As...　Browse...　Quit　Help

图 3-20　“Files Need For This Run（本次运行所需文件）”（CALMET）

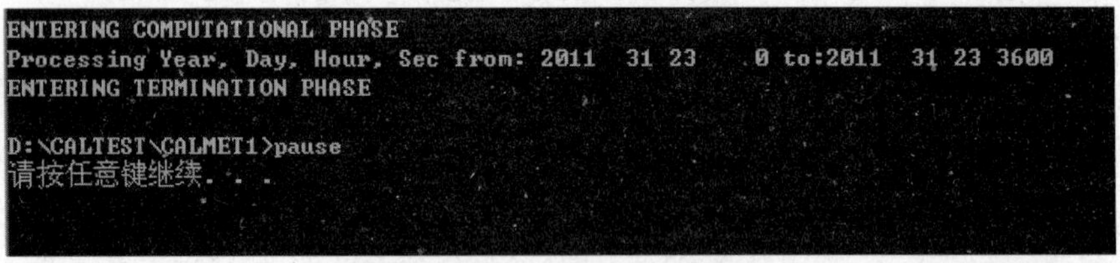

```
ENTERING COMPUTATIONAL PHASE
Processing Year, Day, Hour, Sec from: 2011  31 23   0 to:2011  31 23 3600
ENTERING TERMINATION PHASE

D:\CALTEST\CALMET1>pause
请按任意键继续. . .
```

图 3-21　程序运算结束（CALMET）

输出的结果见图 3-22，其中 calmet01.dat 是模拟计算的气象场数据文件，calmet.lst 是日志文件（查看相关计算信息），CAL.BAT 是批处理文件（调用 calmetl.exe 计算 calmet01.inp）。

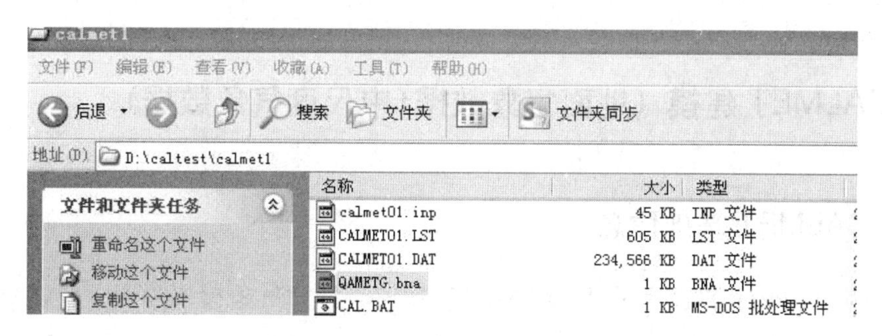

图 3-22　输出结果（CALMET）

用户可打开菜单栏的“utilities（实用工具）”的“Error Checking（查错）”功能，系统可自动检查用户设置情况，若无错误，系统显示“No errors found（未发现错误）”，若有设置错误，系统显示具体的错误位置，用户可点击提示，进行修改。用户可点击“View File（查看文件）”功能，查看“1st（日志文件）”，见图 3-23，也可用记事本或者 ultra edit 等工具打开日志文件。

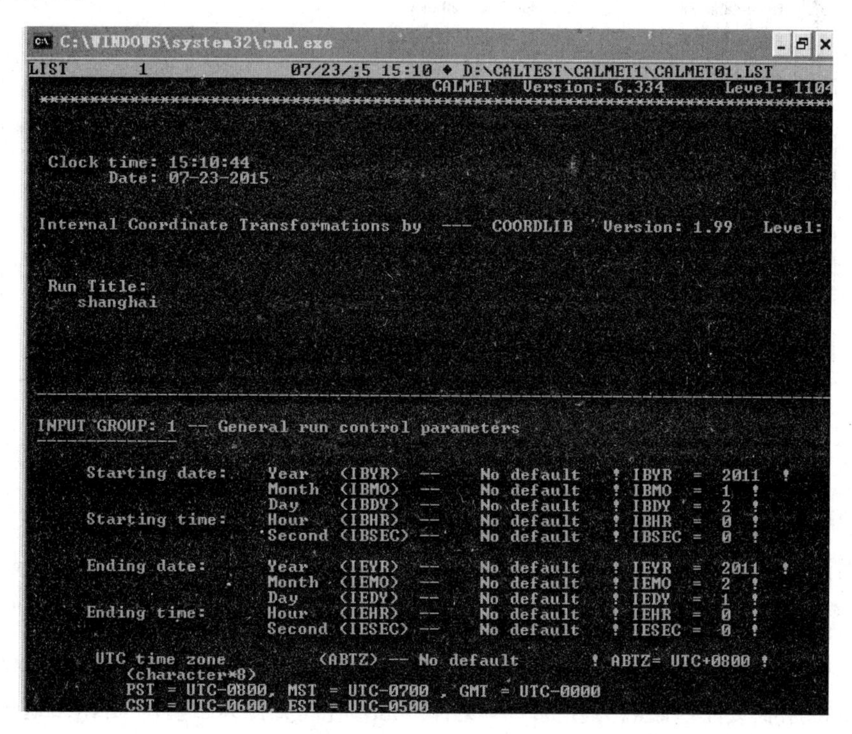

图 3-23　查看日志（CALMET）

用户可打开菜单栏的“Setup（设置）”，设置系统后缀名、默认文件名、修改 calmet1.exe 路径等。

3.2 CALMET 建模（地面气象数据+中尺度气象数据）

3.2.1 CALMET 基础信息

点击 CALPRO 界面上的“CALMET”按钮。打开气象模块界面“CALMET”，见图 3-24。

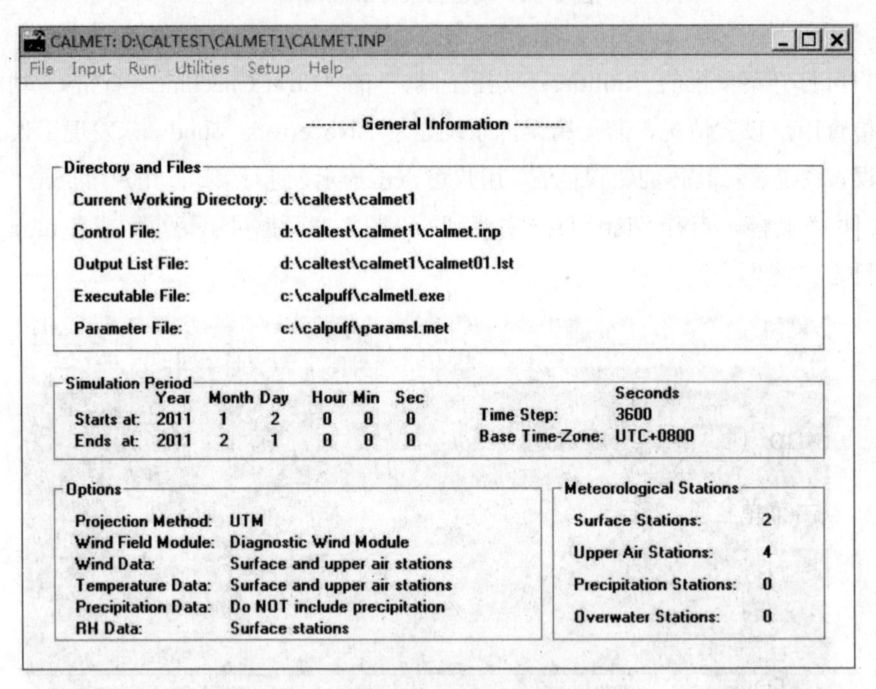

图 3-24　CALMET 界面（基础信息）

用户可点击菜单栏里的“File（可执行文件）”，选择“Change Directory（更改目录）”，可更改当前工作目录，工作目录选择 D：\caltest\calmet2，见图 3-25。选择“New（新建）”，可新建一个“.inp（控制文件）”。选择“Open（打开）”，可读取用户已做好的“.inp（控制文件）”。选择“Save（保存）”，可保存当前控制文件参数设置信息。选择“Save As（另存为）”，可将控制文件重命名另存为一个文件（inp 格式文件）。选择“Exit（退出）”，可关闭 CALMET 模块。

用户可选择“Open（打开）”，读取并查看自带光盘例子\caltest\calmet2\calmet02.inp。

本案例练习时，用户选择“New（新建）”。

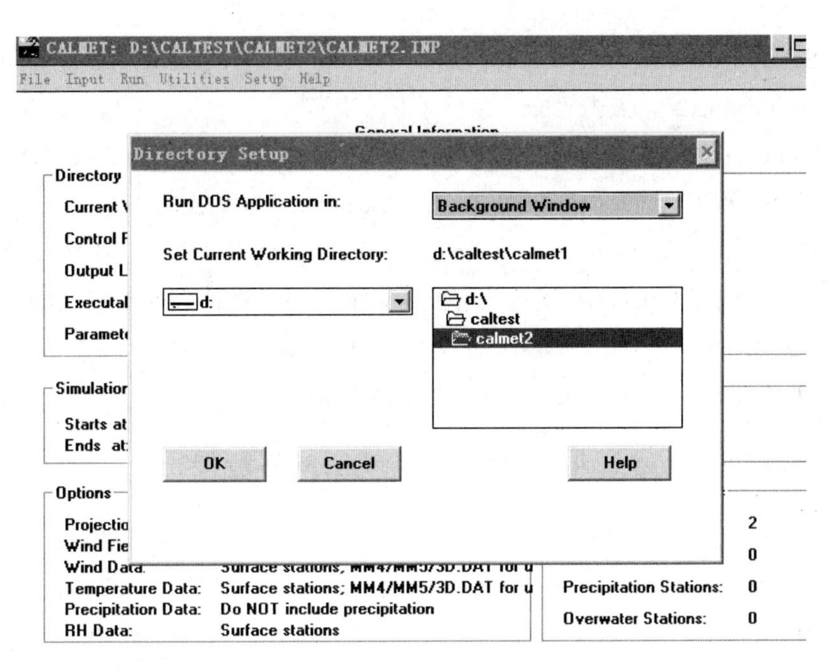

图 3-25　工作目录设置界面（CALMET）

3.2.2　Setup（设置）

用户点击菜单栏里“Input（文件）”的“Sequential（连续模式）”选项，打开“Setup（设置）”界面，见图 3-26。

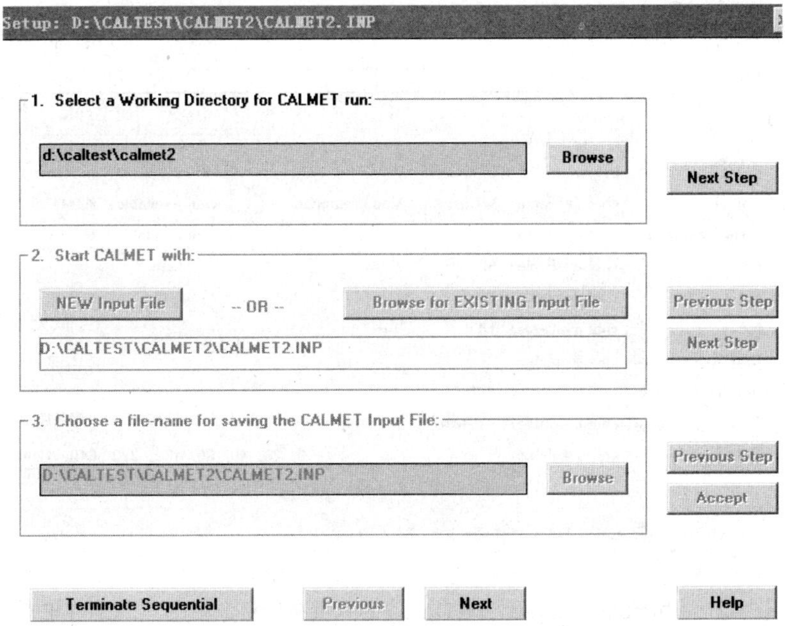

图 3-26　“Setup（设置）”（CALMET）

（1）“Select a Working Directory for CALMET run（选择 CALMET 运行工作路径）”输入“d：\caltest\calmet2”，点击“Next Step（下一步）”。

（2）“Start CALMET with（建立 CALMET 采用）”选择“Browse for EXISTING Input File（选择已有控制文件）”，选择“d：\caltest\calmet2\calmet2.inp”，点击“Next Step（下一步）”。

（3）“Choose a file-name for saving the CALMET Input File（建立 CALMET 采用）”选择“Browse for EXISTING Input File（选择已有控制文件）”，选择“d：\caltest\calmet2\calmet2.inp”，点击“Accept（接受）”。点击“Next（下一步）”按钮。

打开“Import Shared Grid Data（输入共享网格数据）”界面。

3.2.3 Import Shared Grid Data（输入共享网格数据）

在“Import Shared Grid Data（输入共享网格数据）”界面，用户可导入共享网格数据，也可以略过此步骤，在“Grid Control Parameters（网格控制参数）”手动填写。

导入共享网格数据步骤如下（见图 3-27）：点击浏览按钮 Browse... ，选择“D：\caltest\grid\ProjectGrid.cmn”，或者在“Shared Grid Data File Name（共享网格数据文件名称）”输入“D：\caltest\grid\ProjectGrid.cmn”。点击导入按钮 Import ，将共享网格信息导入 CALMET。

导入 ProjectGrid.cmn 信息后，“Shared Data（共享网格）”显示了案例的网格信息。点击“Next（下一步）”按钮。打开“Run Information（运行信息）”界面。

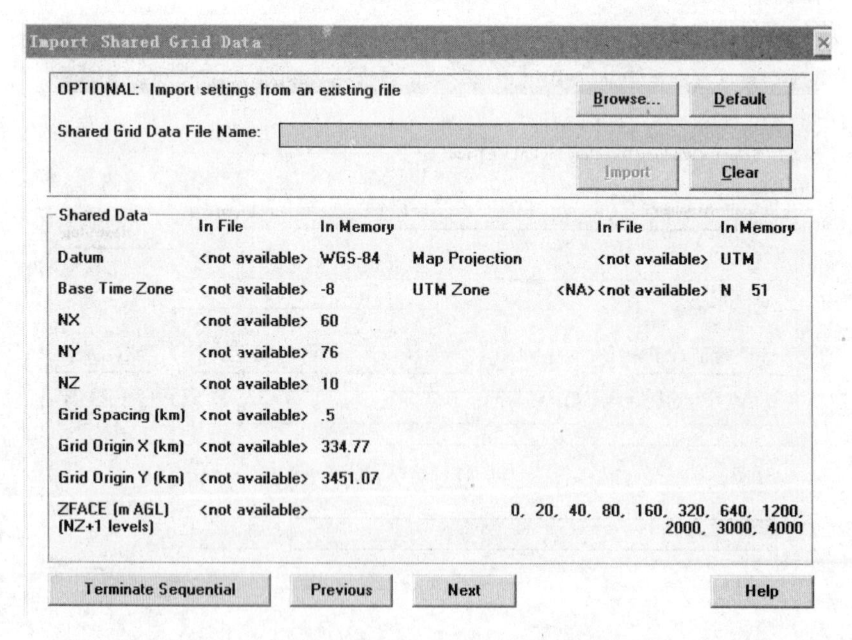

图 3-27 “Import Shared Grid Data（输入共享网格数据）”（CALMET）

3.2.4　Run Information（运行信息）

在“Run Information（运行信息）”界面，操作步骤如下（见图 3-28）：

“Title（题目）”输入记录信息，如项目名称、地点等，此处为选填项，可不填写。

案例运行时间为 2011 年 1 月—2 月，用户在“Starting Time（开始时间）”年、月、日、小时、分、秒分别输入 2011、1、2、0、0、0，“Ending Time（结束时间）”年、月、日、小时、分、秒分别输入 2011、2、1、0、0、0。

“Base Time Zone（基准时区）”，选择“UTC+08：00”。“Time Step sec（步长，秒）”输入“3600”，即 1 小时。

“Run options（运行选项）”，第一行选择“Compute All Data Fields Required by CALGRID or CALPUFF（计算模拟 CALPUFF、CALGRID 气象场）”，第二行选择“Use surface and overwater with MM5/3D.DAT for upper air（采用地面站、水面站、MM5/3D.DAT）”，第三行选择“Use MM4/MM5/3D.DAT for precipitation（采用 MM4/MM5/3D.DAT 中降水数据）”。

“Regulatory Option（法规选项）”选择“Do not check selection against EPA Regulatory Guidance（不根据美国环保局法规导则要求检查设置）”。

点击“Next（下一步）”按钮。打开“Grid Control Parameters（网格控制参数）”界面。

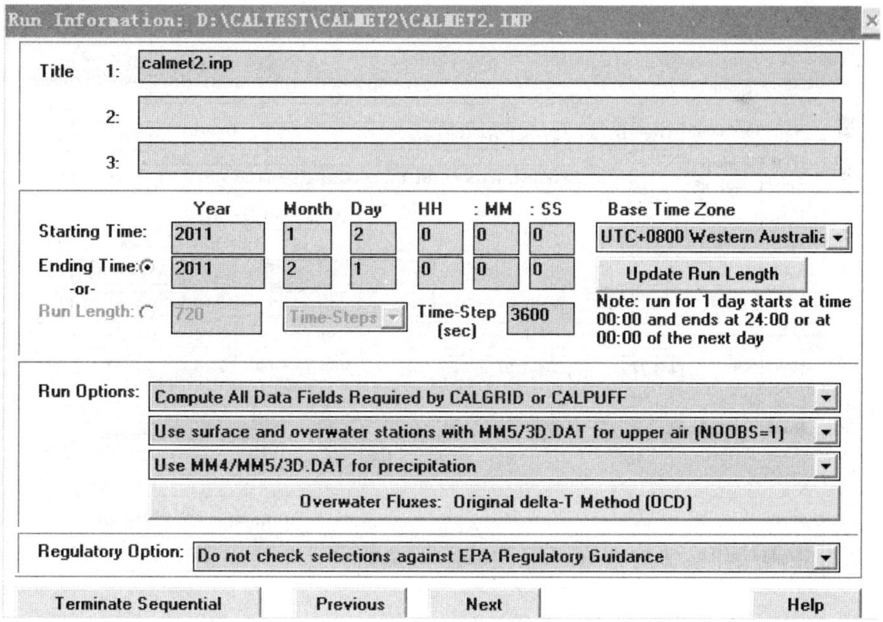

图 3-28　“Run Information（运行信息）”（CALMET）

3.2.5 Grid Control Parameters（网格控制参数）

在“Grid Control Parameters（网格控制参数）”界面，操作步骤如下（见图 3-29）：

（1）如果在“Import Shared Grid Data（输入共享网格数据）”界面，用户已经导入共享网格数据（CMN），那么此部分网格信息已经存在，用户不需要额外输入网格信息。

（2）若用户没有导入共享网格数据（CMN），用户要手动输入网格信息。

“Map Projection（地图投影）”选择“Universal Transverse Mercartor（UTM）”，“DATUM（大地基准面）”选择“WGS-84”，“UTM Zone（区号）”输入“51”，“Hemisphere（半球）”选择“N”。

在“Grid Origin（左下角坐标）”，“X（km）”输入“334.77”，“Y（km）”输入“3451.07”，“Grid spacing（km）（网格距）”输入“0.5”。注意单位为 km。在“Number of Cells（网格数量）”，“NX（*X* 方向网格点数量）”输入“60”，“NY（*Y* 方向网格点数量）”输入“76”，“NZ（*Z* 方向网格点数量）”输入“10”，点击 Edit Cell Face Heights 输入垂直层高度，分别为 0 m、20 m、40 m、80 m、160 m、320 m、640 m、1200 m、2000 m、3000 m、4000 m。

（3）在“Geophysical Data File Name（地理数据文件名称）”输入“D：\CALTEST\CALMET2\GEO.DAT”。

点击“Next（下一步）”按钮。打开“Mixing Height Parameters（混合层高度参数）”界面。

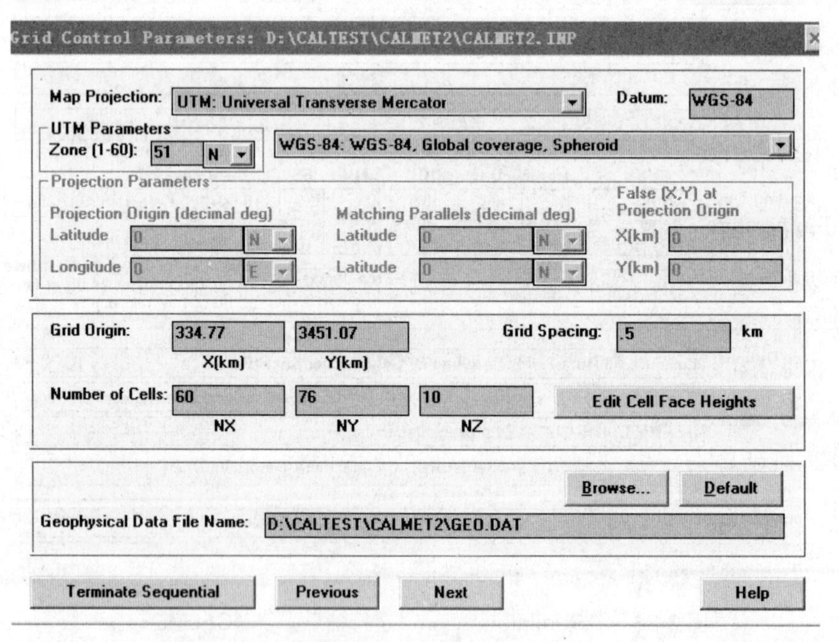

图 3-29 “Grid Control Parameters（网格控制参数）”（CALMET）

3.2.6　Mixing Height Parameters（混合层高度参数）

在“Mixing Height Parameters（混合层高度参数）”界面，此步骤中，大部分参数为默认参数或参考美国 EPA 推荐值，见图 3-30。

点击“Next（下一步）”按钮。打开“Temperature & RH Parameters（温度和相对湿度参数）”界面。

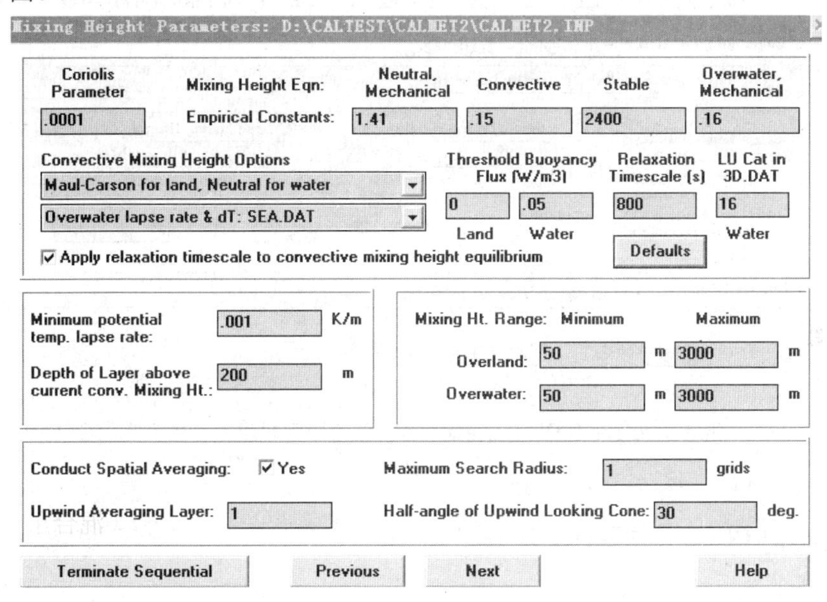

图 3-30　“Mixing Height Parameters（混合层高度参数）”（CALMET）

3.2.7　Temperature & RH Parameters（温度和相对湿度参数）

在“Temperature & RH Parameters（温度和相对湿度参数）”界面，操作步骤如下（见图 3-31）：

“Temperature Dataset Used（温度数据集）”选择“Use surface stations with MM5/3D.DAT temperatures at upper levels（采用地面气象站和 MM5/3D.DAT 数据）”。

“Surface Temperature（地面站温度）”选择“Use surface station number*（采用地面气象站数据）”。“Surface Station（地面气象站）”输入“2”（此处输入参与计算的地面气象站数量，而不是站号）。

“Temperature Lapse Rate（温度递减率）”选择“Use 2-D observed or prognostic Lapse Rate（采用 2-D 观测数据或诊断递减率数据）”。

“Relative Humidity Dataset Used（相对湿度数据集）”选择“Use surface stations for Relative Humidity（采用地面气象站数据）”。

点击“Next（下一步）”按钮。打开“Wind Field（风场选项）”界面。

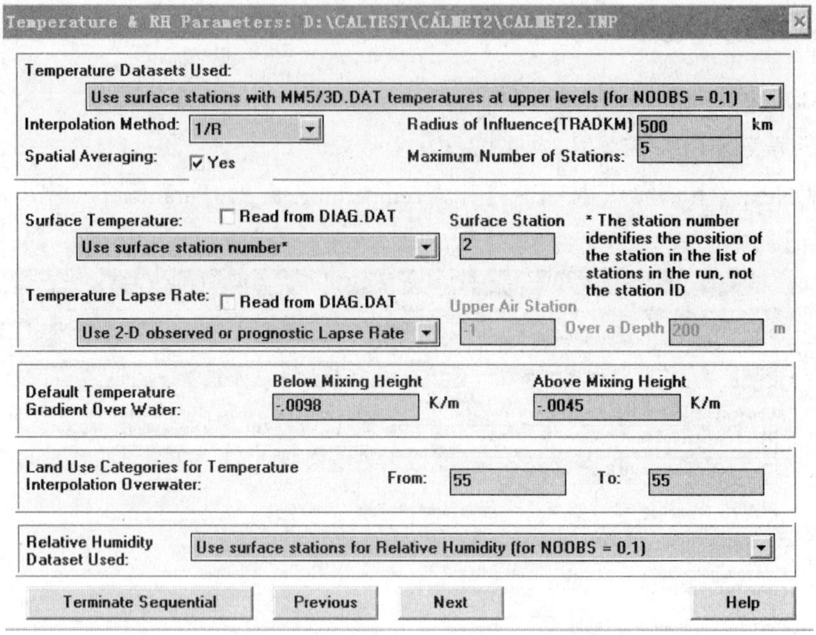

Temperature & RH Parameters: D:\CALTEST\CALMET2\CALMET2.INP

Temperature Datasets Used: Use surface stations with MM5/3D.DAT temperatures at upper levels (for NOOBS = 0,1)
Interpolation Method: 1/R Radius of Influence(TRADKM) 500 km
Spatial Averaging: Yes Maximum Number of Stations: 5

Surface Temperature: Read from DIAG.DAT Use surface station number* Surface Station 2
* The station number identifies the position of the station in the list of stations in the run, not the station ID
Temperature Lapse Rate: Read from DIAG.DAT Use 2-D observed or prognostic Lapse Rate Upper Air Station -1 Over a Depth 200 m

Default Temperature Gradient Over Water: Below Mixing Height -.0098 K/m Above Mixing Height -.0045 K/m

Land Use Categories for Temperature Interpolation Overwater: From: 55 To: 55

Relative Humidity Dataset Used: Use surface stations for Relative Humidity (for NOOBS = 0,1)

Terminate Sequential | Previous | Next | Help

图 3-31 “Temperature & RH Parameters（温度和相对湿度参数）”（CALMET）

3.2.8 Wind Field（风场）

（1）在“Wind Field Options（风场选项）”界面，操作步骤如下（见图 3-32）：

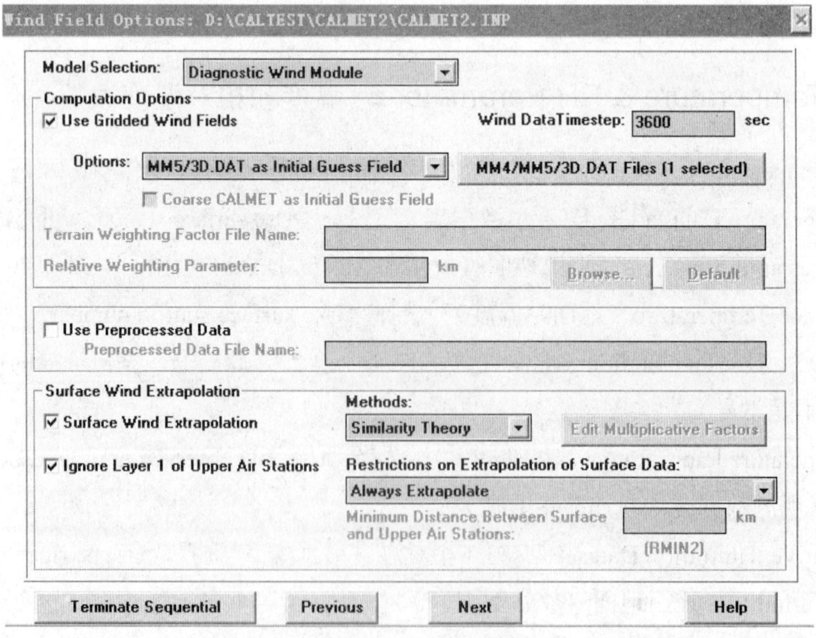

Wind Field Options: D:\CALTEST\CALMET2\CALMET2.INP

Model Selection: Diagnostic Wind Module
Computation Options
Use Gridded Wind Fields Wind DataTimestep: 3600 sec
Options: MM5/3D.DAT as Initial Guess Field MM4/MM5/3D.DAT Files (1 selected)
Coarse CALMET as Initial Guess Field
Terrain Weighting Factor File Name:
Relative Weighting Parameter: km Browse... Default

Use Preprocessed Data
Preprocessed Data File Name:

Surface Wind Extrapolation
Surface Wind Extrapolation Methods: Similarity Theory Edit Multiplicative Factors
Ignore Layer 1 of Upper Air Stations Restrictions on Extrapolation of Surface Data: Always Extrapolate
Minimum Distance Between Surface and Upper Air Stations: km (RMIN2)

Terminate Sequential | Previous | Next | Help

图 3-32 “Wind Field Options（风场选项）”（CALMET）

“Model Selection（选择模型）” 选择 “Diagnostic Wind Module（诊断风场模型）”。选择“Use Gridded Wind Fields（采用网格化风场数据）”，“Options（选项）”选择“MM5/3D.DAT as Initial Guess Field（MM5/3D.DAT 作为初始猜测场）”。

其他参数为默认参数或参考美国 EPA 推荐值。

点击 “Next（下一步）” 按钮。打开 “Initial Guess（初始猜测场）” 界面。

（2）在 “Initial Guess（初始猜测场）” 界面，此步骤参数可为默认参数或参考美国 EPA 推荐值（见图 3-33）。

点击 “Next（下一步）” 按钮。打开 “Step 1（第 1 步气象场）” 界面。

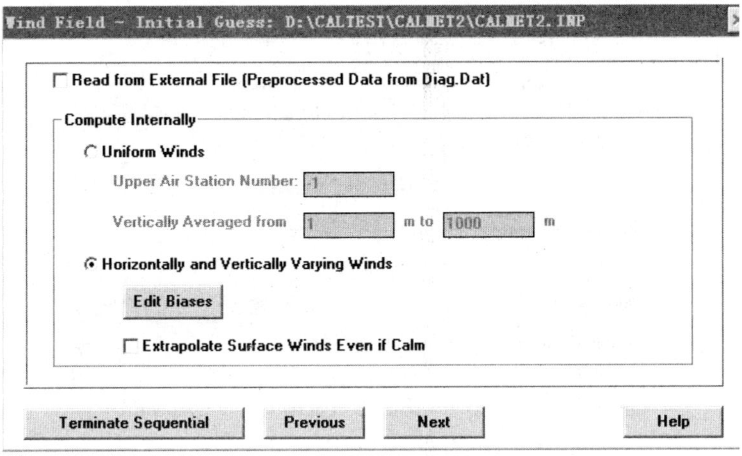

图 3-33 “Initial Guess（初始猜测场）”（CALMET）

（3）在 “Step 1（第 1 步气象场）” 界面，此步骤参数可为默认参数或参考美国 EPA 推荐值（见图 3-34）。

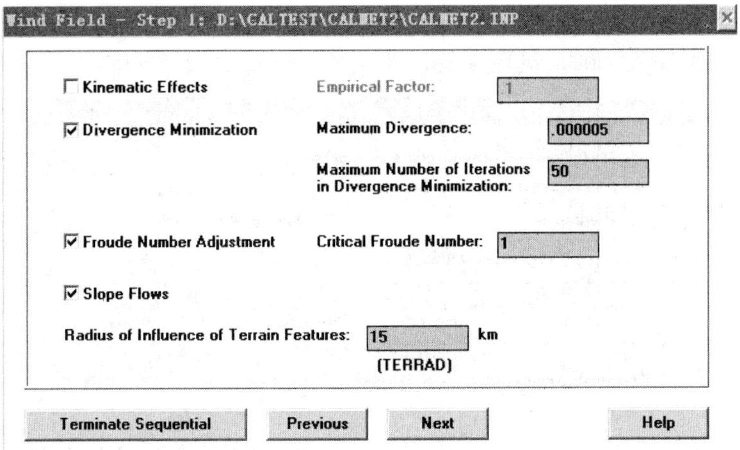

图 3-34 “Step 1（第 1 步气象场）”（CALMET）

点击“Next（下一步）”按钮。打开“Step 2（第 2 步气象场）”界面。

（4）在“Step 2（第 2 步气象场）”界面，此步骤参数可为默认参数或参考美国 EPA 推荐值（见图 3-35）。

点击“Next（下一步）”按钮。打开“Information for Sequential Input（输入数据信息）”界面。

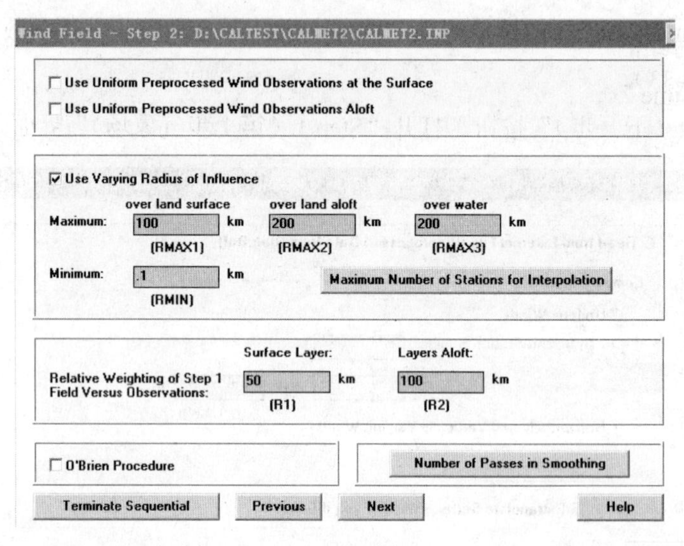

图 3-35　“Step 2（第 2 步气象场）”（CALMET）

3.2.9　Information for Sequential Input（输入数据信息）

在“Information for Sequential Input（输入数据信息）”界面，操作步骤如下：

（1）“Number of Meteorological Stations（气象站数量）”中“Surface（地面气象站）”输入“2”，“Upper Air（高空气象站）”输入“0”，“Precipitation（降水站）”输入“0”，“Over Water（水面站）”输入“0”，见图 3-36。

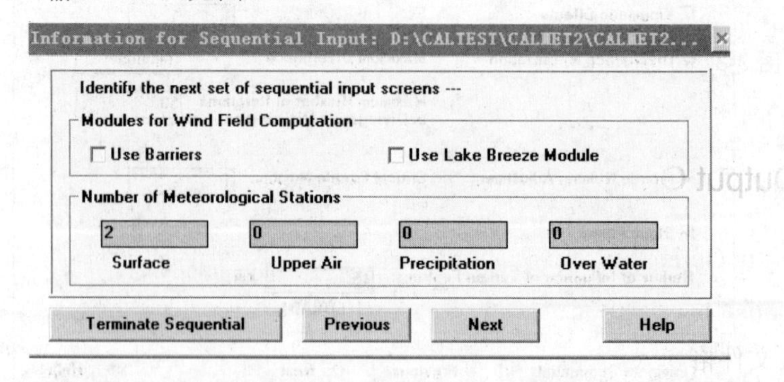

图 3-36　“Information for Sequential Input（输入数据信息）”（CALMET）

点击“Next（下一步）”按钮。打开“Surface Meteorological Stations（地面气象站）”界面。

（2）在“SURF.DAT file Formatted（SURF.DAT 文件格式）”选择“Yes（是）”，“File Name（文件名称）”输入或浏览选择（Browse）D：\CALTEST\CALMET2\SURF.DAT，点击 Add Row ，依次在“Name（名称）”输入“SH”或者其他名称，“ID”输入“11111”，“X（km）”输入上海站的 UTM 坐标 X“354.257”，“Y（km）”输入上海站的 UTM 坐标 Y“3474.949”，“Time Zone（时区）”输入“-8”，“Anem.Ht（测风高）”输入“10”。

点击 Add Row ，依次在“Name（名称）”输入“HQ”或者其他名称，“ID”输入“22222”，“X（km）”输入虹桥站的 UTM 坐标 X“341.463”，“Y（km）”输入虹桥站的 UTM 坐标 Y“3452.738”，“Time Zone（时区）”输入“-8”，“Anem.Ht（测风高）”输入“10”。

注意：ID 站号与 Surf.dat 输入的气象站站号应对应，见图 3-37。

点击“Next（下一步）”按钮。打开“Output Options（输出选项）”界面。

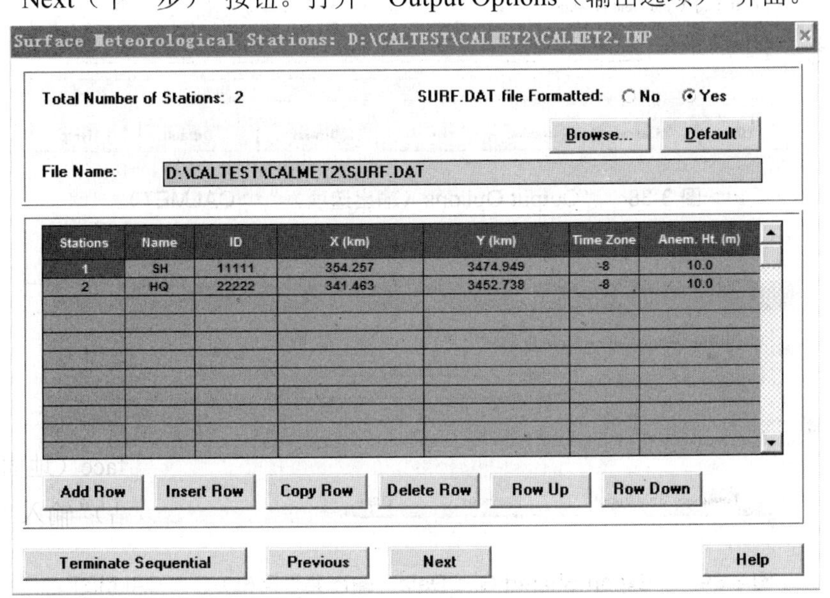

图 3-37　“Surface Meteorological Stations（地面气象站）”（CALMET）

3.2.10　Output Options（输出选项）

在“Output Options（输出选项）”界面，操作步骤如下（见图 3-38）：

“Save output in an unformatted data file（输出非格式化数据文件）”选择“Yes（是）”，“File Type（文件格式）”选择“CALPUFF/CALGRID File”，“Met Output File Name（输出气象文件名称）”输入：“CALMET02.DAT”，“Cloud Option（云选项）”选择“Generate from Prog. RH @850 mb（采用预测场 RH 生成云量数据）”，“List File Name（日志文件名称）”

输入“CALMET02.LST”。

点击“Next（下一步）”按钮。打开“Export Shared Grid Data（输出共享网格）”界面，见图 3-39，不输出共享网格，直接点击“Done（完成）”。

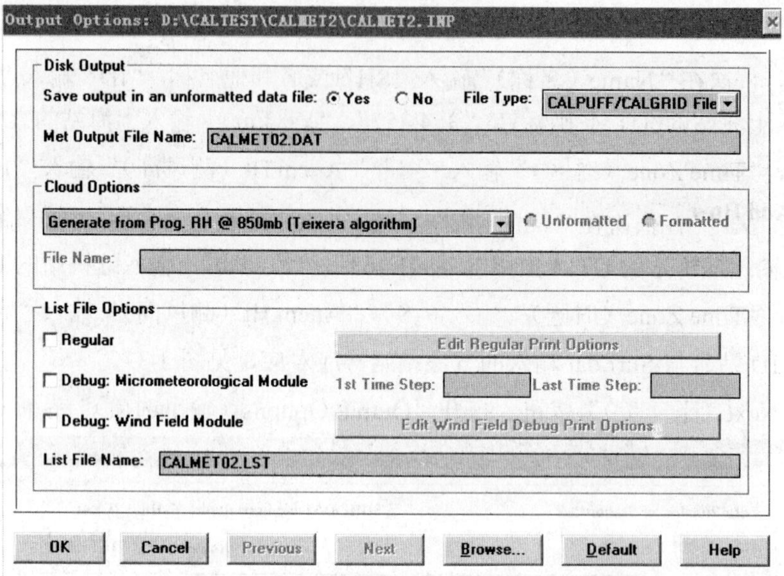

图 3-38 “Output Options（输出选项）”（CALMET）

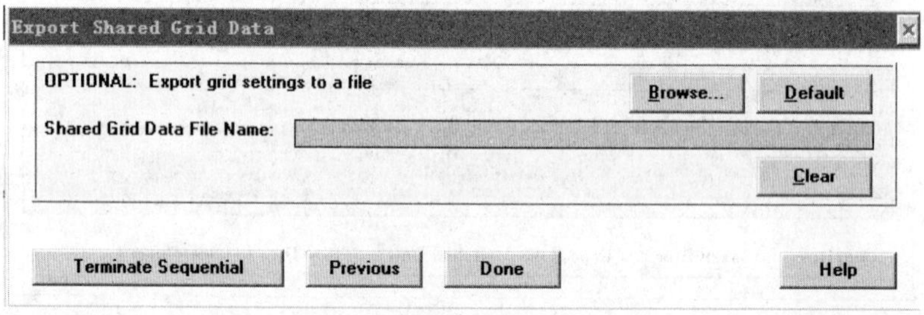

图 3-39 “Export Shared Grid Data（输出共享网格）”（CALMET）

3.2.11 运行和其他

在菜单栏选择“File（文件）”，选择“Save（保存）”，将上述控制文件参数信息保存到 D：\caltest\calmet2\calmet2.inp，点击菜单栏“Run（运行）”的“Run CALMET（运行 CALMET 程序）”选项，打开“Run（程序运行）”界面，见图 3-40，参数默认即可，点击“OK”，打开“Files Need For This Run（本次运行所需文件）”界面，见图 3-41，用户可检查输入、输出路径等信息。点击“Run（运行）”系统自动运行程序“calmetl.exe”，开始运算，完成计算见图 3-42。

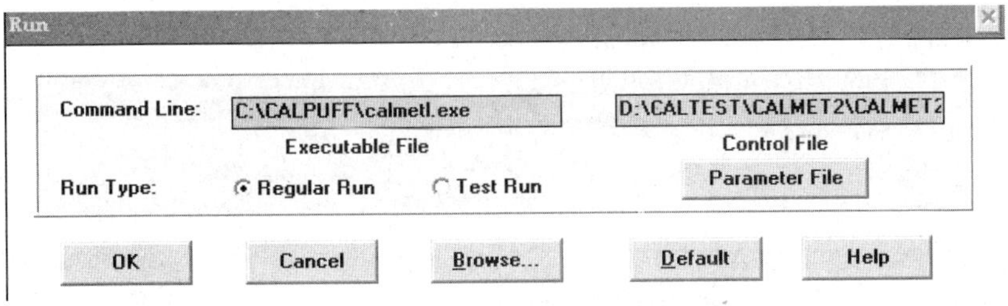
Run
Command Line:
C:\CALPUFF\calmetl.exe
Executable File
D:\CALTEST\CALMET2\CALMET2
Control File
Parameter File
Run Type:
Regular Run
Test Run
OK
Cancel
Browse...
Default
Help

图 3-40　“Run（程序运行）”（CALMET）

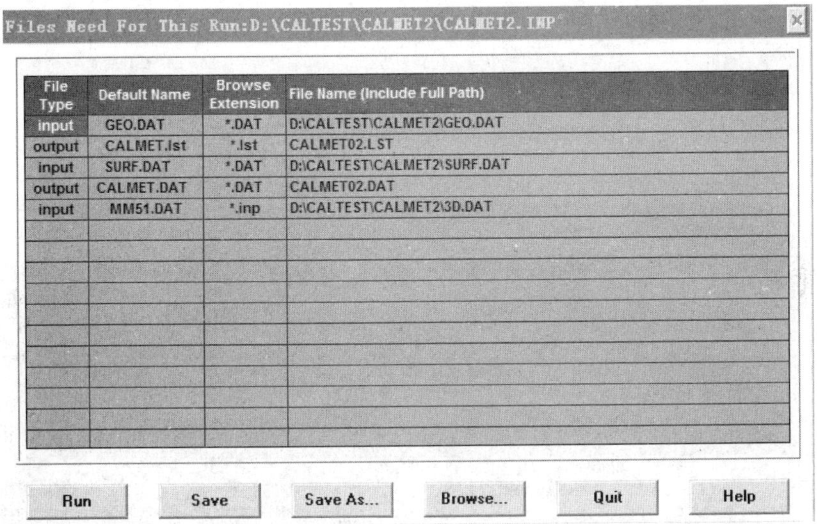
Files Need For This Run:D:\CALTEST\CALMET2\CALMET2.INP
File Type
Default Name
Browse Extension
File Name (Include Full Path)
input GEO.DAT *.DAT D:\CALTEST\CALMET2\GEO.DAT
output CALMET.lst *.lst CALMET02.LST
input SURF.DAT *.DAT D:\CALTEST\CALMET2\SURF.DAT
output CALMET.DAT *.DAT CALMET02.DAT
input MM51.DAT *.inp D:\CALTEST\CALMET2\3D.DAT
Run
Save
Save As...
Browse...
Quit
Help

图 3-41　“Files Need For This Run（本次运行所需文件）”（CALMET）

ENTERING COMPUTATIONAL PHASE
Processing Year, Day, Hour, Sec from: 2011 31 23 0 to:2011 31 23 3600
ENTERING TERMINATION PHASE
D:\CALTEST\CALMET1>pause
请按任意键继续. . .

图 3-42　程序运算结束（CALMET）

输出的结果见图 3-43，其中 CALMET02.DAT 是模拟计算的气象场数据文件，calmet02.lst 是日志文件（查看相关计算信息），CAL.BAT 是批处理文件（调用 calmetl.exe 计算 calmet01.inp）。

用户可打开菜单栏的“utilities（实用工具）”的“Error Checking（查错）”功能，系统可自动检查用户设置情况，若无错误，系统显示“No errors found（未发现错误）”，若有设置错误，系统显示具体的错误位置，用户可点击提示，进行修改。用户可点击“View File（查看文件）”功能，查看“lst（日志文件）”，见图 3-44，也可用记事本或者 ultra edit 等工具打开日志文件。

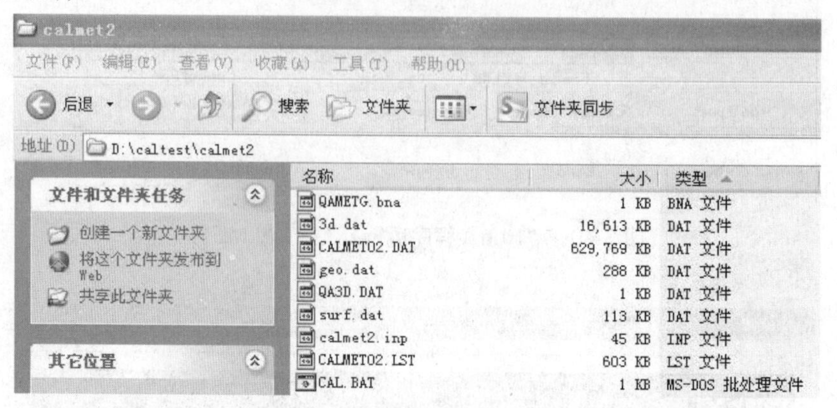

图 3-43 输出结果（CALMET）

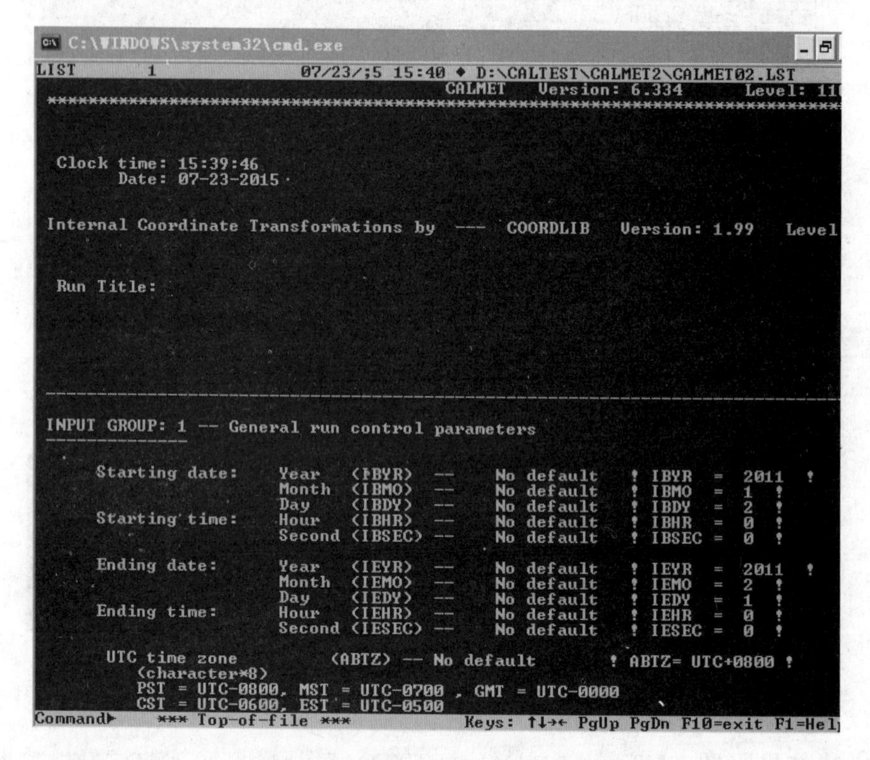

图 3-44 查看日志（CALMET）

用户可打开菜单栏的“Setup（设置）”，设置系统后缀名、默认文件名、修改 calmet1.exe 路径等。

第4章 CALPUFF模型

【学习须知】

1. CALPUFF模拟可输入文件为：CALPUFF.INP（控制文件）、CALMET.DAT（模拟气象数据文件）、OZONE.DAT（臭氧背景数据文件）、PTEMARB.DAT（时间变化点源排放文件）等。

CALPUFF主要输出文件为：CALPUFF.LST（CALPUFF日志文件）、CALPUFF.DAT（CALPUFF输出数据文件，即模拟污染浓度场）等。

2. CALPUFF建模参数值可参考2009年美国EPA发布的备忘录，见光盘：\caltest\paper\CALPUFF推荐值.pdf。

3. 污染源、敏感点信息见光盘：\caltest\info\坐标表格.xlsx，假设了一个点源、一个面源。用户也可点击光盘：\caltest\info\路径下的点源.kml和面源.KMZ，查看相关污染源的位置信息。

假设两个敏感点，用户也可点击光盘：\caltest\info\敏感点.kml，查看敏感点位置信息。

4. CALPUFF污染源点源数量不能超过200，若要超过200个点源数量，需要重新编译CALPUFF.EXE来解决该问题。

5. CALPUFF建模具体流程见图4-1。

4.1 CALPUFF基础信息

点击CALPRO界面上的“CALPUFF”按钮。打开污染模拟模块界面“CALPUFF”，见图4-2。

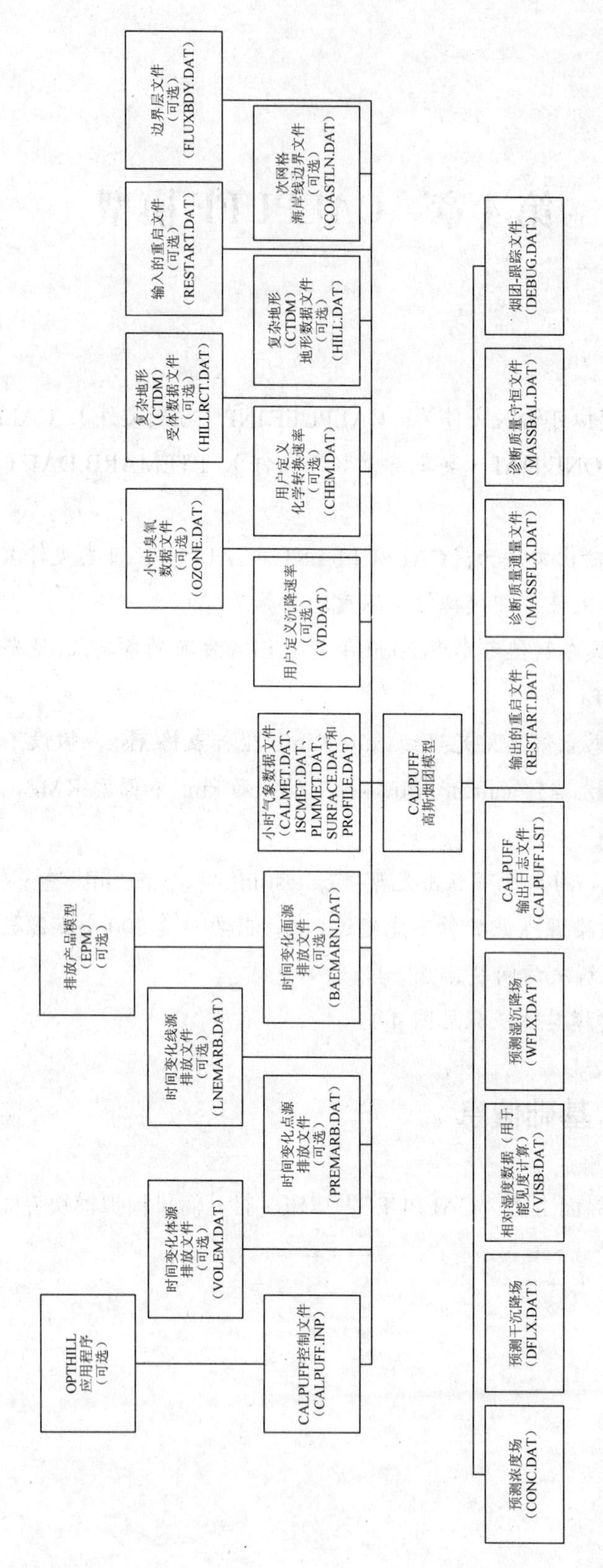

图 4-1 CALPUFF 建模流程

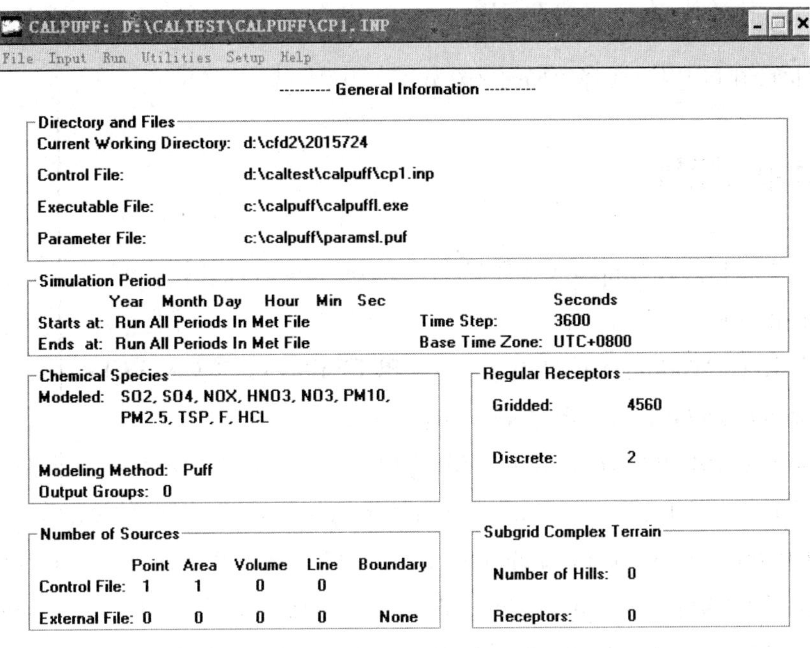

图 4-2 CALPUFF 界面（基础信息）

用户可点击菜单栏里的“File（可执行文件）”，选择“Change Directory（更改目录）”，可更改当前工作目录，工作目录选择 D：\caltest\calpuff，见图 4-3。选择“New（新建）”，可新建一个“.inp（控制文件）”。选择“Open（打开）”，可读取用户已做好的“.inp（控制文件）”。选择“Save（保存）”，可保存当前控制文件参数设置信息。选择“Save As（另存为）”，可将控制文件重命名另存为一个文件（inp 格式文件）。选择“Exit（退出）”，可关闭 CALPUFF 模块。

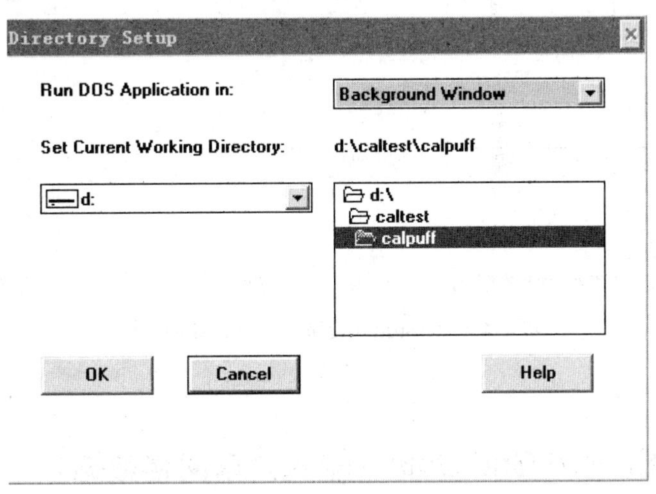

图 4-3 工作目录设置界面（CALPUFF）

用户可选择“Open（打开）”，读取并查看自带光盘例子\caltest\calpuff\ cp1.inp。

本案例练习时，用户选择“New（新建）”。

4.2 Setup（设置）

用户点击菜单栏里“Input（文件）”的“Sequential（连续模式）”选项，打开“Setup（设置）”界面，见图 4-4。

（1）“Select a Working Directory for CALPUFF run（选择 CALPUFF 运行工作路径）”输入“d：\caltest\calpuff”，点击“Next Step（下一步）”。

（2）“Start CALPUFF with（建立 CALPUFF 采用）”选择“Browse for EXISTING Input File（选择已有控制文件）”，选择“d：\caltest\calpuff \cp1.inp”，点击“Next Step（下一步）”。

（3）“Choose a file-name for saving the CALPUFF Input File（建立 CALPUFF 采用）”选择“Browse for EXISTING Input File（选择已有控制文件）”，选择“d：\caltest\calpuff \ cp1.inp”，点击“Accept（接受）”。点击“Next（下一步）”按钮。

打开“Import Shared Grid Data（输入共享网格数据）”界面。

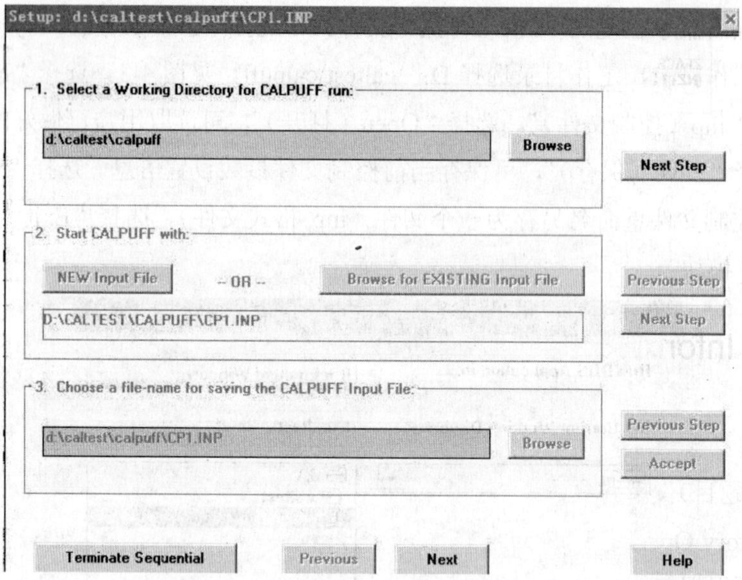

图 4-4 “Setup（设置）”（CALPUFF）

4.3 Import Shared Grid Data（输入共享网格数据）

在“Import Shared Grid Data（输入共享网格数据）”界面，用户可导入共享网格数据，也可以略过此步骤，在“Grid Control Parameters（网格控制参数）”手动填写。

导入共享网格数据步骤如下（见图 4-5）：点击浏览按钮 Browse...，选择“D：\caltest\grid\ProjectGrid.cmn”，或者在“Shared Grid Data File Name（共享网格数据文件名称）”输入：“D：\caltest\grid\ProjectGrid.cmn”。点击导入按钮 Import，将共享网格信息导入 CALMET。

导入 ProjectGrid.cmn 信息后，“Shared Data（共享网格）”显示了案例的网格信息。

点击“Next（下一步）”按钮。打开“Run Information（运行信息）”界面。

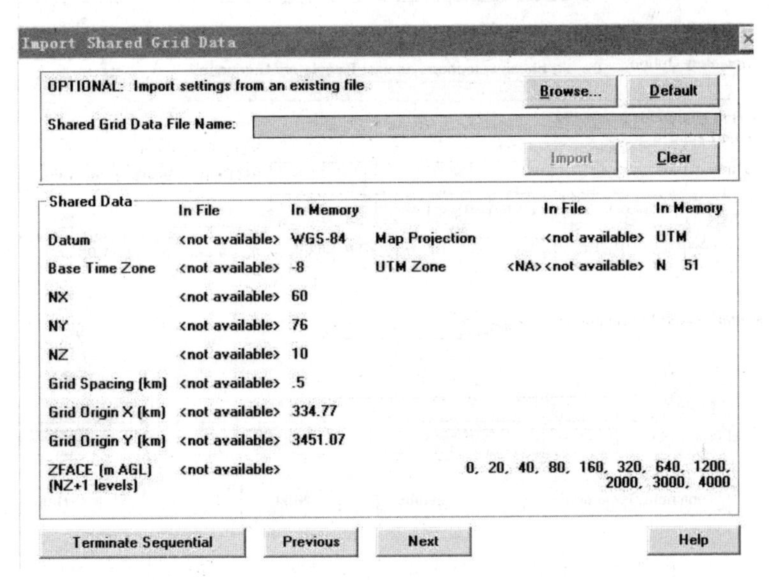

图 4-5　“Import Shared Grid Data（输入共享网格数据）”（CALPUFF）

4.4　Run Information（运行信息）

在“Run Information（运行信息）”界面，操作步骤如下（见图 4-6）：

“Title（题目）”输入记录信息，如项目名称、地点等，此处为选填项，可不填写。

“Regulatory Option（法规选项）”选择“Do not check selection against EPA Regulatory Guidance（不根据美国环保局法规导则要求检查设置）”。

案例运行时间为 2011 年 1 月—2 月，用户在“Starting Time（开始时间）”年、月、日、小时、分、秒分别输入 2011、1、2、0、0、0，“Ending Time（结束时间）”年、月、日、小时、分、秒分别输入 2011、2、1、0、0、0。或者勾选“Run all periods in met file（运行 calmet.dat 的时间段）”。

“Base Time Zone（基准时区）”选择“UTC+08：00”。“Time Step sec（步长，秒）”输

入“3600”，即 1 小时。

“Model Restart Configuration（模式重新启动配置）”，选择“None（不设置）”。用户也可选择“Write Restart File（写断点文件）”，以防计算中断。

点击“Next（下一步）”按钮。打开“Grid Settings（网格设置）”界面。

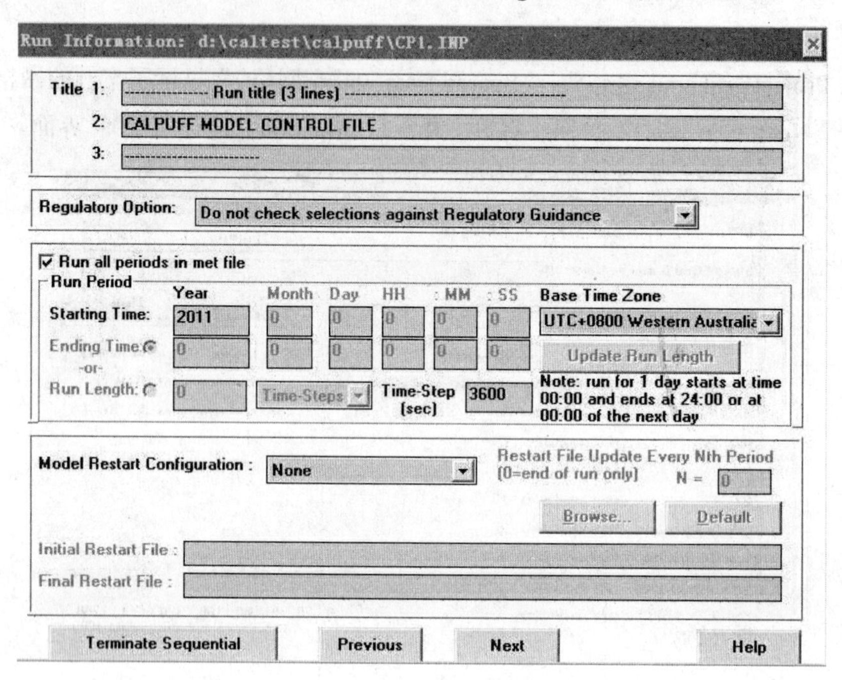

图 4-6 “Run Information（运行信息）”（CALPUFF）

4.5 Grid Settings（网格设置）

在“Grid Settings（网格设置）”界面，操作步骤如下（见图 4-7）：

（1）如果在“Import Shared Grid Data（输入共享网格数据）”界面，用户已经导入共享网格数据（CMN），那么此部分网格信息已经存在，用户不需要额外输入网格信息。

（2）若用户没有导入共享网格数据（CMN），用户要手动输入网格信息。

“Map Projection（地图投影）”，选择“Universal Transverse Mercartor（UTM）”，“DATUM（大地基准面）”选择“WGS-84”，“UTM Zone（区号）”输入“51”，“Hemisphere（半球）”选择“N”。

在“Grid Origin（左下角坐标）”，“X（km）”输入“334.77”，“Y（km）”输入“3451.07”，“Grid spacing（km）（网格距）”输入“0.5”。注意单位为 km。在“Number of Cells（网格数量）”，“NX（*X* 方向网格点数量）”输入“60”，“NY（*Y* 方向网格点数量）”输入“76”，

“NZ（*Z* 方向网格点数量）”输入“10”，点击 Edit Cell Face Heights 输入垂直层高度，分别为 0 m、20 m、40 m、80 m、160 m、320 m、640 m、1200 m、2000 m、3000 m、4000 m。

在“Computational Grid Settings（in Met. Grid Units）（计算网格设置）”，“X Direction（*X* 方向网格点数量）”开始和结束分别输入“1”和“60”，“Y Direction（*Y* 方向网格点数量）”开始和结束分别输入“1”和“76”。

点击“Next（下一步）”按钮。打开“Modeled Species（模拟污染物物种）”界面。

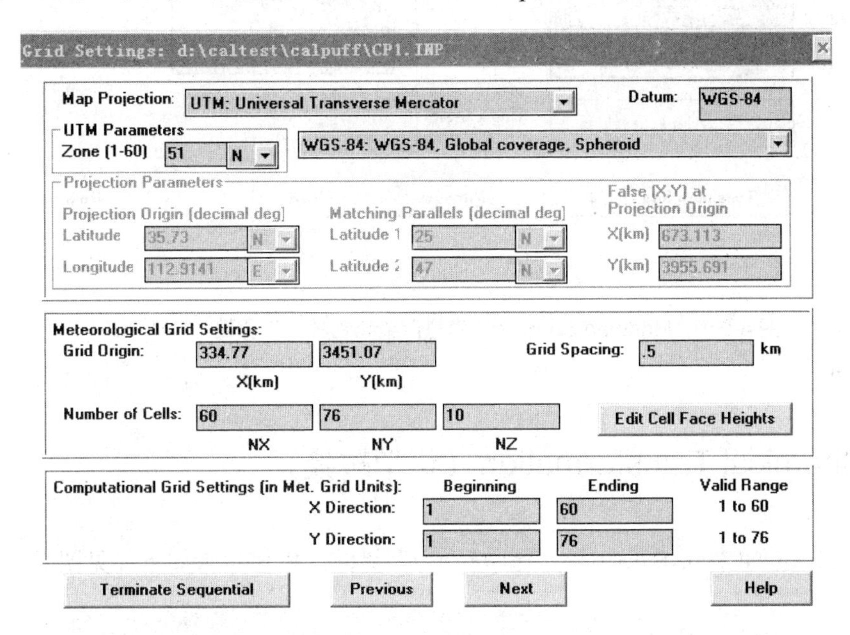

图 4-7　“Grid Control Parameters（网格控制参数）”（CALPUFF）

4.6　Modeled Species（模拟污染物物种）

在“Modeled Species（模拟污染物物种）”界面，操作步骤如下（见图 4-8）：

按顺序依次输入所需的污染物因子：SO_2、SO_4、NO_x、HNO_3、NO_3、PM_{10}、$PM_{2.5}$、TSP 等信息。

例如 SO_2，首先从右侧“Species Library（物种库）”选择 SO_2，点击“Add（增加）”，在左侧“Species Name（模拟污染因子名称）”增加 SO_2 数据。若删除左侧污染因子中的 SO_2，选中 SO_2，再点击“Remove（移除）”即可。

点击“Next（下一步）”按钮。打开“Chemical Transformation（化学转换）”界面。

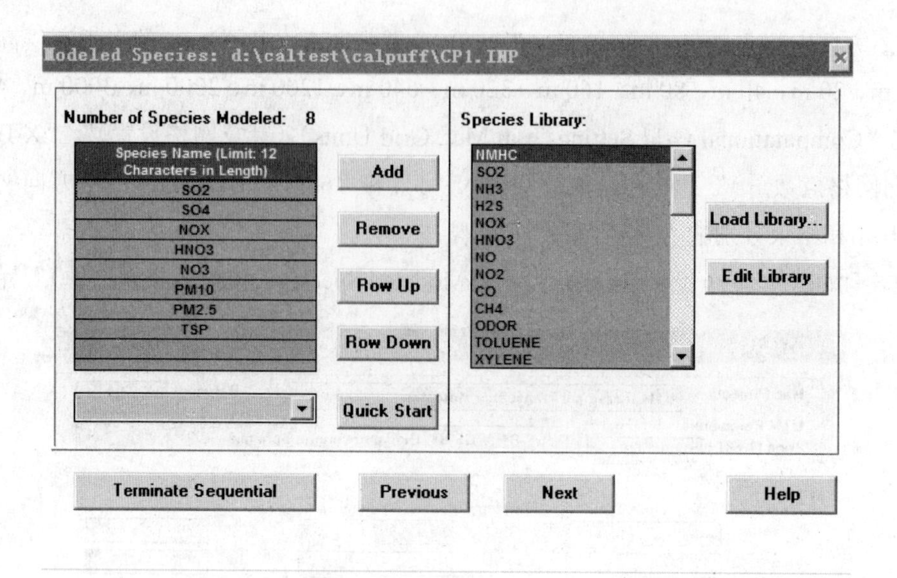

图 4-8 “Modeled Species（模拟污染物物种）”界面（CALPUFF）

4.7 Chemical Transformation（化学转换）

在“Chemical Transformation（化学转换）”界面，操作步骤如下（见图 4-9）：

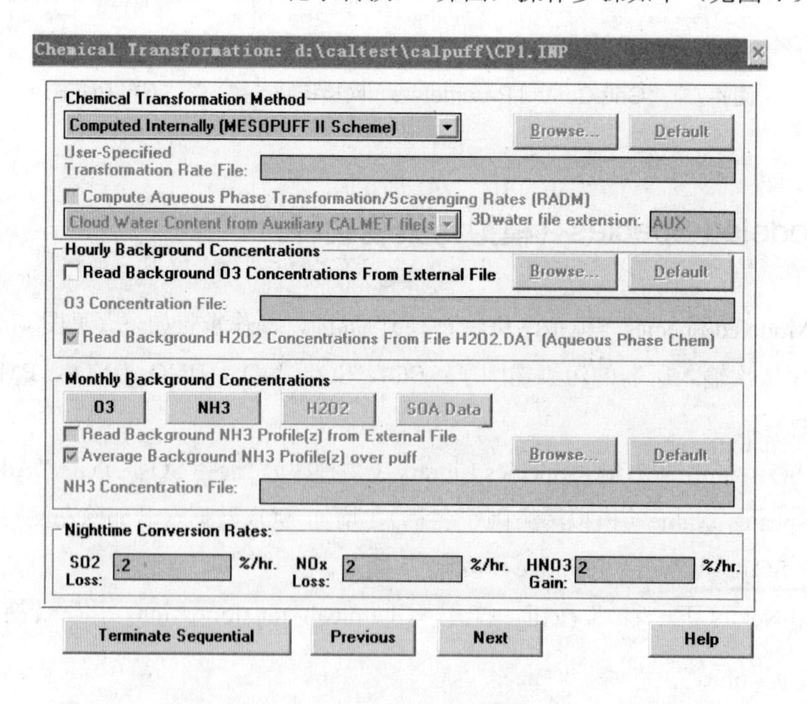

图 4-9 “Chemical Transformation（化学转换）”（CALPUFF）

在“Chemical Transformation Method（化学转换方法）”选择 “Computed internally（MESOPUFF II Scheme）（采用 MESOPUFF Ⅱ 方案）”。用户在一些案例中也可选择“Not Modeled（不考虑化学转换模块）”。本案例选择 MESOPUFF Ⅱ方案。

点击“Monthly Background concentration（背景月平均浓度）”中的 O3 ，输入当地 O_3 的月平均浓度值，见图 4-10，注意单位为 ppb。点击“Monthly Background concentration（背景月平均浓度）”中的 NH3 ，输入当地 NH_3 的月平均浓度值，此部分按默认值考虑。

其他参数为默认参数或参考美国 EPA 推荐值。

点击“Next（下一步）”按钮。打开“Deposition（沉降）”界面。

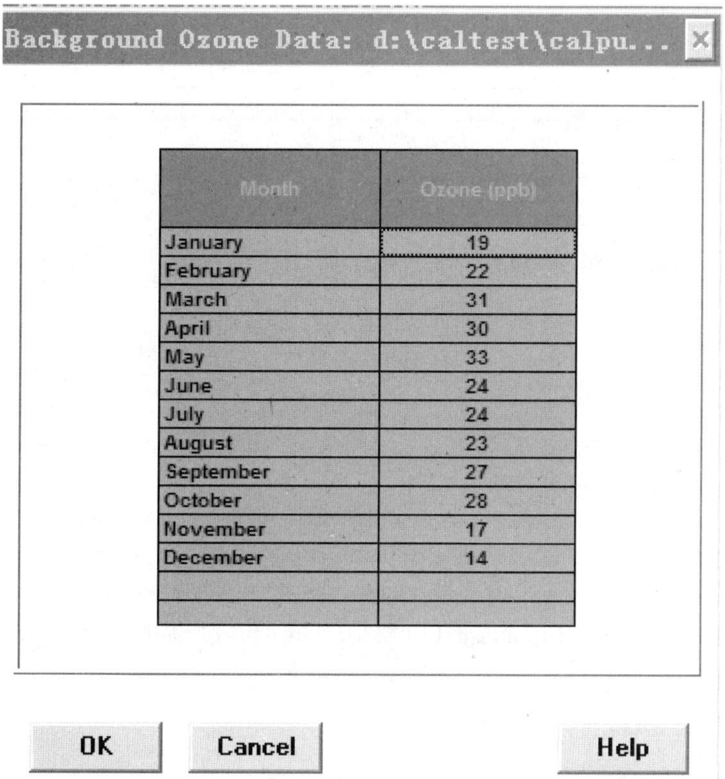

Background Ozone Data: d:\caltest\calpu...

Month	Ozone (ppb)
January	19
February	22
March	31
April	30
May	33
June	24
July	24
August	23
September	27
October	28
November	17
December	14

OK　Cancel　Help

图 4-10　“Background Ozone Data（臭氧背景浓度值）”（CALPUFF）

4.8　Deposition（沉降）

在“Deposition（沉降）”界面，操作步骤如下（见图 4-11）：

“Dry Deposited（干沉降）”根据污染物因子的属性选择“Gas Phase（气态污染物）”

或者“Particle Phase（颗粒物）”等。

“Wet Deposited（湿沉降）”不勾选，因为本次案例未考虑降水数据等。

点击“Next（下一步）”按钮。打开“Model Option（模型选项）”界面。

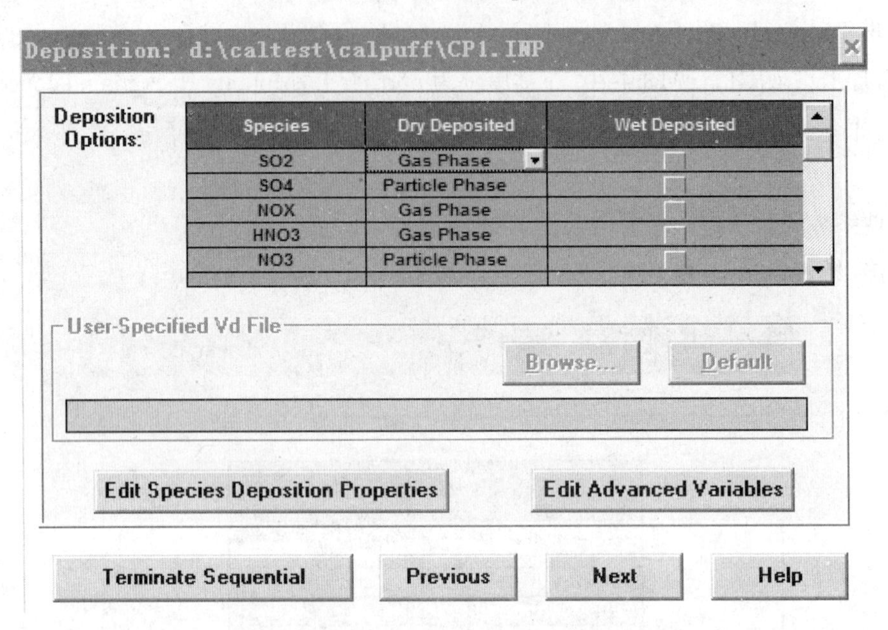

图 4-11 “Deposition（沉降）”（CALPUFF）

4.9 Model Option（模型选项）

Model Option（模型选项）中第一个界面为“Meteorological/Landuse（气象场/土地利用）”。

（1）在“Meteorological/Landuse（气象场/土地利用）”界面，操作步骤如下：

“Meteorological Data Format（气象数据格式）”选择“CALMET binary file（CALMET 二进制文件）”，见图 4-12。

点击 View/Edit CALMET File Names (1) ，打开“CALMET Domains（CALMET 域）”界面，见图 4-13。

点击 View/Set Filenames ，打开“CALMET File Names（CALMET 文件名）”界面，在“File Name（文件名）”输入或者浏览选择 D：\CALTEST\CALMET1\CALMET.DAT，见图 4-14。

注意：用户也可以批量输入多个时段的 CALMET.DAT 文件。

其他参数为默认参数或参考美国 EPA 推荐值。

点击“Next（下一步）”按钮。打开“Plume Rise（烟羽抬升）”界面。

Meteorological/Landuse: d:\caltest\calpuff\CP1.INP

Meteorological Data Format: CALMET binary file (CALMET.DAT) | View/Edit CALMET File Names (1)

Urban Landuse Categories Range From: 10 To: 19 | Edit Advanced Variables

Single-Station Met Data Inputs

Landuse Type: | Roughness Length (m): .25 | Leaf Area Index: 3 | Dispersion Regime:

Elevation Above Sea Level (m): 0 | N. Latitude (deg): -999 | W. Longitude (deg): -999

Anemometer Height (m): 10 | Mixing Height:

Wind Speed Profile: ISC RURAL | Calm Condition is Defined as Wind Speed Less Than: .5 m/s

Power Law Exponents:	0.07	0.07	0.10	0.15	0.35	0.55
Stability Class:	A	B	C	D	E	F

Use Sub-Grid TIBL Module with Coastline Data | Coastline File:

Terminate Sequential | Previous | Next | Browse... | Default | Help

图 4-12 “Meteorological/Landuse（气象场/土地利用）”（CALPUFF）

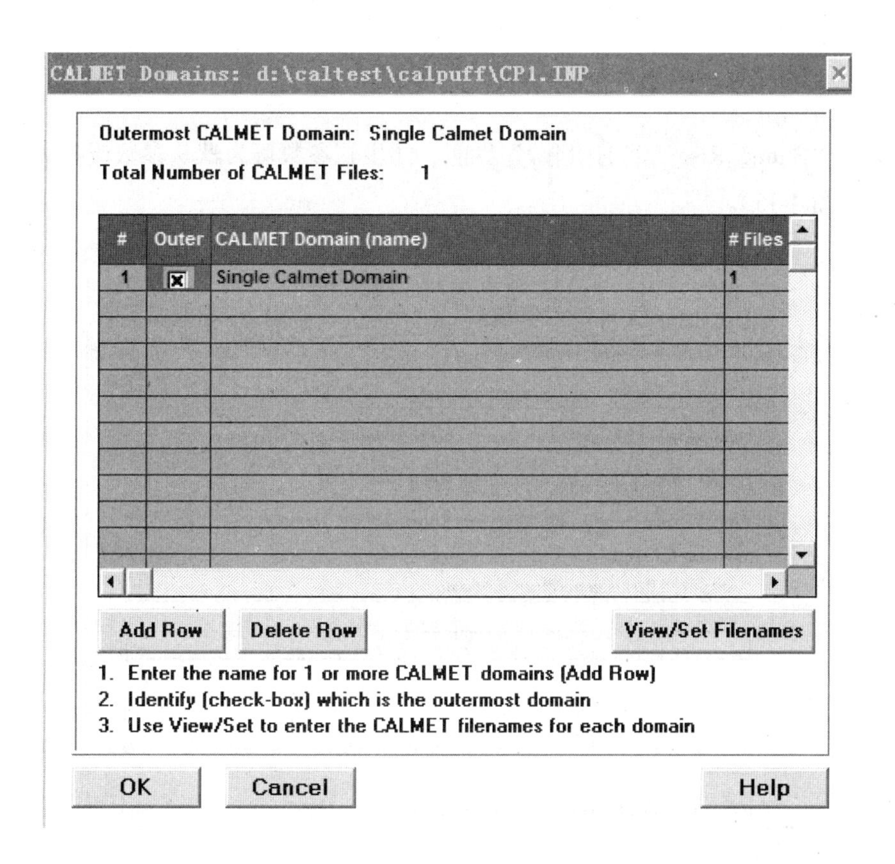

图 4-13 “CALMET Domains（CALMET 域）”（CALPUFF）

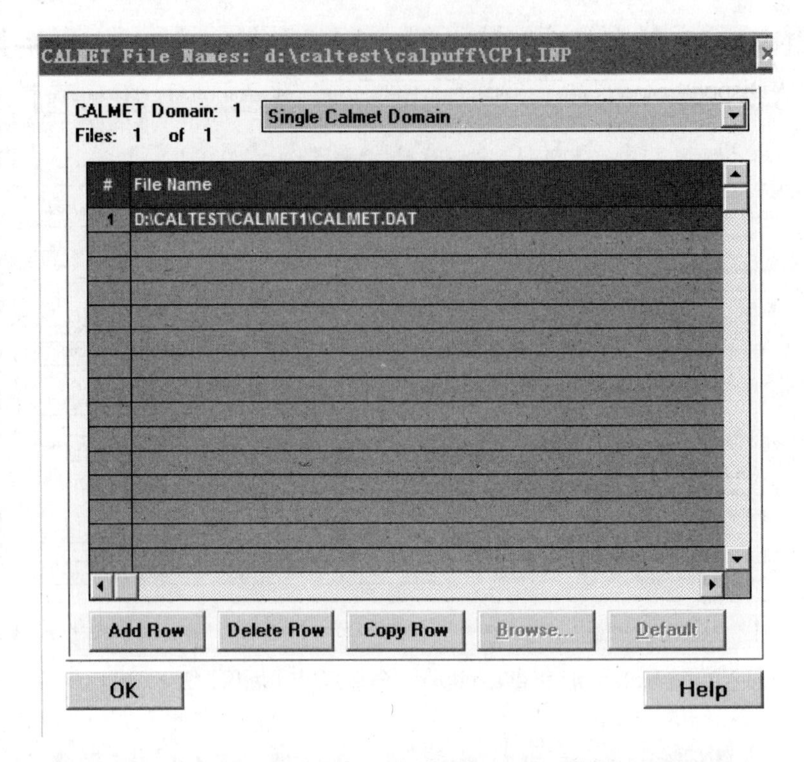

图 4-14 “CALMET File Names（CALMET 文件名）”（CALPUFF）

（2）在“Plume Rise（烟羽抬升）”界面，此步骤参数可为默认参数或参考美国 EPA 推荐值（见图 4-15）。

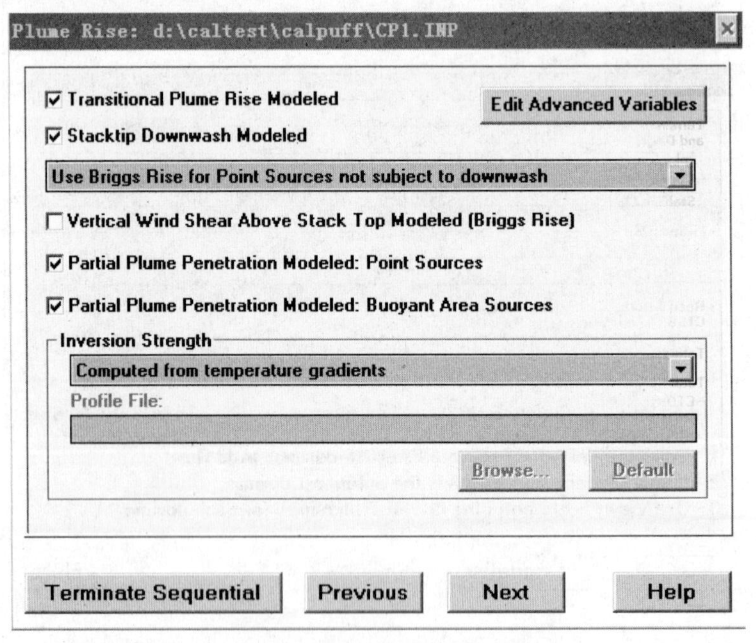

图 4-15 “Plume Rise（烟羽抬升）”（CALPUFF）

点击“Next（下一步）”按钮。打开“Dispersion（扩散）”界面。

（3）在“Dispersion（扩散）”界面，此步骤参数可为默认参数或参考美国 EPA 推荐值（见图 4-16）。

点击“Next（下一步）”按钮。打开“Terrain Effects（地形效应）”界面。

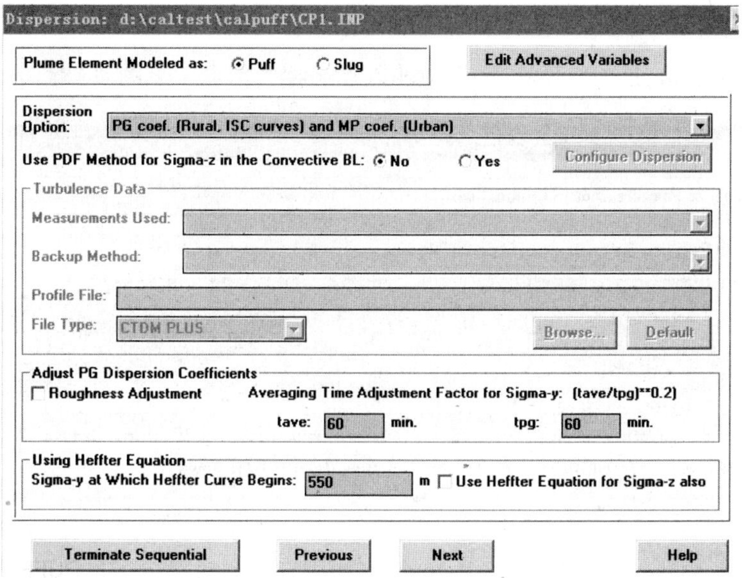

图 4-16　“Dispersion（扩散）”（CALPUFF）

（4）在“Terrain Effects（地形效应）”界面，此步骤参数可为默认参数或参考美国 EPA 推荐值（见图 4-17）。

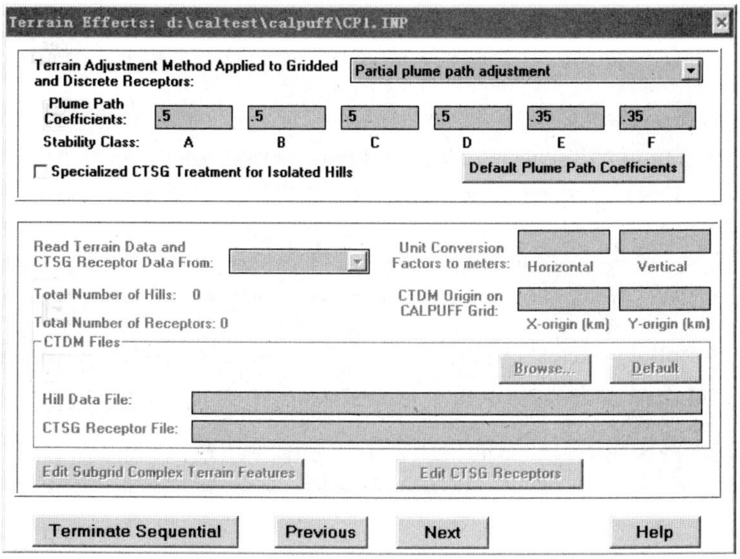

图 4-17　“Terrain Effects（地形效应）”（CALPUFF）

点击“Next（下一步）”按钮。打开“Sources（污染源）”界面。

4.10 Sources（污染源）

在“Sources（污染源）”界面，操作步骤如下：

（1）“Point Sources（点源信息）”中输入点源相关信息，见图 4-18。

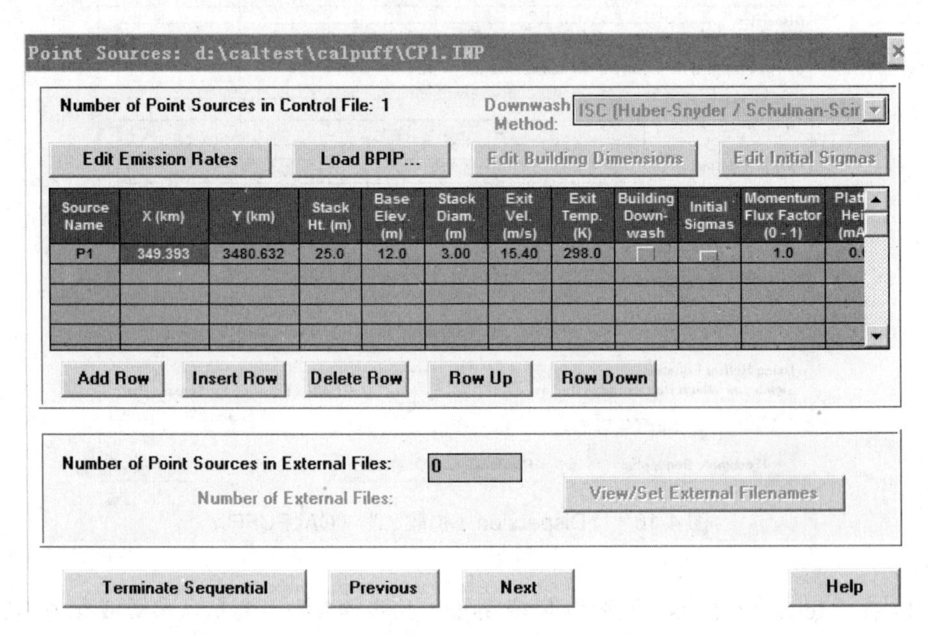

图 4-18 “Point Sources（点源信息）”（CALPUFF）

点击“Add Row（增加行）”，增加新的点源，根据光盘：\caltest\info\坐标表格.xlsx 里的“污染源（点源）”参数信息，在“X（km）（*X* 坐标）”输入“349.393”，在“Y（km）（*Y* 坐标）”输入“3480.632”，“Stack Ht（m）（烟囱源高）”输入“25”，“Base Elev（m）（海拔高）”输入“12”，“Stack Diam（m）（烟囱出口直径）”输入“3”，“Exit Vel（m）（烟囱出口流速）”输入“15.4”，“Exit Temp（K）（烟囱出口烟气温度）”输入“298”。

注意：烟囱的坐标信息单位为 km，烟气温度单位为开尔文（K）。

点击“Edit Emission Rates（编辑排放速率信息）”，输入点源污染物排放量，注意单位选择与 Excel 里面的信息一致。对于排放速率有周期规律的污染源，用户可以点击 **Variable**，输入污染源的排放时间变化因子（见图 4-19）。

点击“Next（下一步）”按钮。打开“Area Sources（面源信息）”界面。

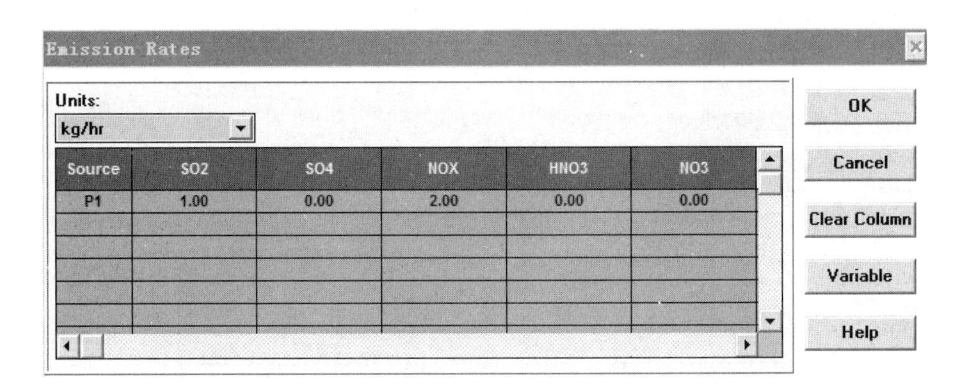

图 4-19 “Emission Rates（点源排放速率信息）”（CALPUFF）

（2）“Area Sources（面源信息）”中输入面源相关信息，见图 4-20。

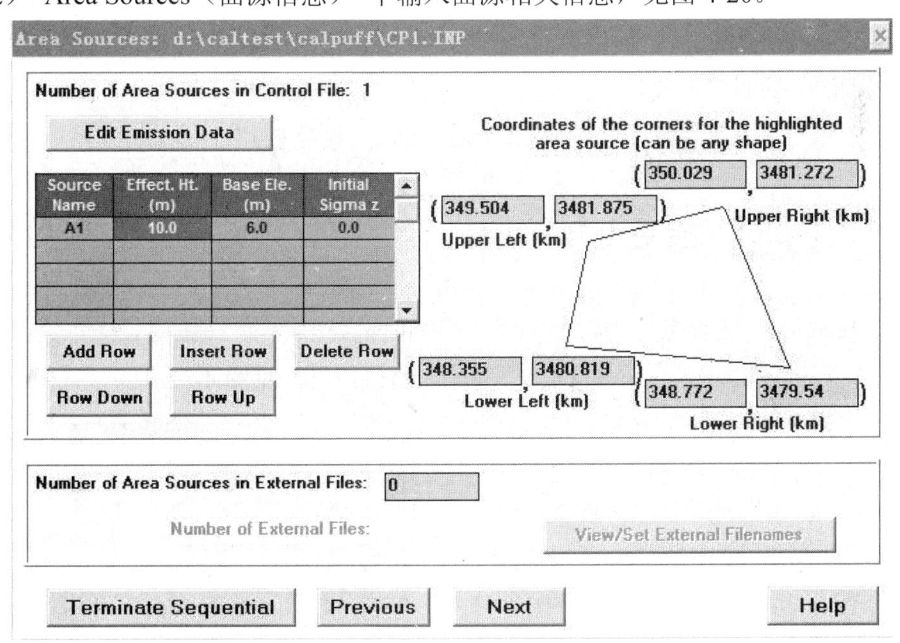

图 4-20 “Area Sources（面源信息）”（CALPUFF）

点击“Add Row（增加行）”，增加新的面源，根据光盘：\caltest\info\坐标表格.xlsx 里的“污染源（面源）”参数信息，“Effect Ht（m）（源有效高）”输入“10”，“Base Elev（m）（海拔高）”输入“6”，在面源的四个角的坐标分别输入相应 UTM 数据。注意：面源坐标信息单位为 km。

点击“Edit Emission Data（编辑排放信息）”，输入面源污染物排放量，注意单位为 t/(m^2·a)。对于排放速率有周期规律的污染源，用户可以点击 **Variable** ，输入污染源的排放时间变化因子（见图 4-21）。

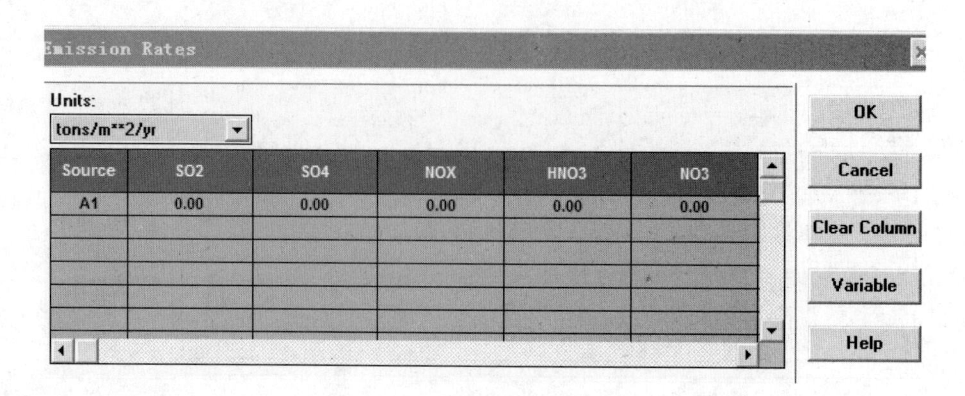

图 4-21 “Emission Rates（面源排放速率信息）”（CALPUFF）

（3）多次点击“Next（下一步）”按钮，依次打开“Volume Sources（体源信息）”界面、“Line Sources（线源信息）”界面、“Boundary Sources（边界源信息）”界面等，相关设置类似点源、面源等设置。

点击“Next（下一步）”按钮，打开“Receptor（接受点）”界面。

4.11 Receptor（接受点）

在“Receptor（接受点）”界面，操作步骤如下：

（1）“Gridded Receptors（网格点）”中输入网格信息，见图 4-22。

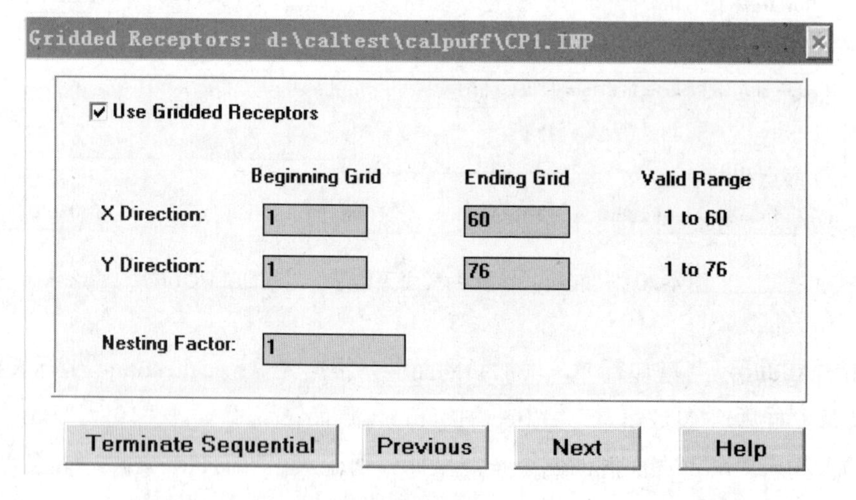

图 4-22 “Gridded Receptors（网格点）”（CALPUFF）

勾选“Use Gridded Receptors（计算网格点）”，在“X Direction（*X* 方向上）”的起始点、结束点分别输入“1”和“60”，在“Y Direction（*Y* 方向上）”的起始点、结束点分别

输入“1”和“76”。

若用户进一步加密网格，可在“Nesting Factor（加密因子）”输入参数，例如输入“2”，当前网格距 500 m 加密 2 倍，变为 250 m。不加密则输入“1”。本次输入为“1”。

点击“Next（下一步）”按钮。打开“Discrete Receptors（离散点）”界面。

（2）“Discrete Receptors（离散点）”中输入敏感点坐标等信息，见图 4-23。

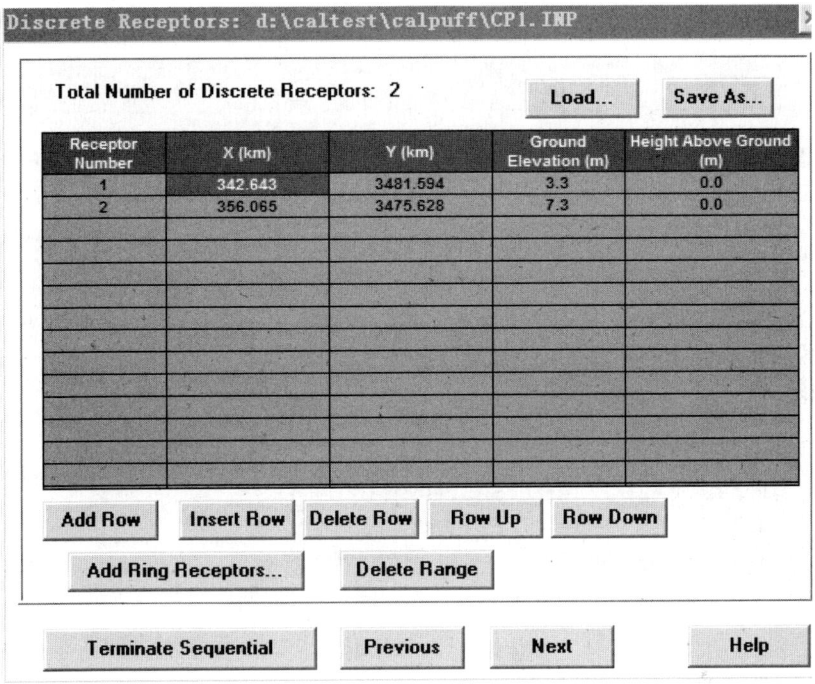

Discrete Receptors: d:\caltest\calpuff\CP1.INP

Total Number of Discrete Receptors: 2　Load...　Save As...

Receptor Number	X (km)	Y (km)	Ground Elevation (m)	Height Above Ground (m)
1	342.643	3481.594	3.3	0.0
2	356.065	3475.628	7.3	0.0

Add Row　Insert Row　Delete Row　Row Up　Row Down

Add Ring Receptors...　Delete Range

Terminate Sequential　Previous　Next　Help

图 4-23　“Discrete Receptors（离散点）”（CALPUFF）

输入敏感点坐标方法有两种，一种是点击“Add Row（增加行）”，增加新敏感点，根据光盘：\caltest\info\坐标表格.xlsx 里的“敏感点坐标（rec）”参数信息，在“X（km）”“Y（km）”“Ground Elevation（m）（高程）”“Height Above Ground（km）（接受点高度）”分别输入相关信息。

另一种是点击“Load（加载）” Add Row ，加载 REC 格式文件，可批量输入敏感点信息。具体流程为：打开加载框，选择“UTM X，UTM Y，Ground Elevation，Height Above Ground”，点击“OK（是）”，见图 4-24，选择加载 D：\caltest\rec\mingandian.REC，则将 REC 中的敏感点数据输入到模型里。REC 格式文件见图 4-25。

注意：敏感点 *X*、*Y* 坐标单位为 km。

点击“Next（下一步）”按钮，打开“Output（输出）”界面。

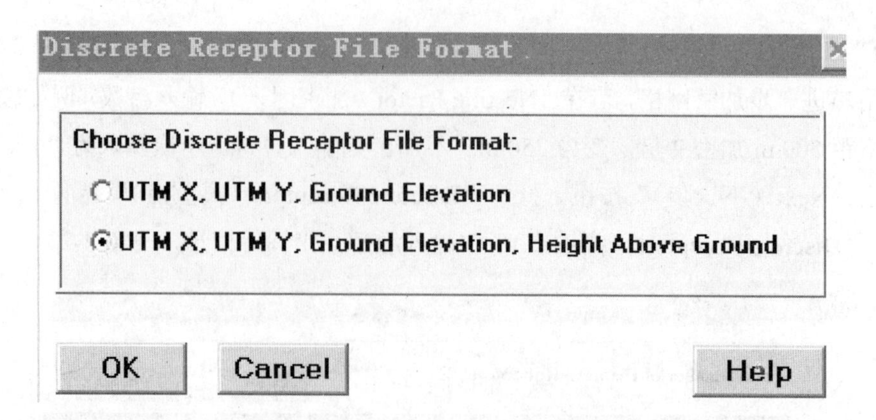

图 4-24 “Discrete Receptor File Format（离散点文件格式）”（CALPUFF）

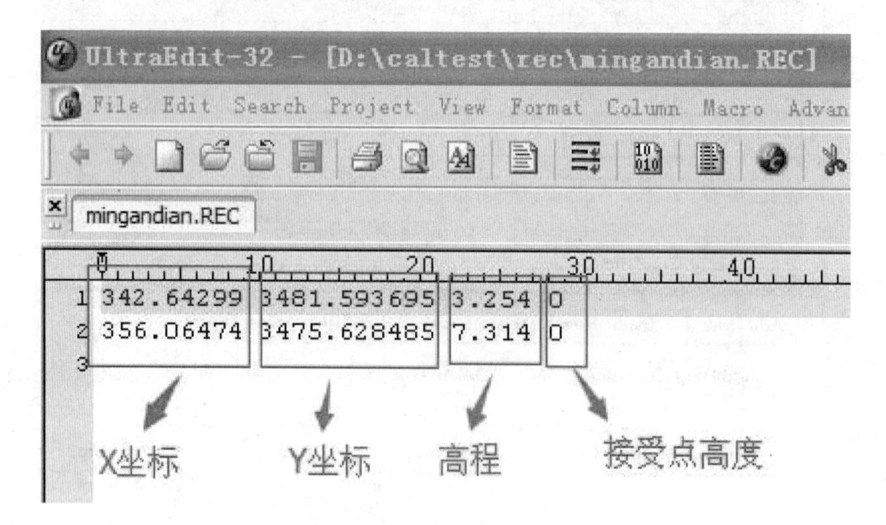

图 4-25 REC 文件例子（CALPUFF）

4.12 Output（输出）

在“Output（输出）”界面，操作步骤如下（见图 4-26）：

选择“Concentration（浓度结果）”的“Create Binary Disk File（输出二进制文件）”，“ Binary File Name（二进制文件名称）”输入“D：\CALTEST\CALPUFF\CONC.DAT”，“List File Name（日志文件名称）”输入“D：\CALTEST\CALPUFF\CP1.LST”。

点击“Next（下一步）”按钮。打开“Export Shared Grid Data（输出共享网格）”界面，见图 4-27，不输出共享网格，直接点击“Done（完成）”。

Output: d:\caltest\calpuff\CP1.INP

Create Binary Disk File
Binary File Name:
Print Interval for List File
Concentration ☑ D:\CALTEST\CALPUFF\CONC.DAT 1 Timesteps
Dry Flux ☐ 1 Timesteps
Wet Flux ☐ 1 Timesteps
RH (visibility) ☐
Fogging Potential ☐
Fog Mode
Plume
Receptor
List File Output
Binary Output
Output Group Options
Convert File Names: Upper Case

Species	Concentration	Dry Flux
SO2	☐	☐
SO4	☐	☐
NOX	☐	☐
HNO3	☐	☐

☑ Progress Messages to Screen
☑ Use Data Compression in Binary Files
☐ Output Source Contributions
Diagnostic Output Options
List File Name: D:\CALTEST\CALPUFF\CP1.LST
List File Output Units: Conc: ug/m3; Dep:ug/m2/s
Binary File Output Units: g/m3 or g/m2/s
☐ Output Debug Information
Track Puffs: To:
Debug File Name:
From Met. Period: To:
OK
Cancel
Previous
Browse...
Default
Help

图 4-26　“Output（输出）”（CALPUFF）

Export Shared Grid Data

OPTIONAL: Export grid settings to a file
Browse...
Default
Shared Grid Data File Name:
Clear
Terminate Sequential
Previous
Done
Help

图 4-27　“Export Shared Grid Data（输出共享网格）”（CALPUFF）

4.13　运行和其他

在菜单栏选择“File（文件）”，选择“Save（保存）”，将上述控制文件参数信息保存到 D: \caltest\calpuff\cp1.inp，点击菜单栏“Run（运行）”的“Run CALPUFF（运行 CALPUFF 程序）”选项，打开“Run（程序运行）”界面，见图 4-28，参数默认即可，点击“OK”，打开“Files Need For This Run（本次运行所需文件）”界面，见图 4-29，用户可检查输入、输出路径等信息。点击“Run（运行）”系统自动运行“calpuffl.exe”，开始运算，完成计算见图 4-30。

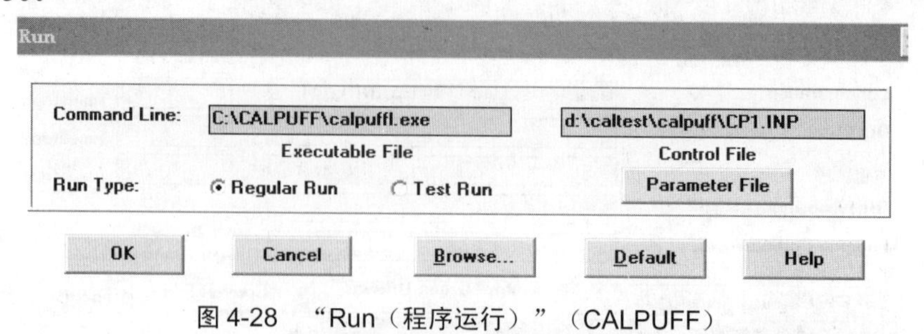

图 4-28　“Run（程序运行）”（CALPUFF）

Files Need For This Run:d:\caltest\calpuff\CP1.INP

File Type	Default Name	Browse Extension	File Name (Include Full Path)
output	CALPUFF.lst	*.lst	D:\CALTEST\CALPUFF\CP1.LST
input	CALMET.DAT	*.DAT	D:\CALTEST\CALMET1\CALMET.DAT
output	CONC.DAT	*.DAT	D:\CALTEST\CALPUFF\CONC.DAT

Run　Save　Save As...　Browse...　Quit　Help

图 4-29　“Files Need For This Run（本次运行所需文件）”（CALPUFF）

```
SETUP PHASE
COMPUTATIONAL PHASE
  --- Advection Step Starting:
  --- YYYYJJJHH SSSS   # Old  # Emitted

     201103123    0     5574      67       -   99805 inactive puffs removed
TERMINATION PHASE

D:\CALTEST\CALPUFF>pause
请按任意键继续. . .
```

图 4-30　程序运算结束（CALPUFF）

输出的结果见图 4-31，其中 conc.dat 是模拟计算的浓度场数据文件，CP1.LST 是日志文件（查看相关计算信息），PUF.BAT 是批处理文件（调用 calpuffl.exe 计算 cp1.inp）。

用户可打开菜单栏的“Utilities（实用工具）”的“Error Checking（查错）”功能，系统可自动检查用户设置情况，若无错误，系统显示“No errors found（未发现错误）”，若有设置错误，系统显示具体的错误位置，用户可点击提示，进行修改。用户可点击“View

File（查看文件）” 功能，查看 “lst（日志文件）”，见图 4-32，也可用记事本或者 ultra edit 等工具打开日志文件。点击 “Convert ISC3 File（可将 ISC3.inp 转换成 CALPUFF.inp）” 功能。

用户可打开菜单栏的“Setup（设置）”，设置系统后缀名、默认文件名、修改 calpuffl.exe 路径等。

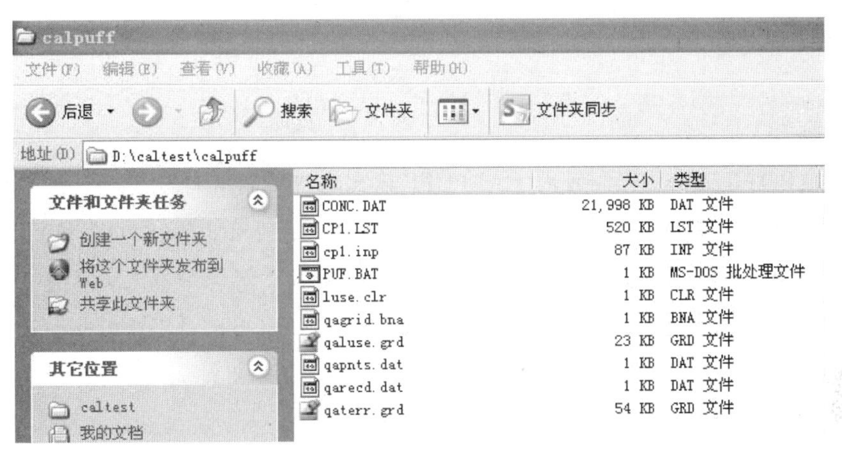

图 4-31　输出结果（CALPUFF）

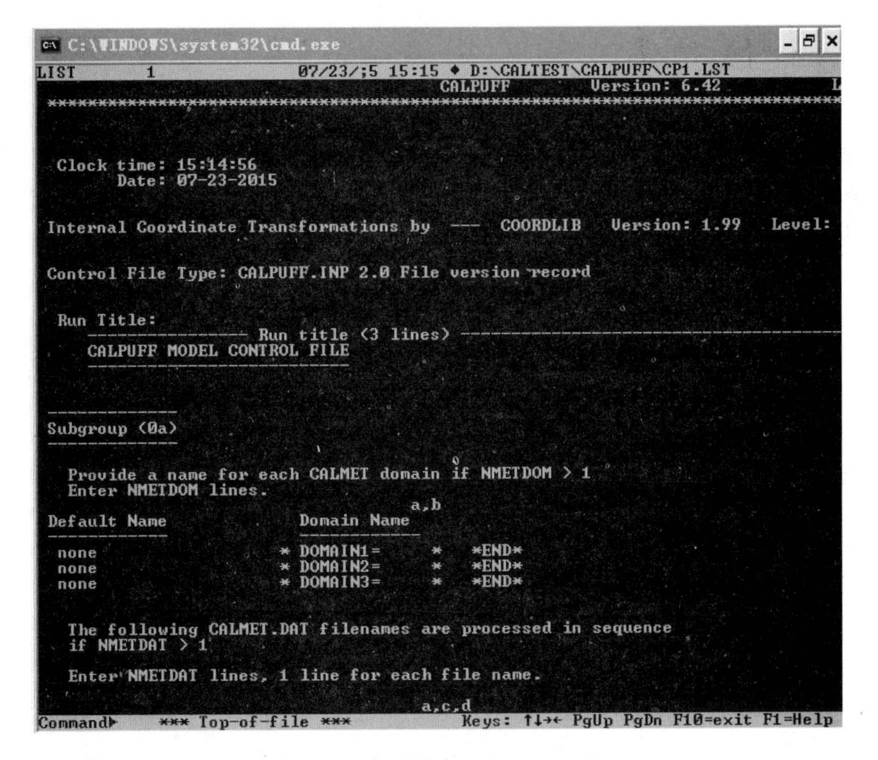

图 4-32　查看日志（CALPUFF）

第 5 章　CALPOST 后处理模型

【学习须知】

1. CALPOST 后处理模型可对 CALPUFF 输出文件进行统计分析。

CALPOST 模拟可输入文件为：CALPOST.INP（控制文件）、CONC.DAT（浓度场数据文件）、VISB.DAT（能见度数据文件）、DFLX.DAT（干沉降数据文件）等。

CALPOST 主要输出文件为：CALPOST.LST（CALPOST 日志文件）、GRD（浓度场网格文件）等。

2. CALPOST 输出结果见光盘\caltest\calpost。

3. CALPOST 建模具体流程见图 5-1。

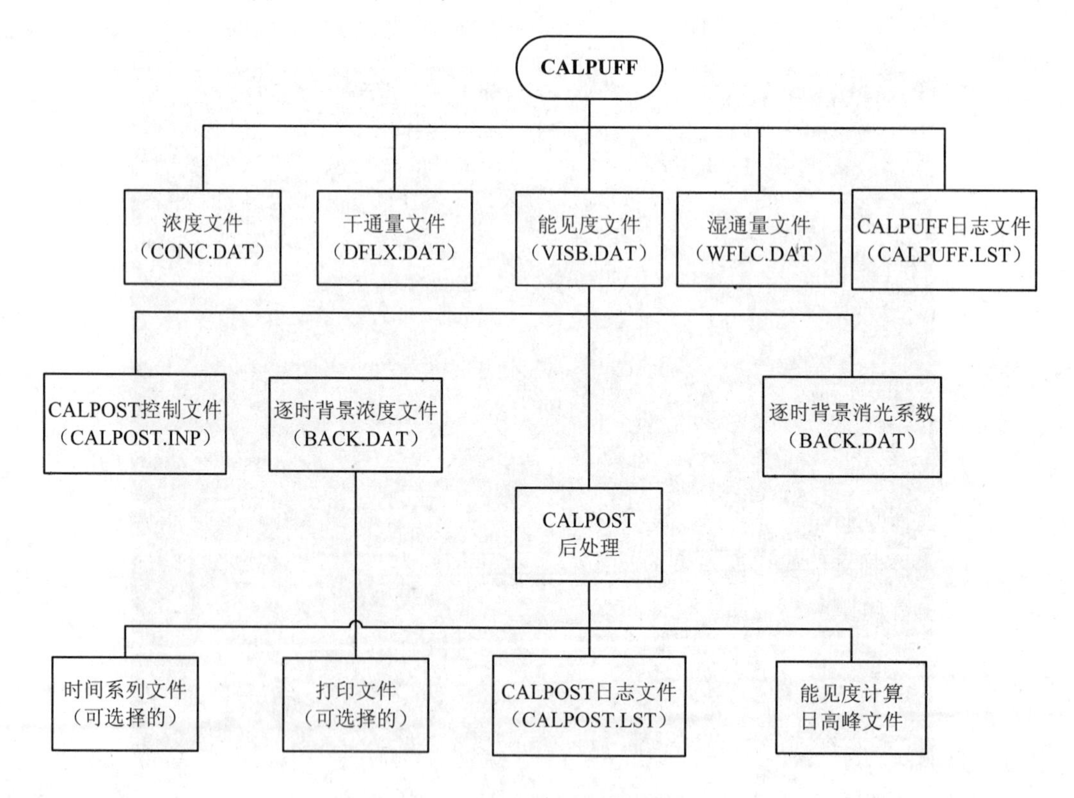

图 5-1　CALPOST 建模流程

5.1　CALPOST 基础信息

点击 CALPRO 界面上的“CALPOST”按钮。打开后处理模块界面“CALPOST”，见图 5-2。

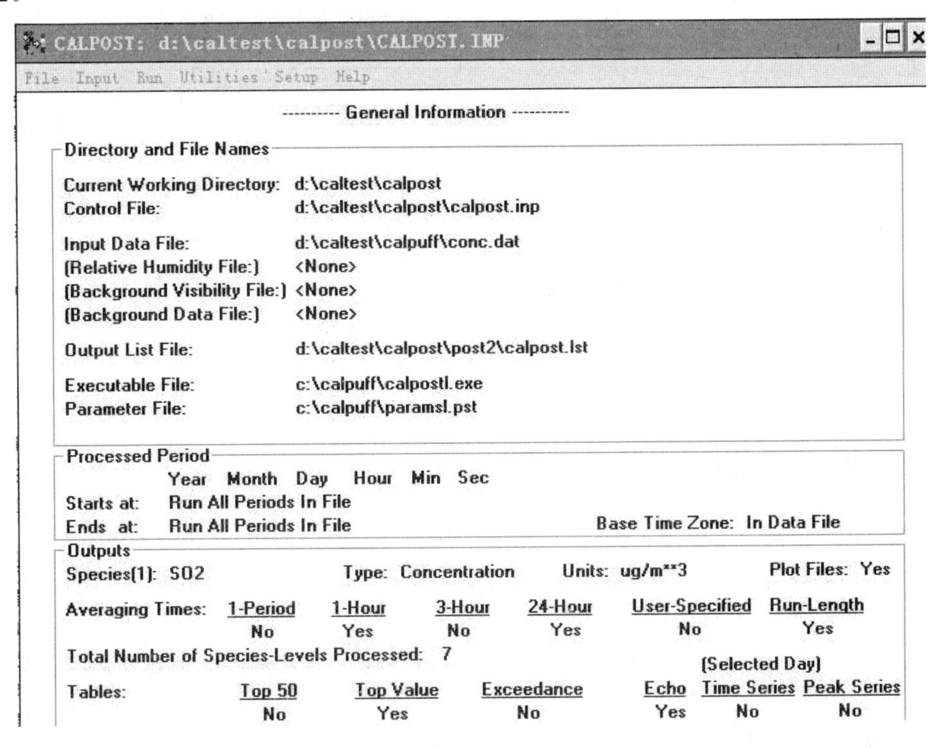

图 5-2　CALPOST 界面（基础信息）

用户可点击菜单栏里的“File（可执行文件）”，选择“Change Directory（更改目录）”，可更改当前工作目录，工作目录选择 D：\caltest\calpost，见图 5-3。选择“New（新建）”，可新建一个“.inp（控制文件）”。选择“Open（打开）”，可读取用户已做好的“.inp（控制文件）”。选择“Save（保存）”，可保存当前控制文件参数设置信息。选择“Save As（另存为）”，可将控制文件重命名另存为一个文件（inp 格式文件）。选择“Exit（退出）”，可关闭 CALPOST 模块。

用户可选择“Open（打开）”，读取并查看自带光盘例子 D：\caltest\calpost\CALPOST.INP。本案例练习时，用户选择“New（新建）”。

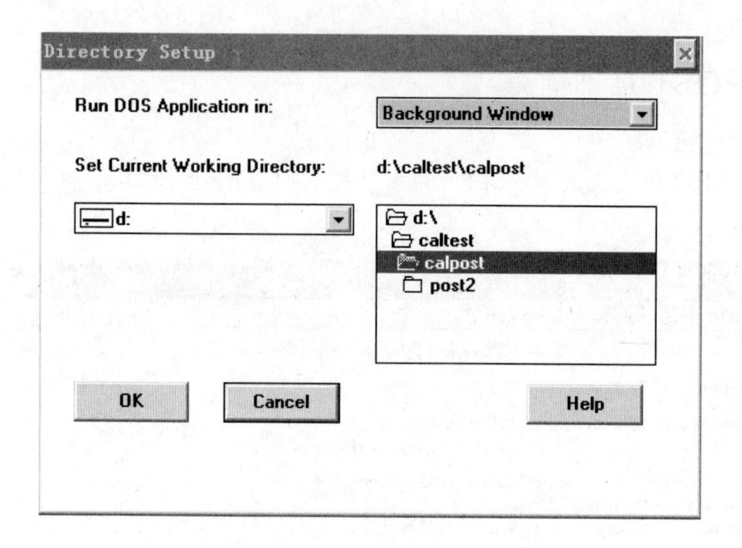

图 5-3 工作目录设置界面（CALPOST）

5.2 Setup（设置）

用户点击菜单栏里“Input（文件）”的“Sequential（连续模式）”选项，打开“Setup（设置）”界面，见图 5-4。

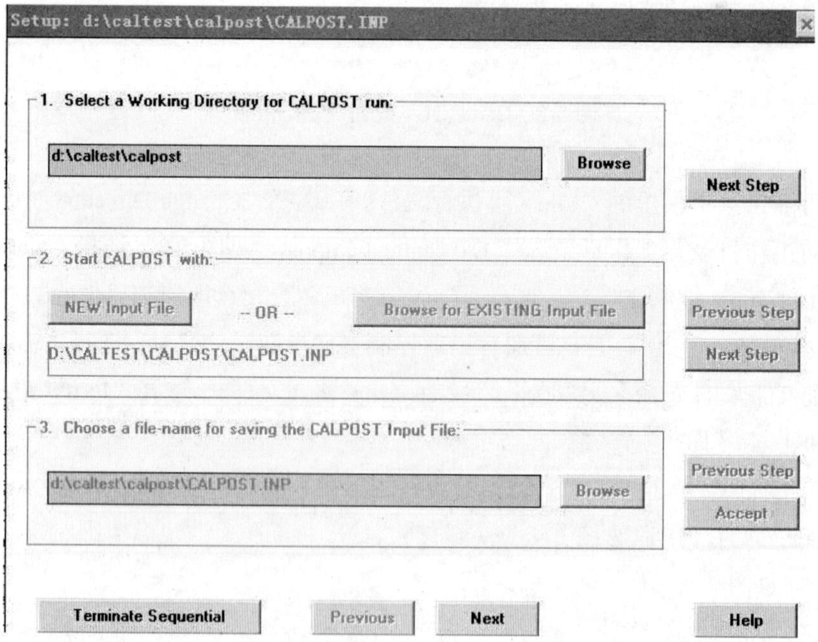

图 5-4 “Setup（设置）”（CALPUFF）

（1）“Select a Working Directory for CALPOST run（选择 CALPOST 运行工作路径）”输入“d：\caltest\calpost”，点击“Next Step（下一步）”。

（2）“Start CALPOST with（建立 CALPOST 采用）”选择“Browse for EXISTING Input File（选择已有控制文件）”，选择“d：\caltest\calpost\CALPOST.INP”，点击“Next Step（下一步）”。

（3）“Choose a file-name for saving the CALPOST Input File（建立 CALPOST 采用）”选择“Browse for EXISTING Input File（选择已有控制文件）”，选择“d：\caltest\calpost\CALPOST.INP”，点击“Accept（接受）”。点击“Next（下一步）”按钮。

打开“Process Option（处理选项）”界面。

5.3 Process Option（处理选项）

在“Process Option（处理选项）”界面，操作步骤如下（见图 5-5）：

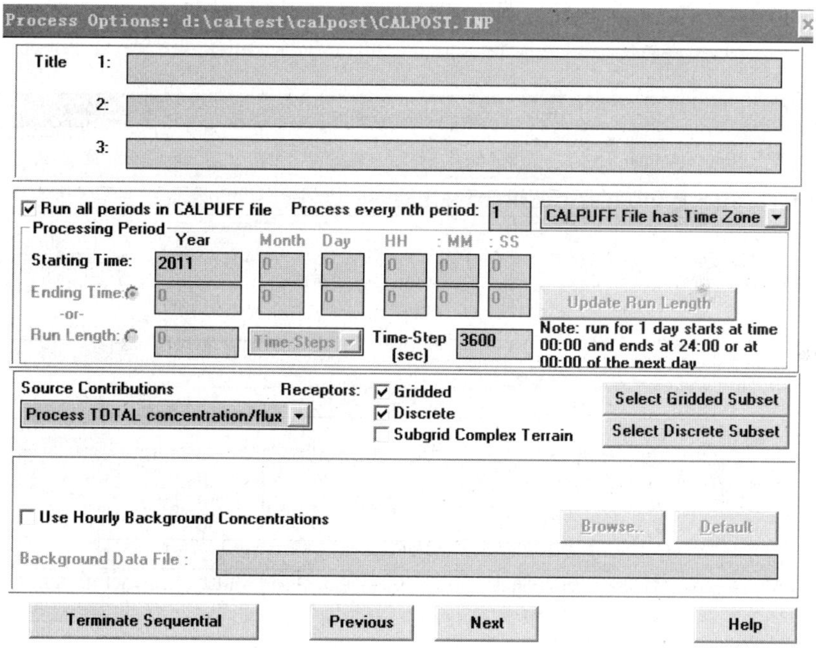

图 5-5　“Process Option（处理选项）”（CALPOST）

“Title（题目）”输入记录信息，如项目名称、地点等，此处为选填项，可不填写。

案例运行时间为 2011 年 1 月—2 月，用户在“Starting Time（开始时间）”年、月、日、小时、分、秒分别输入 2011、1、2、0、0、0，“Ending Time（结束时间）”年、月、日、小时、分、秒分别输入 2011、2、1、0、0、0。或者勾选“Run all periods in CALPUFF file

（运行 CALPUFF 输出文件的时间段）”。

选择“CALPUFF File has Time Zone（采用 CALPUFF 的基准时区）”，“Time Step sec（步长，秒）”输入“3600”，即 1 小时。

“Receptors（接受点）”勾选 “Gridded（网格点）”或者 “Discrete（离散点）”。

点击“Next（下一步）”按钮。打开“Data（数据）”界面。

5.4 Data（数据）

在“Data（数据）”界面，操作步骤如下：

“Process（处理）”选择“Concentration（浓度场数据）”，“Data File Name（数据文件名）”输入或选择“D：\CALTEST\CALPUFF\CONC.DAT”，见图 5-6。

点击“Species（污染物因子）”，输入“SO_2”等，“Layer（垂直层数）”输入“1”等。输入完毕后，点击“OK（完成）”，见图 5-7。

点击“Next（下一步）”按钮。打开“Output（输出）”界面。

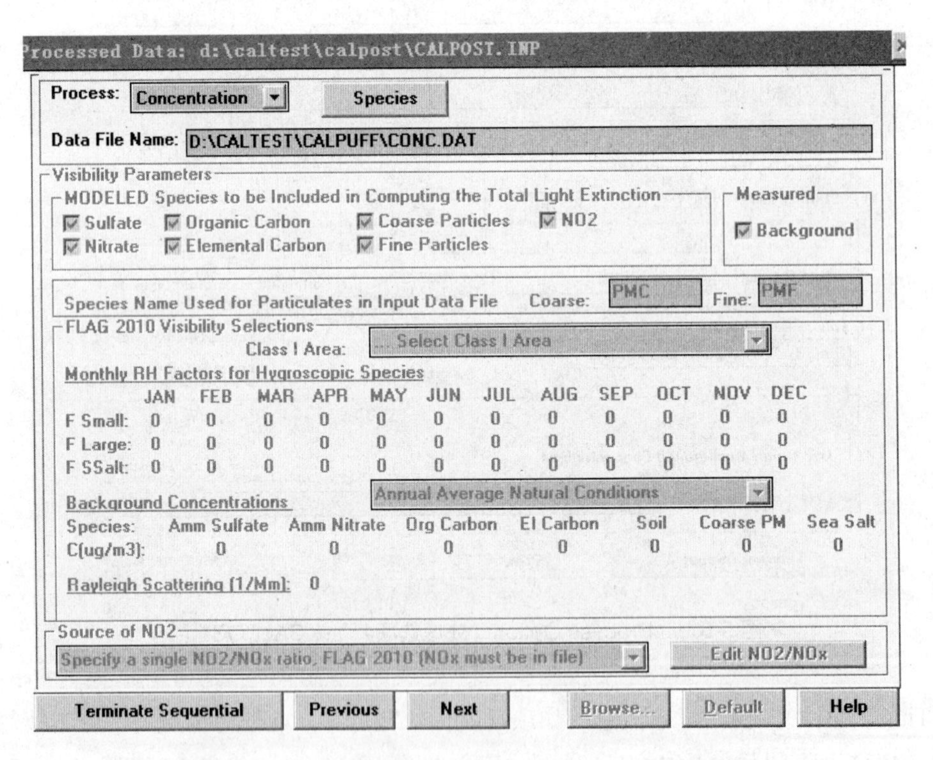

图 5-6　“Processed Data（处理数据）”（CALPOST）

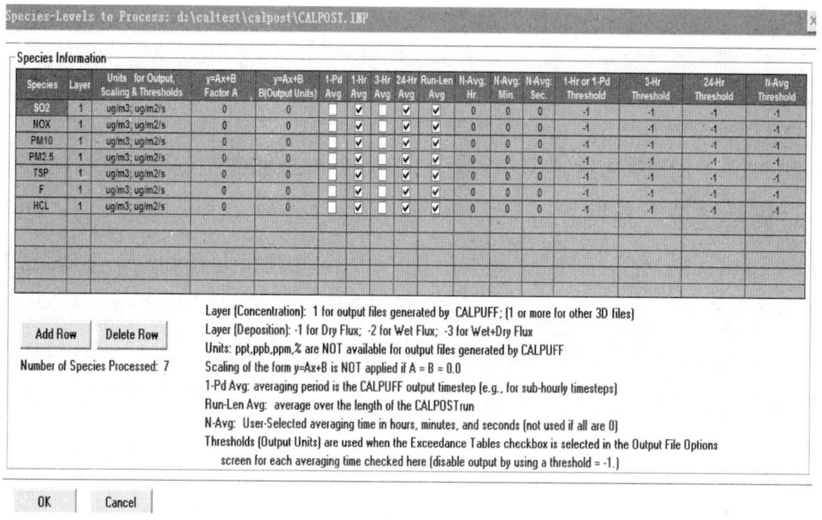

Species-Levels to Process: d:\caltest\calpost\CALPOST.INP

Species Information

Species	Layer	Units for Output, Scaling & Thresholds	y=Ax+B Factor A	y=Ax+B B(Output Units)	1-Pd Avg	1-Hr Avg	3-Hr Avg	24-Hr Avg	Run-Len Avg	N-Avg: Hr.	N-Avg: Min.	N-Avg: Sec.	1-Hr or 1-Pd Threshold	3-Hr Threshold	24-Hr Threshold	N-Avg Threshold
SO2	1	ug/m3; ug/m2/s	0	0	☐	☑	☐	☑	☑	0	0	0	-1	-1	-1	-1
NOX	1	ug/m3; ug/m2/s	0	0	☐	☑	☐	☑	☑	0	0	0	-1	-1	-1	-1
PM10	1	ug/m3; ug/m2/s	0	0	☐	☑	☐	☑	☑	0	0	0	-1	-1	-1	-1
PM2.5	1	ug/m3; ug/m2/s	0	0	☐	☑	☐	☑	☑	0	0	0	-1	-1	-1	-1
TSP	1	ug/m3; ug/m2/s	0	0	☐	☑	☐	☑	☑	0	0	0	-1	-1	-1	-1
F	1	ug/m3; ug/m2/s	0	0	☐	☑	☐	☑	☑	0	0	0	-1	-1	-1	-1
HCL	1	ug/m3; ug/m2/s	0	0	☐	☑	☐	☑	☑	0	0	0	-1	-1	-1	-1

Add Row　Delete Row

Number of Species Processed: 7

Layer (Concentration): 1 for output files generated by CALPUFF; (1 or more for other 3D files)
Layer (Deposition): -1 for Dry Flux; -2 for Wet Flux; -3 for Wet+Dry Flux
Units: ppt,ppb,ppm,% are NOT available for output files generated by CALPUFF
Scaling of the form y=Ax+B is NOT applied if A = B = 0.0
1-Pd Avg: averaging period is the CALPUFF output timestep (e.g., for sub-hourly timesteps)
Run-Len Avg: average over the length of the CALPOSTrun
N-Avg: User-Selected averaging time in hours, minutes, and seconds (not used if all are 0)
Thresholds (Output Units) are used when the Exceedance Tables checkbox is selected in the Output File Options screen for each averaging time checked here (disable output by using a threshold = -1.)

OK　Cancel

图 5-7　“Species-levels to Processed（污染物因子）”（CALPOST）

5.5　Output（输出）

在“Output（输出）”界面，操作步骤如下：

选择“Top-50 Tables（前 50 大值）”，可输出前 50 大值。

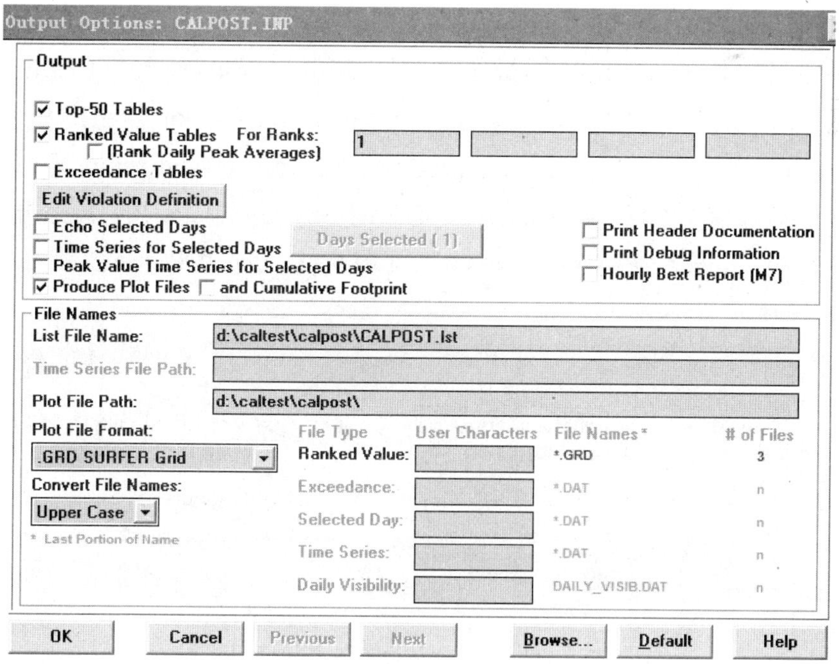

Output Options: CALPOST.INP

Output

☑ Top-50 Tables
☑ Ranked Value Tables　For Ranks: 1
☐ (Rank Daily Peak Averages)
☐ Exceedance Tables
Edit Violation Definition
☐ Echo Selected Days
☐ Time Series for Selected Days　Days Selected (1)
☐ Peak Value Time Series for Selected Days
☑ Produce Plot Files ☐ and Cumulative Footprint
☐ Print Header Documentation
☐ Print Debug Information
☐ Hourly Bext Report (M7)

File Names

List File Name: d:\caltest\calpost\CALPOST.lst
Time Series File Path:
Plot File Path: d:\caltest\calpost\
Plot File Format: .GRD SURFER Grid
Convert File Names: Upper Case
* Last Portion of Name

File Type	User Characters	File Names*	# of Files
Ranked Value:		*.GRD	3
Exceedance:		*.DAT	n
Selected Day:		*.DAT	n
Time Series:		*.DAT	n
Daily Visibility:		DAILY_VISIB.DAT	n

OK　Cancel　Previous　Next　Browse...　Default　Help

图 5-8　“Output（输出）”（CALPOST）

选择“Ranked Value Tables（第几大值）”，在“For Ranks（大值）”输入“1”，即输出第一大值。

勾选“Produce Plot Files（输出网格点浓度文件）”。

“List File Name（日志文件名称）”输入“d：\caltest\calpost\CALPOST.lst”，可输出敏感点最大值、网格点最大值等。

“Plot File Path（网格文件输出路径）”输入“d：\caltest\calpost\”，在此路径下可输出网格点浓度分布文件等。

“Plot File Format（网格文件格式）”选择“.GRD SURFER Grid（GRD 格式文件）”。

点击“OK（完成）”。

5.6 运行和其他

在菜单栏选择“File（文件）”，选择“Save（保存）”，将上述控制文件参数信息保存到 D：\caltest\calpost\CALPOST.INP，点击菜单栏“Run（运行）”的“Run CALPOST（运行 CALPOST 程序）”选项，打开“Run（程序运行）”界面，见图 5-9，参数默认即可，点击“OK”，打开“Files Need For This Run（本次运行所需文件）”界面，见图 5-10，用户可检查输入、输出路径等信息。点击“Run（运行）”系统自动运行 “calpostl.exe”，开始运算，完成计算见图 5-11。

输出的结果见图 5-12，其中 calpost.LST 是日志文件（结果信息可从 LST 查看），GRD 文件为网格浓度文件，POST.BAT 是批处理文件（调用 calpostl.exe 计算 CALPOST.INP）。

用户可打开菜单栏的“utilities（实用工具）”的“Error Checking（查错）”功能，系统可自动检查用户设置情况，若无错误，系统显示“No errors found（未发现错误）”，若有设置错误，系统显示具体的错误位置，用户可点击提示，进行修改。用户可点击“View File（查看文件）”功能，查看“1st（日志文件）”，见图 5-13，也可用记事本或者 ultra edit 等工具打开日志文件。

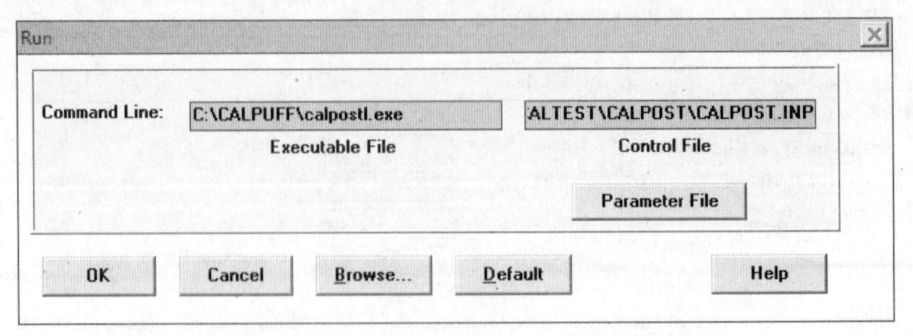

图 5-9 “Run（程序运行）”（CALPOST）

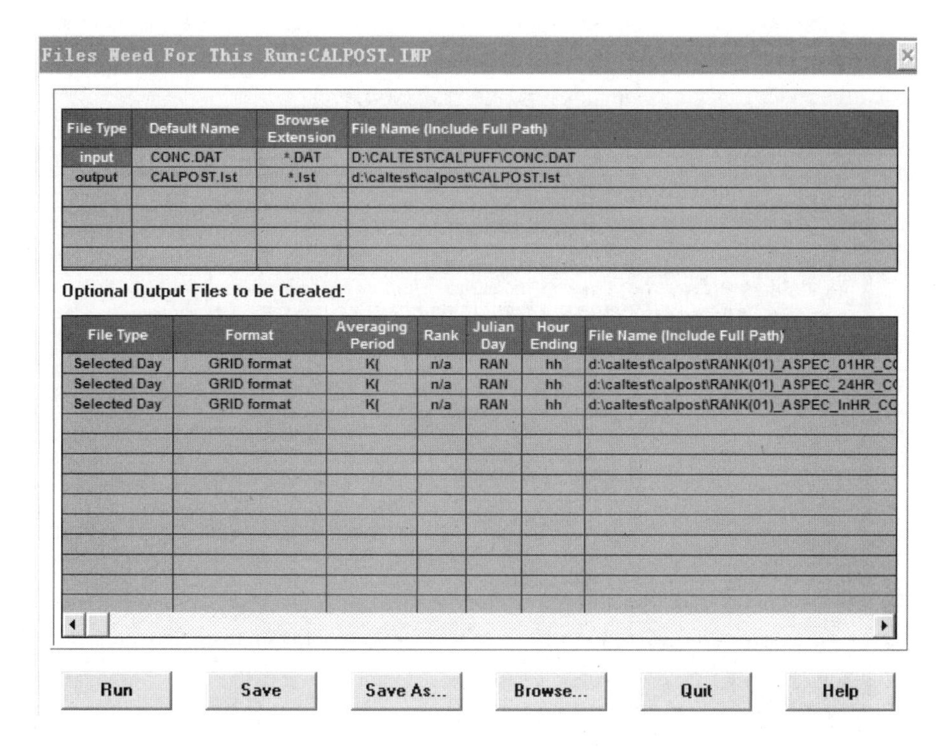

图 5-10　“Files Need For This Run（本次运行所需文件）”（CALPOST）

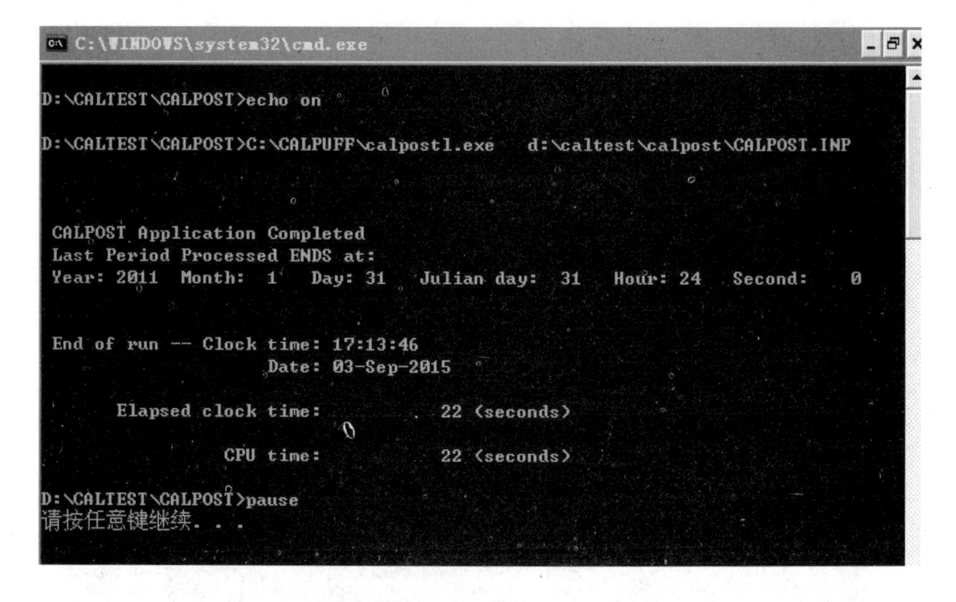

图 5-11　程序运算结束（CALPOST）

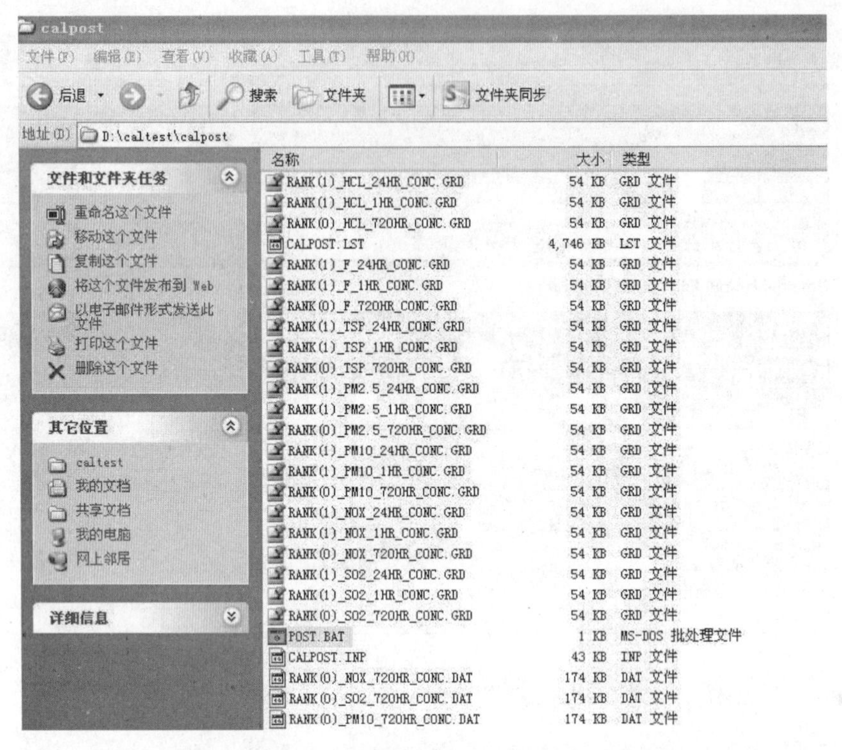

图 5-12　输出结果（CALPOST）

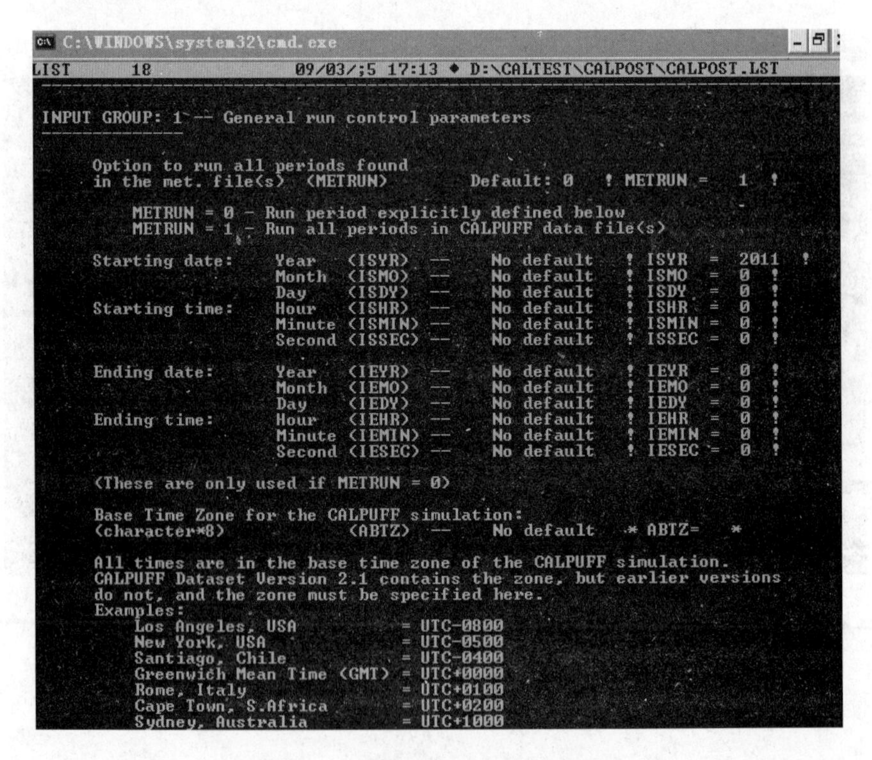

图 5-13　查看日志（CALPOST）

用户可打开菜单栏的“Setup（设置）”，设置系统后缀名、默认文件名、修改 calpostl.exe 路径等。

5.7　数据分析

本部分以 SO_2 因子为例，开展模拟浓度结果分析。

（1）敏感点浓度分析

用户可用记事本或者 ultra edit 等工具打开 CALPOST.LST 日志文件，快捷键 CTRL+F，输入关键词 SO_2，查找敏感点 SO_2 小时最大浓度值，见图 5-14。

```
CALPOST.LST
6414      ---------------------------------------------------------------------------------------------------------
6415          41   42   43   44   45   46   47   48   49   50   51   52   53   54   55   56   57   58   59   60
6416                                                SO2                1
6417
6418  (Data are processed only in Hours: 01 02 03 04 05 06 07 08 09 10 11 12 13 14 15 16 17 18 19 20 21 22 23 24)
6419  1 RANKED     1   HOUR AVERAGE  CONCENTRATION VALUES AT EACH DISCRETE RECEPTOR  (YEAR,DAY,START TIME)   (ug/m**3)
6420
6421 RECEPTOR      COORDINATES (km)          1 RANK
6422       1       342.643  3481.594   4.7052E-02 (2011,013,1500)
6423       2       356.065  3475.628   2.1383E-01 (2011,023,0800)
6424
```

图 5-14　敏感点小时最大浓度值

（2）前 50 大值分析

打开 CALPOST.LST 日志文件，查找 SO_2 前 50 小时最大浓度值，见图 5-15。

```
CALPOST.LST
81
82
83                       SO2             1
84
85            TOP-50     1   HOUR AVERAGE   CONCENTRATION VALUES   (ug/m**3)
86
87  (Data are processed only in Hours: 01 02 03 04 05 06 07 08 09 10 11 12 13 14 15 16 17 18 19 20 21 22 23 24)
88     STARTING YEAR  DAY TIME(HHMM) RECEPTOR  TYPE   CONCENTRATION   COORDINATES (km)
89
90            2011    2    1000     ( 30,   59)  G    2.2019E+00    349.520  3480.320
91            2011   21    0900     ( 30,   59)  G    2.1632E+00    349.520  3480.320
92            2011    3    0400     ( 30,   59)  G    2.1571E+00    349.520  3480.320
93            2011    3    0300     ( 30,   59)  G    2.1546E+00    349.520  3480.320
94            2011   15    1100     ( 30,   59)  G    2.1292E+00    349.520  3480.320
95            2011    2    1300     ( 30,   59)  G    2.0937E+00    349.520  3480.320
96            2011    9    1600     ( 30,   59)  G    2.0693E+00    349.520  3480.320
97            2011    2    1100     ( 30,   59)  G    2.0675E+00    349.520  3480.320
98            2011   15    1200     ( 30,   59)  G    2.0511E+00    349.520  3480.320
99            2011    2    1200     ( 30,   59)  G    2.0417E+00    349.520  3480.320
00            2011    2    1600     ( 30,   59)  G    2.0278E+00    349.520  3480.320
01            2011   21    1000     ( 30,   59)  G    2.0253E+00    349.520  3480.320
02            2011    2    1500     ( 30,   59)  G    2.0211E+00    349.520  3480.320
03            2011   12    0900     ( 30,   59)  G    1.9904E+00    349.520  3480.320
04            2011    3    0200     ( 30,   59)  G    1.9892E+00    349.520  3480.320
05            2011    9    1500     ( 30,   59)  G    1.9854E+00    349.520  3480.320
06            2011    2    1400     ( 30,   59)  G    1.9485E+00    349.520  3480.320
07            2011   17    1000     ( 30,   59)  G    1.9043E+00    349.520  3480.320
08            2011   29    1500     ( 30,   59)  G    1.9001E+00    349.520  3480.320
09            2011   14    0900     ( 29,   59)  G    1.8782E+00    349.020  3480.320
10            2011   29    1600     ( 30,   59)  G    1.8697E+00    349.520  3480.320
11            2011    7    1400     ( 30,   59)  G    1.8649E+00    349.520  3480.320
12            2011   15    0700     ( 30,   59)  G    1.8471E+00    349.520  3480.320
13            2011    9    2000     ( 30,   59)  G    1.8458E+00    349.520  3480.320
14            2011   30    0800     ( 30,   59)  G    1.8295E+00    349.520  3480.320
```

图 5-15　前 50 小时最大浓度值

（3）网格点最大浓度分析

打开 CALPOST.LST 日志文件，查找 SO_2 网格点最大浓度值，见图 5-16。

```
                                   SUMMARY SECTION

                                   SO2          1

                                     (ug/m**3)

(Data are processed only in Hours: 01 02 03 04 05 06 07 08 09 10 11 12 13 14 15 16 17 18 19 20 21 22 23 24)

RECEPTOR    COORDINATES (km)     TYPE      PEAK (YEAR,DAY,START TIME)       FOR RANK    FOR AVERAGE PERIOD

 30, 59    349.520  3480.320   GRIDDED    2.2019E+00 (2011,002,1000)       RANK  1          1   HOUR
      2    356.065  3475.628  DISCRETE    2.1383E-01 (2011,023,0800)       RANK  1          1   HOUR

 30, 59    349.520  3480.320   GRIDDED    8.4043E-01 (2011,015,0000)       RANK  1         24   HOUR
      2    356.065  3475.628  DISCRETE    3.9506E-02 (2011,031,0000)       RANK  1         24   HOUR

 30, 59    349.520  3480.320   GRIDDED    2.0497E-01                       RANK  1        720   HOUR
      2    356.065  3475.628  DISCRETE    7.7568E-03                       RANK  1        720   HOUR
```

图 5-16　网格点最大浓度

（4）网格点浓度文件

CALPOST 除了输出 LST 日志文件，还可输出绘图文件，分为两种格式：xyz 格式 DAT 文件、GRD 文件（Surfer 绘图软件格式）。本书以 GRD 文件格式为例，为读者介绍网格点浓度文件结构。

本次输出 RANK（1）_SO_2_1HR_CONC.GRD 代表网格小时最大浓度分布，RANK（1）_SO_2_24HR_CONC.GRD 代表网格日均（24 小时）最大浓度分布，RANK（0）_SO_2_720HR_CONC.GRD 代表网格全时段平均浓度分布。

GRD 文件格式具体结构见图 5-17，GRD 头文件为前五行，其中第一行“DSAA”代表 ID，第二行 60、76 分布代表 X 方向上网格数、Y 方向上网格数，第三行 335.0200、364.5200 分别代表 X 坐标最小值、X 坐标最大值，第四行 3451.3201、3488.8201 分别代表 Y 坐标最小值、Y 坐标最大值，第五行 0.6538E-03、0.2202E+01 分别代表 Z（浓度）最小值、Z（浓度）最大值。

GRD 其他行数据代表该网格点上 Z 浓度值。

（5）时间序列网格文件

CALPOST 可输出时间序列文件，本案例输出时间序列文件可在 D:\caltest\calpost\post2 路径下查看，例如 2011_M01_D03_1000（UTC+0800）_L00_SO_2_1HR_CONC.GRD 代表 1 月 3 日 1 时 SO_2 小时浓度网格文件。

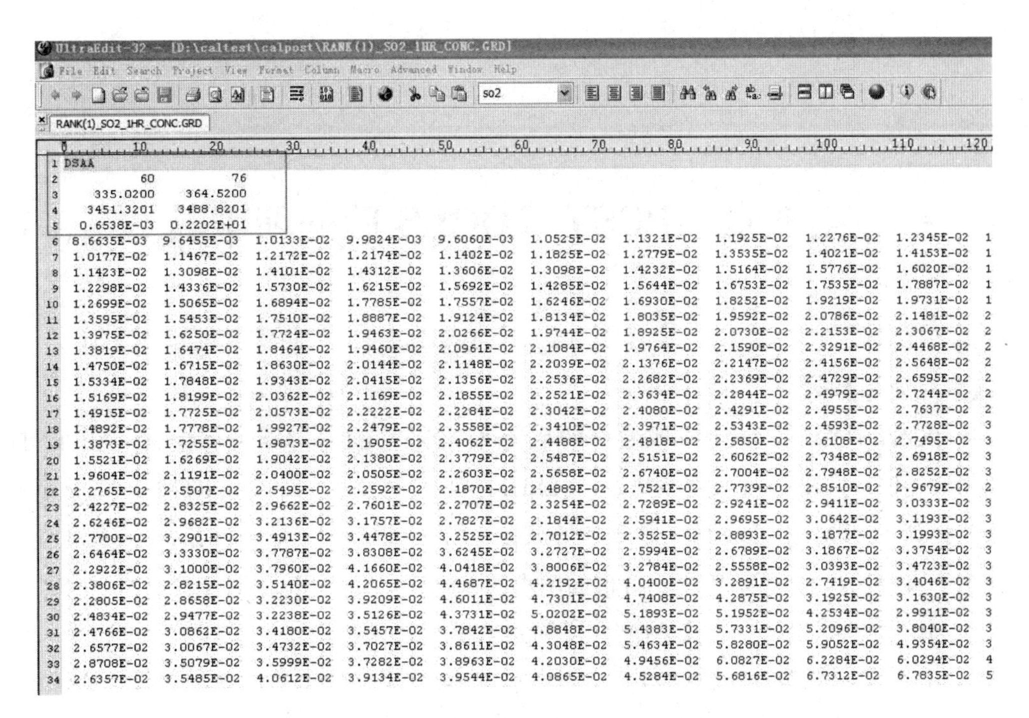


```
1  DSAA
2          60          76
3    335.0200    364.5200
4   3451.3201   3488.8201
5  0.6538E-03  0.2202E+01
6  8.6635E-03 9.6455E-03 1.0133E-02 9.9824E-03 9.6060E-03 1.0525E-02 1.1321E-02 1.1925E-02 1.2276E-02 1.2345E-02 1
7  1.0177E-02 1.1467E-02 1.2172E-02 1.2174E-02 1.1402E-02 1.1825E-02 1.2779E-02 1.3535E-02 1.4021E-02 1.4153E-02 1
8  1.1423E-02 1.3098E-02 1.4101E-02 1.4312E-02 1.3606E-02 1.3098E-02 1.4232E-02 1.5164E-02 1.5776E-02 1.6020E-02 1
9  1.2298E-02 1.4336E-02 1.5730E-02 1.6215E-02 1.5692E-02 1.4285E-02 1.5644E-02 1.6753E-02 1.7535E-02 1.7887E-02 1
10 1.2699E-02 1.5065E-02 1.6894E-02 1.7785E-02 1.7557E-02 1.6246E-02 1.6930E-02 1.8252E-02 1.9219E-02 1.9731E-02 1
11 1.3595E-02 1.5453E-02 1.7510E-02 1.8887E-02 1.9124E-02 1.8134E-02 1.8035E-02 1.9592E-02 2.0786E-02 2.1481E-02 2
12 1.3975E-02 1.6250E-02 1.7724E-02 1.9463E-02 2.0266E-02 1.9744E-02 1.8925E-02 2.0730E-02 2.2153E-02 2.3067E-02 2
13 1.3819E-02 1.6474E-02 1.8464E-02 1.9460E-02 2.0961E-02 2.1084E-02 1.9764E-02 2.1590E-02 2.3291E-02 2.4468E-02 2
14 1.4750E-02 1.6715E-02 1.8630E-02 2.0144E-02 2.1148E-02 2.2039E-02 2.1376E-02 2.2147E-02 2.4156E-02 2.5648E-02 2
15 1.5334E-02 1.7848E-02 1.9343E-02 2.0415E-02 2.1356E-02 2.2536E-02 2.2682E-02 2.2369E-02 2.4729E-02 2.6595E-02 2
16 1.5169E-02 1.8199E-02 2.0362E-02 2.1169E-02 2.1855E-02 2.2521E-02 2.3634E-02 2.2844E-02 2.4979E-02 2.7244E-02 2
17 1.4915E-02 1.7725E-02 2.0573E-02 2.2222E-02 2.2284E-02 2.3042E-02 2.4080E-02 2.4291E-02 2.4955E-02 2.7637E-02 2
18 1.4892E-02 1.7778E-02 1.9927E-02 2.2479E-02 2.3558E-02 2.3410E-02 2.3971E-02 2.5343E-02 2.4593E-02 2.7728E-02 3
19 1.3873E-02 1.7255E-02 1.9873E-02 2.1905E-02 2.4062E-02 2.4488E-02 2.4818E-02 2.5850E-02 2.6108E-02 2.7495E-02 3
20 1.5521E-02 1.6269E-02 1.9042E-02 2.1380E-02 2.3779E-02 2.5487E-02 2.5151E-02 2.6062E-02 2.7348E-02 2.6918E-02 3
21 1.9604E-02 2.1191E-02 2.0400E-02 2.0505E-02 2.2603E-02 2.5658E-02 2.6740E-02 2.7004E-02 2.7948E-02 2.8252E-02 3
22 2.2765E-02 2.5507E-02 2.5495E-02 2.2592E-02 2.1870E-02 2.4889E-02 2.7521E-02 2.7739E-02 2.8510E-02 2.9679E-02 2
23 2.4227E-02 2.8325E-02 2.9662E-02 2.7601E-02 2.2707E-02 2.3254E-02 2.7289E-02 2.9241E-02 2.9411E-02 3.0333E-02 3
24 2.6246E-02 2.9682E-02 3.2136E-02 3.1757E-02 2.7827E-02 2.1844E-02 2.5941E-02 2.9695E-02 3.0642E-02 3.1193E-02 3
25 2.7700E-02 3.2901E-02 3.4913E-02 3.4478E-02 3.2525E-02 2.7012E-02 2.3525E-02 2.8893E-02 3.1877E-02 3.1993E-02 3
26 2.6464E-02 3.3330E-02 3.7787E-02 3.8308E-02 3.6245E-02 3.2727E-02 2.5994E-02 2.6789E-02 3.1867E-02 3.3754E-02 3
27 2.2922E-02 3.1000E-02 3.7960E-02 4.1660E-02 4.0418E-02 3.8006E-02 3.2784E-02 2.5558E-02 3.0393E-02 3.4723E-02 3
28 2.3806E-02 2.8215E-02 3.5140E-02 4.2065E-02 4.4687E-02 4.2192E-02 4.0400E-02 3.2891E-02 2.7419E-02 3.4046E-02 3
29 2.2805E-02 2.8658E-02 3.2230E-02 3.9209E-02 4.6011E-02 4.7301E-02 4.7408E-02 4.2875E-02 3.1925E-02 3.1630E-02 3
30 2.4834E-02 2.9477E-02 3.2238E-02 3.5126E-02 4.3731E-02 5.0202E-02 5.1893E-02 5.1952E-02 4.2534E-02 2.9911E-02 3
31 2.4766E-02 3.0862E-02 3.4180E-02 3.5457E-02 3.7842E-02 4.8848E-02 5.4383E-02 5.7331E-02 5.2096E-02 3.8040E-02 3
32 2.6577E-02 3.0067E-02 3.4732E-02 3.7027E-02 3.8611E-02 4.3048E-02 5.4634E-02 5.8280E-02 5.9052E-02 4.9354E-02 3
33 2.8708E-02 3.5079E-02 3.5999E-02 3.7282E-02 3.8963E-02 4.2030E-02 4.9456E-02 6.0827E-02 6.2284E-02 6.0294E-02 4
34 2.6357E-02 3.5485E-02 4.0612E-02 3.9134E-02 3.9544E-02 4.0865E-02 4.5284E-02 5.6816E-02 6.7312E-02 6.7835E-02 5
```

图 5-17　网格小时最大浓度（GRD 格式）

第 6 章　POST TOOLS 后处理工具

【学习须知】

1. POST TOOLS 后处理工具包含四个模块：PRTMET 气象后处理模块、APPEND 后处理模块、POSTUTIL 后处理模块、CALSUM 后处理模块。其中，PRTMET 气象后处理模块可提取 CALMET 输出的三维气象场数据（CALMET.DAT）；APPEND 后处理模块可将多个不同时间段的 CALPUFF 输出的浓度场数据（CALPUFF.DAT）合并成一个文件；POSTUTIL 后处理模块可将 CALPUFF 输出的不同污染物因子浓度结果合并一个文件。CALSUM 后处理模块可将多个污染源排放的 CALPUFF 输出的浓度场数据（CALPUFF.DAT）合并成一个文件。

2. 本章节重点讲解 PRTMET 建模过程，其他模块由于篇幅关系，本书不详细叙述。

3. PRTMET 建模具体流程见图 6-1。

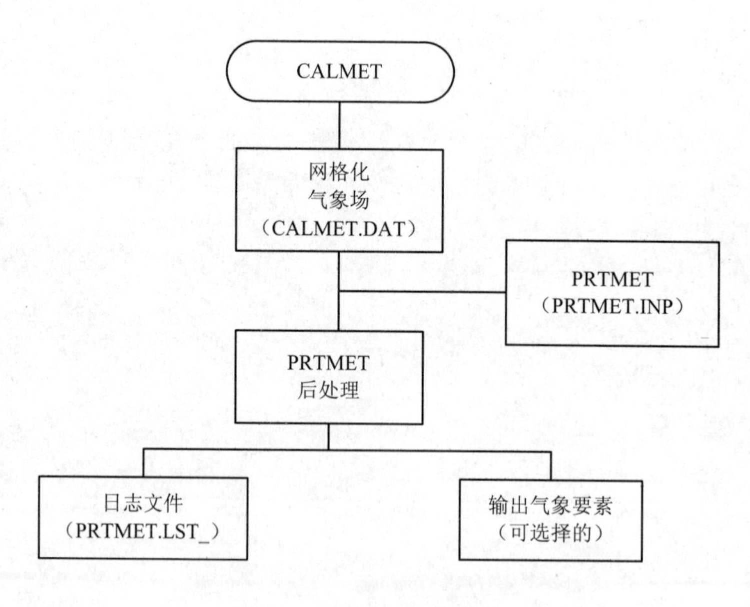

图 6-1　PRTMET 建模流程

PRTMET 建模流程如下：

（1）点击 CALPRO 界面上的“POST TOOLS”按钮，打开后处理工具栏，再点击“PRTMET”按钮，打开“PRTMET”界面，见图 6-2。可看到“PRTMET General Information（PRTMET 整体信息情况）”界面。

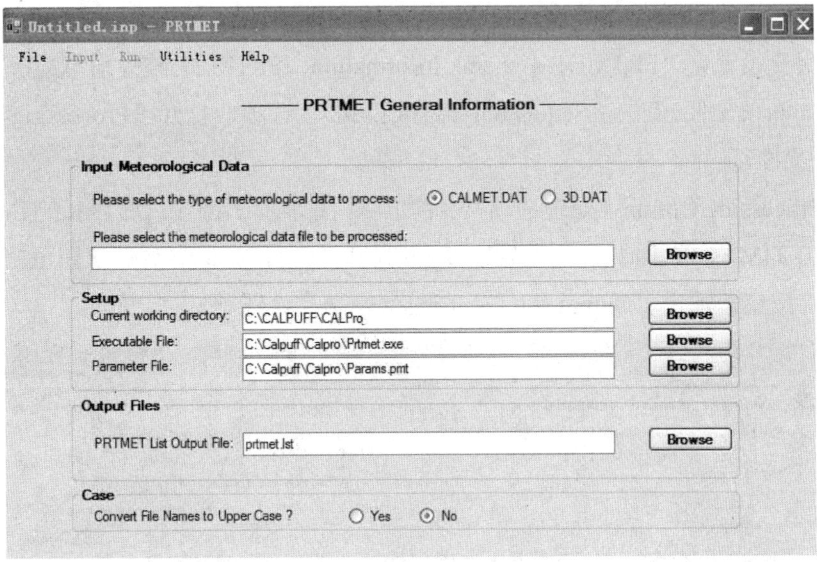

图 6-2 PRTMET 界面（基础信息）

用户可点击菜单栏里的“File（可执行文件）”，选择“New（新建）”，可新建一个“.inp（控制文件）”。选择“Open（打开）”，可读取用户已做好的“.inp（控制文件）”。选择“Save（保存）”，可保存当前控制文件参数设置信息。选择“Save As（另存为）”，可将控制文件重命名另存为一个文件（inp 格式文件）。

用户可选择“Open（打开）”，读取并查看自带光盘\caltest\prm\prtmet.inp。

本案例练习时，用户选择“New（新建）”。

（2）“PRTMET General Information（PRTMET 整体信息情况）”界面里，用户在“Input Meteorological Data（输入气象数据）”的“Please select the type of meteorological data to process（请选择气象数据类型）”选择“ CALMET.DAT”选项。

在“Please select the meteorological data file to be processed（请选择待处理的气象数据文件）”输入或者浏览选择 D：\CALTEST\CALMET1\CALMET.DAT。

“Setup（设置）”中，选择“Current working directory（当前工作目录）”输入或者浏览设置 D：\caltest\prm。

“Executable File（可执行文件）”“Parameter File（参数文件）”默认即可，此处不需额外设置。

“Output Files（输出文件）”中 “PRTMET List Output file（日志文件）”参数默认即可，用户也可输入其他名称。

“PRTMET List Output file（日志文件）”可以用来查看运行信息或者查看错误信息等。

“Case（案例）”中 “Convert File Names to Upper Case（转换文件名大写）”，默认选择“No”即可，此处不需额外设置。

（3）用户设置完“PRTMET General Information（PRTMET 整体信息情况）”，点击菜单栏里“Input（文件）”的“Sequential（连续模式）”选项，打开“Processing Option（处理选项）”界面。

在“Processing Option（处理选项）”界面，见图 6-3，用户在“START TIME（开始时间）”“END TIME（终止时间）”设置需要提取的时间段，其他参数默认即可。点击“Next（下一步）”按钮，弹出“Output Files Options（输出文件选项）”界面。

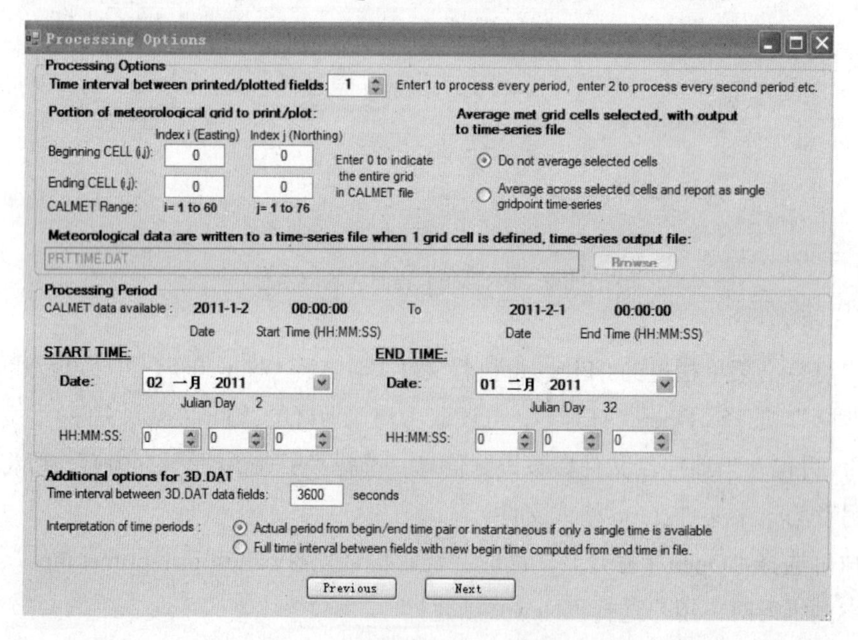

图 6-3　Processing Option（处理选项）

（4）“Output Files Options（输出文件选项）”界面见图 6-4。在“Compatibility format for plot files（绘图文件格式兼容性）”选择“CALVIEW/SURFER compatible（GRD）”。“plot file Output For（输出绘图文件）”选择“All ascii（text）”。

用户根据项目需要，可选择输出所需的二维气象要素、三维气象要素。选择完毕后，点击“Done（完成）”按钮。

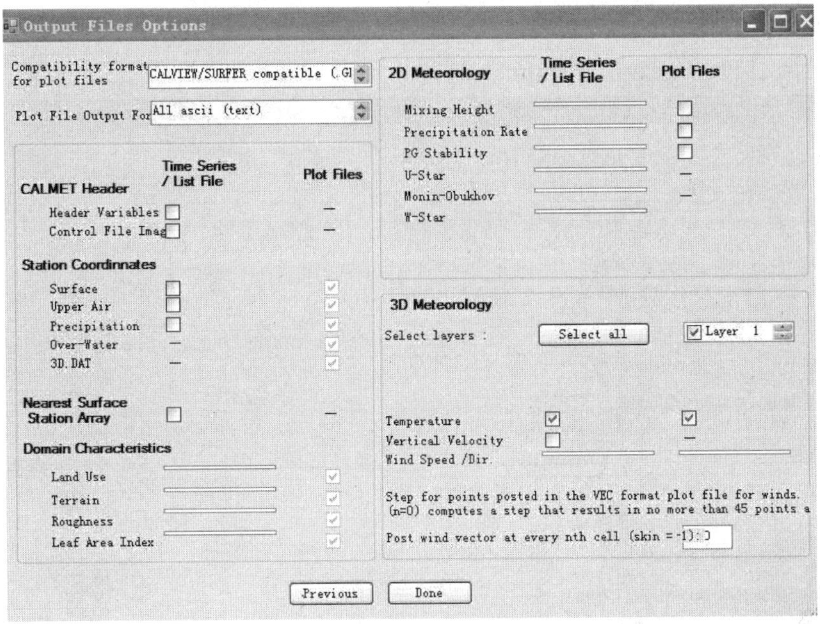

Output Files Options

Compatibility format for plot files: CALVIEW/SURFER compatible (.GI

Plot File Output For: All ascii (text)

CALMET Header | Time Series / List File | Plot Files
Header Variables
Control File Imag

Station Coordinnates
Surface
Upper Air
Precipitation
Over-Water
3D.DAT

Nearest Surface Station Array

Domain Characteristics
Land Use
Terrain
Roughness
Leaf Area Index

2D Meteorology | Time Series / List File | Plot Files
Mixing Height
Precipitation Rate
PG Stability
U-Star
Monin-Obukhov
W-Star

3D Meteorology
Select layers : Select all | Layer 1

Temperature
Vertical Velocity
Wind Speed /Dir.

Step for points posted in the VEC format plot file for winds.
(n=0) computes a step that results in no more than 45 points a

Post wind vector at every nth cell (skin = -1): 0

Previous Done

图 6-4 “Output Files Options（输出文件选项）”

（5）在菜单栏选择“File（文件）”，选择“Save（保存）”，将上述控制文件参数信息保存到 D：\caltest\prm\prtmet.inp。然后点击菜单栏“Run（运行）”的“Run PRTMET（运行 PRTMET 程序）”选项，系统自动运行“Prtmet.exe”，开始运算并完成计算，见图 6-5。

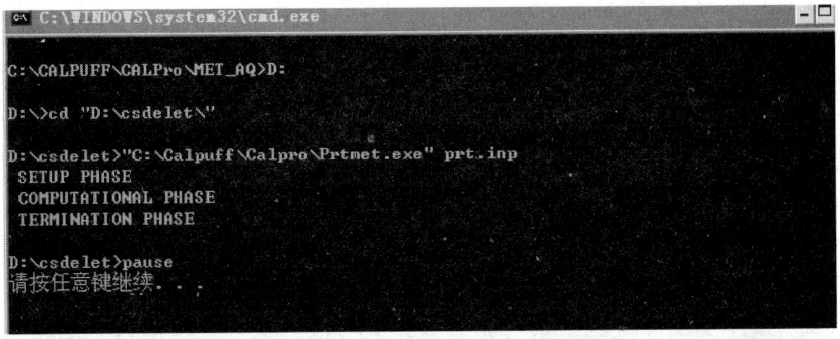

```
C:\WINDOWS\system32\cmd.exe

C:\CALPUFF\CALPro\MET_AQ>D:

D:\>cd "D:\csdelet\"

D:\csdelet>"C:\Calpuff\Calpro\Prtmet.exe" prt.inp
 SETUP PHASE
 COMPUTATIONAL PHASE
 TERMINATION PHASE

D:\csdelet>pause
请按任意键继续. . .
```

图 6-5 程序运算结束（Prtmet.exe）

注意：由于软件程序本身缺陷，用户无法选择风向、风速等选项，导致无法输出风向、风速等要素。建议可通过修改 prtmet.inp 文件来解决该问题，inp 里面需要修改参数见光盘 \caltest\prm\调参数。修改完毕后，用户可点击 D：\caltest\prm\ run_prtmet.bat 来调用 Prtmet.exe 进行计算。

（6）输出的结果在 D：\caltest\prm 路径下，见图 6-6，其中 wdr 文件为提取的风向文件，wsp 文件为提取的风速文件，deg 文件为提取的温度文件（上述文件均可用记事本或者 ultra edit 等工具打开），prtmet.lst 是日志文件（查看相关计算信息），run_prtmet.bat 是批处理文件（调用 Prtmet.exe 计算 prtmet.inp）。

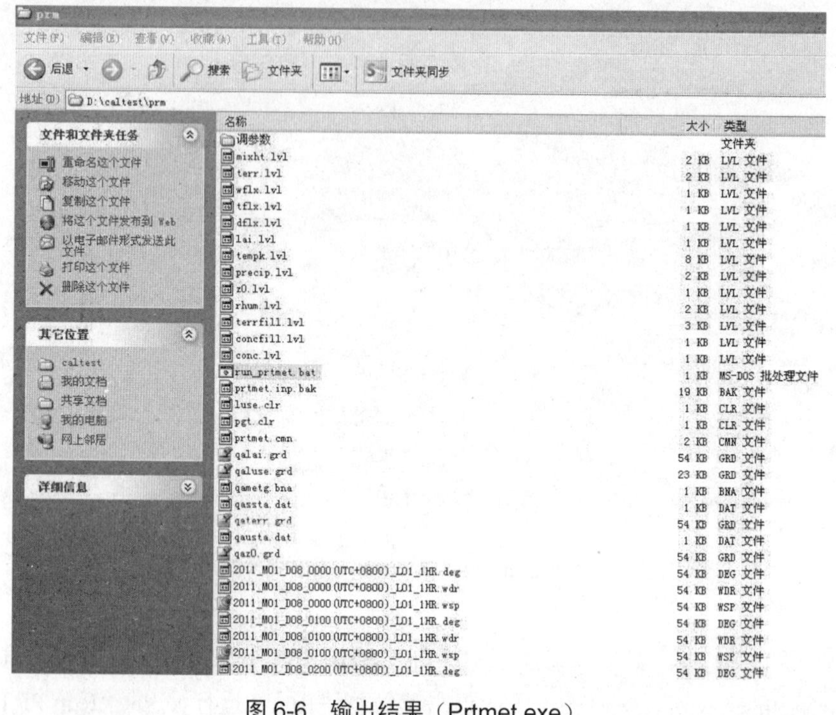

图 6-6 输出结果（Prtmet.exe）

（7）用户可打开菜单栏的“utilities（实用工具）”的“View File（查看文件）”功能，查看“1st（日志文件）”，见图 6-7，也可用记事本或者 ultra edit 等工具打开日志文件。用户还可打开菜单栏的“utilities（实用工具）”的“View Map（查看地图）”功能，调用“Calview”工具来查看气象数据信息。

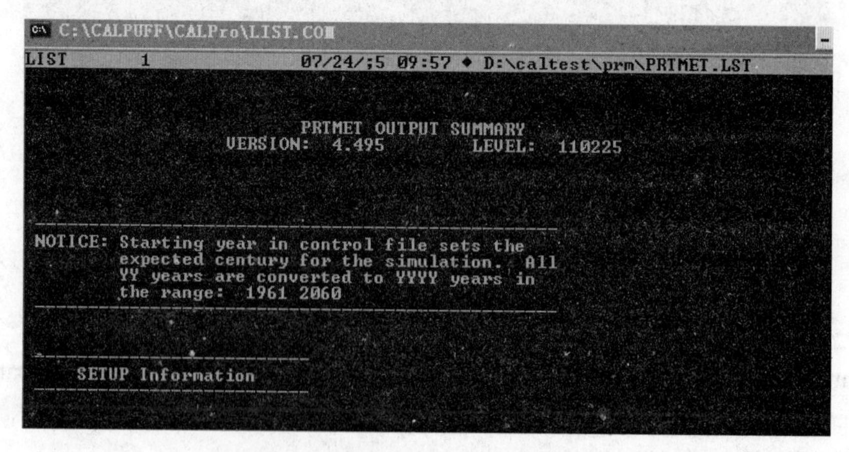

图 6-7 查看日志（Prtmet.exe）

第 7 章　CALVIEW 绘图工具

【学习须知】

1. CALVIEW 绘图工具可绘制风场浓度图、污染物分布图以及相关动画。

2. 上一章中，用户已经在 D：\caltest\prm 路径下输出了不同时刻的风向、风速等文件。若没有输出，可将光盘\caltest\prm 文件拷贝到 D：\caltest\prm 下。

7.1　CALVIEW 风场动画制作流程

点击 CALPRO 界面上的 。打开绘图模块界面“CALVIEW”，见图 7-1。

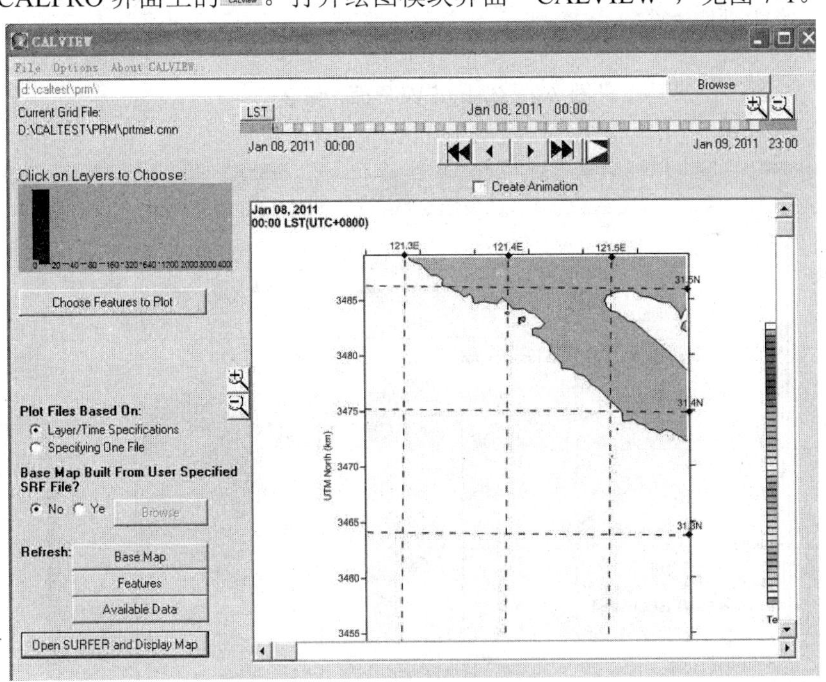

图 7-1　CALVIEW 界面（第 1 步）

用户点击“Browse（浏览）”，选择 D：\caltest\prm（选择风向 wdr、风速 wsp 文件输出的文件夹路径）。点击输出的层数，并点击“Choose Features to Plot（选择输出要素）”，勾选“Terrain（地形）”和“Wind Vectors（风矢量）”，点击“OK（完成）”，见图 7-2。

用户勾选“Create Animation（制作动画）”，并点击播放按钮▶，见图 7-3。

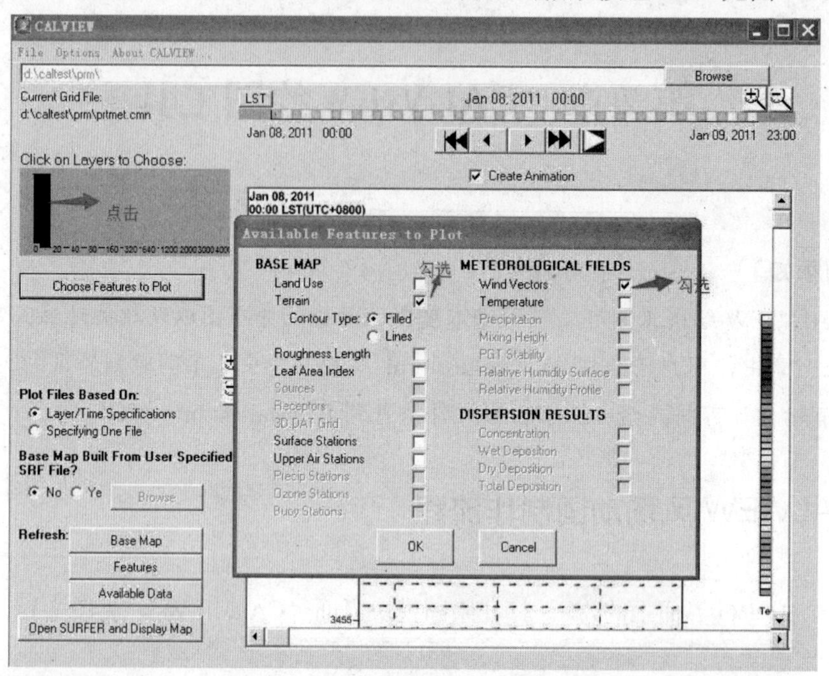

图 7-2　CALVIEW 界面（第 2 步）

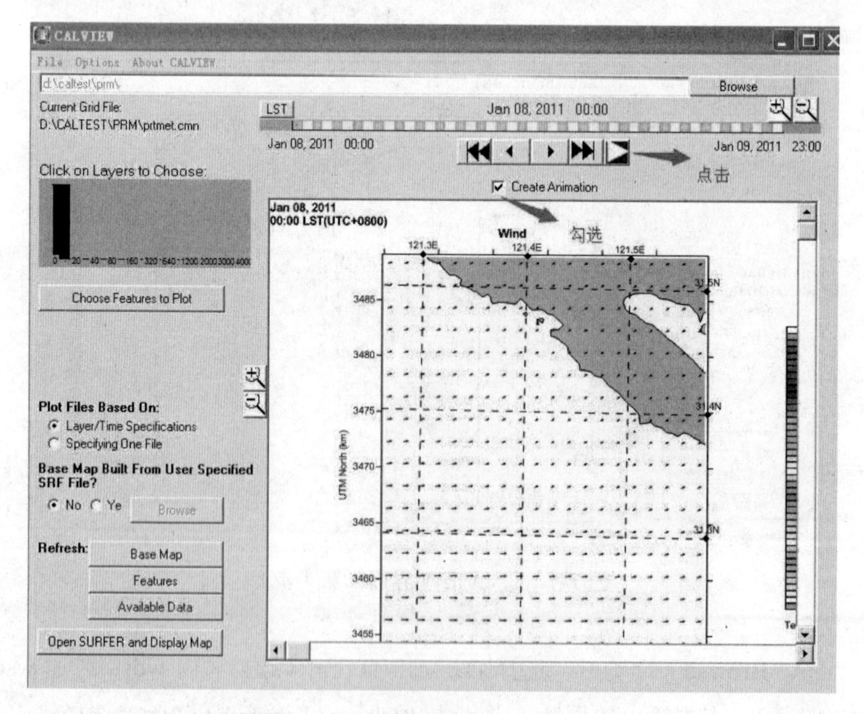

图 7-3　CALVIEW 界面（第 3 步）

在“Create Animation（制作动画）”界面，用户在“Directory（路径）”选择输出路径 D：\caltest\calview\，在“Filename（文件名称）”写上输出动画网页名称。点击“Okay（完成）”。程序开始录制风场动画，见图 7-4。

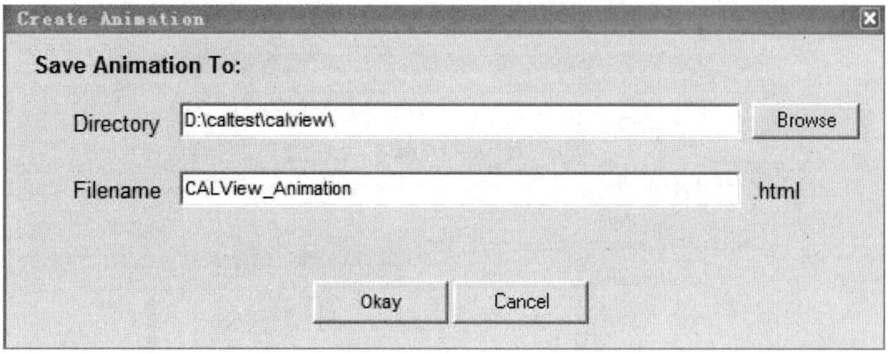

Create Animation
Save Animation To:
Directory D:\caltest\calview\ Browse
Filename CALView_Animation .html
Okay Cancel

图 7-4 CALVIEW 界面（第 4 步）

风场动画录制完毕后，自动打开风场动画网页，见图 7-5。

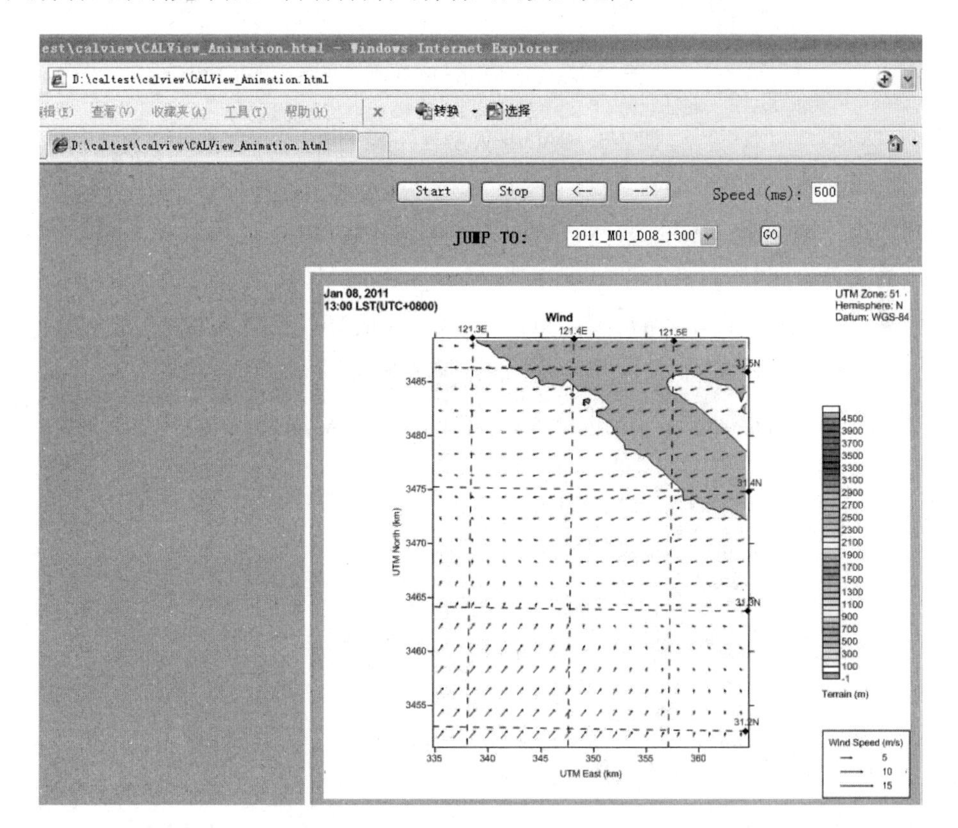

图 7-5 CALVIEW 界面（第 5 步）

7.2 CALVIEW 污染扩散动画制作流程

点击 CALPRO 界面上的 [icon]。打开绘图模块界面 CALVIEW，见图 7-6。

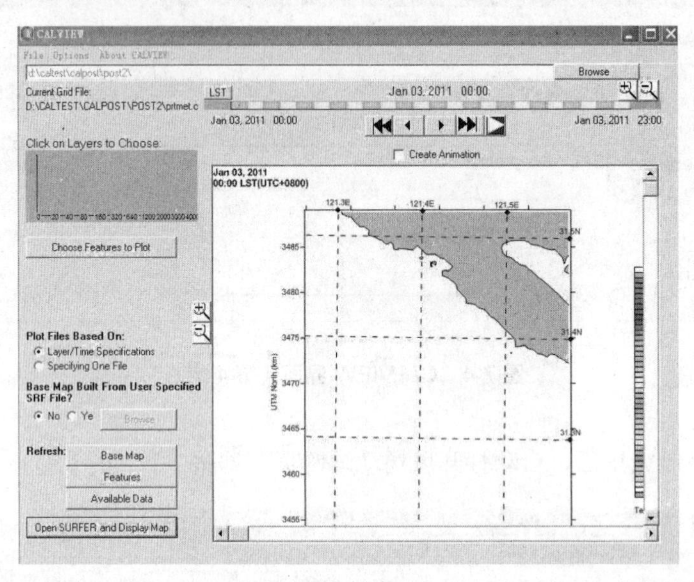

图 7-6　CALVIEW 界面（第 1 步）

用户点击“Browse（浏览）”，选择 D：\caltest\calpost\post2（选择污染因子浓度 GRD 文件输出的文件夹路径）。点击“Choose Features to Plot（选择输出要素）”，勾选“Terrain（地形）”和“Concentration（浓度）”，点击“OK（完成）”。见图 7-7。

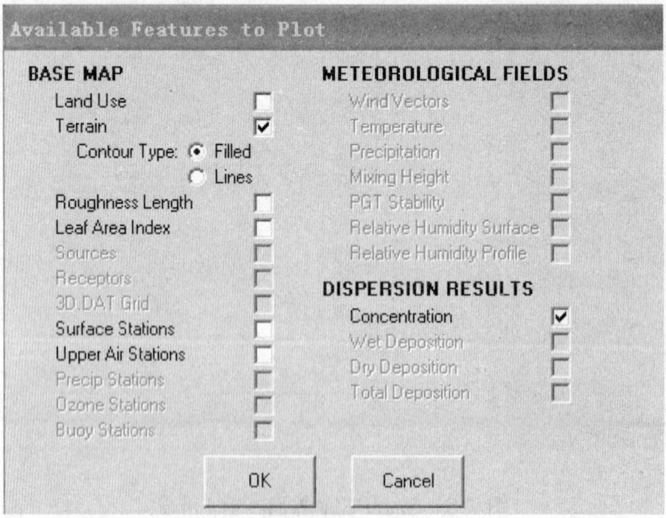

图 7-7　CALVIEW 界面（第 2 步）

弹出“Features to Plot（输出要素）”界面，见图 7-8。“Species Name（污染物因子）”选择 SO_2，“Averaging Time（时间）”选择 1HR，“Contours（等值线）”选择“Filled（填充）”。

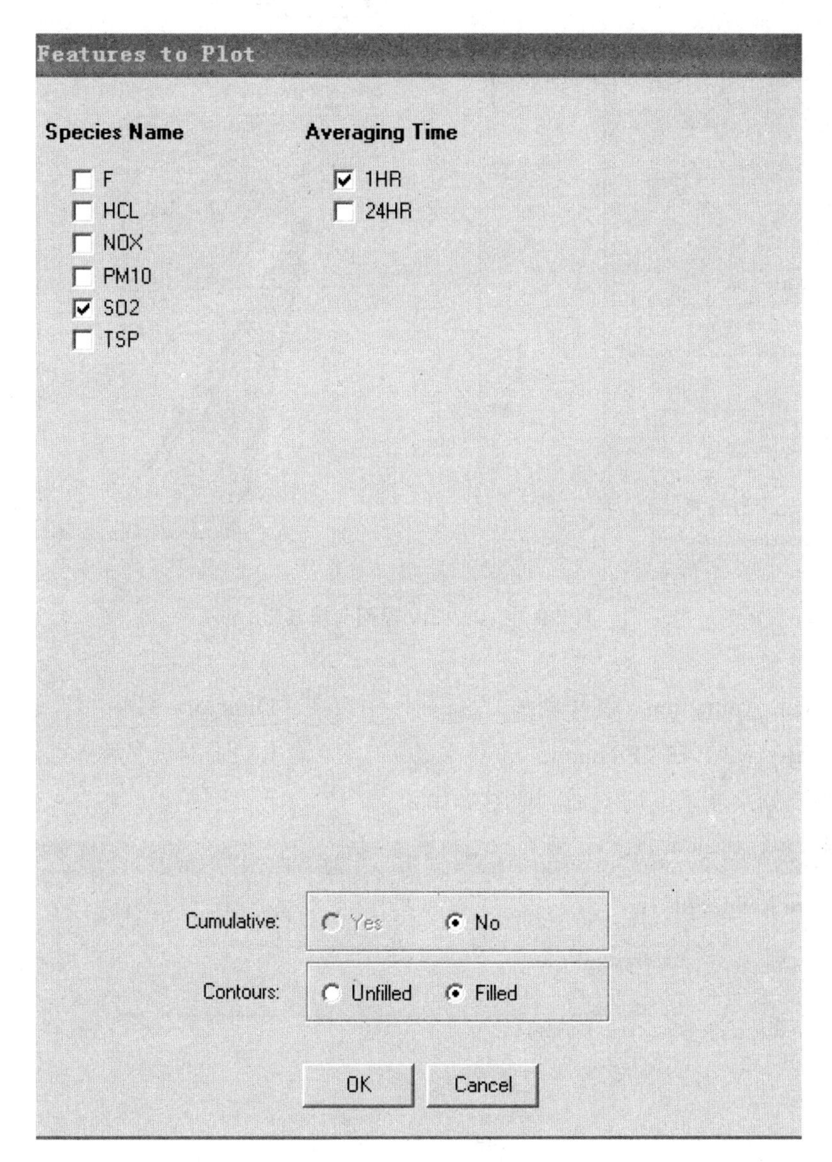

图 7-8 CALVIEW 界面（第 3 步）

用户勾选“Create Animation（制作动画）”，并点击播放按钮，见图 7-9。

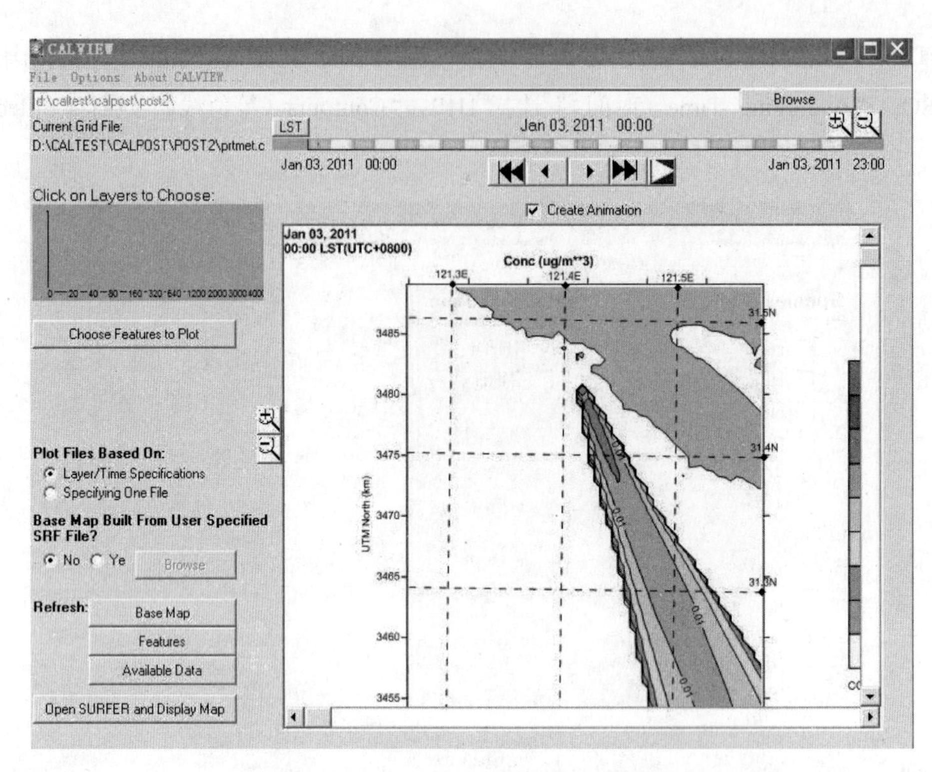

图 7-9 CALVIEW 界面（第 5 步）

在“Create Animation（制作动画）”界面，用户在“Directory（路径）”选择输出路径 D：\caltest\calview2\，在“Filename（文件名称）”写上输出动画网页名称。点击“Okay（完成）”。程序开始录制浓度场动画，见图 7-10。

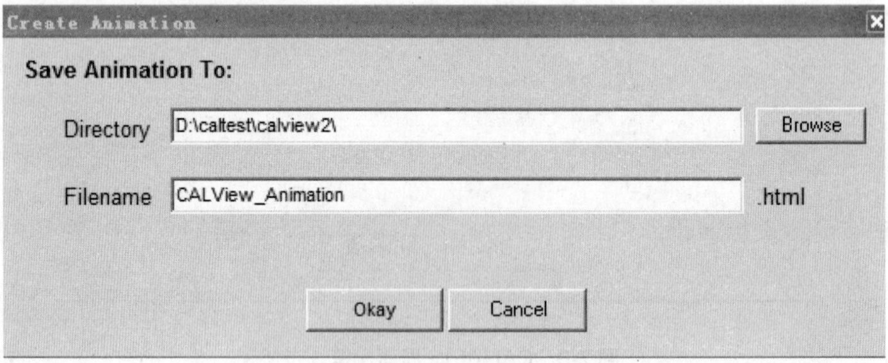

Create Animation

Save Animation To:

Directory D:\caltest\calview2\ Browse

Filename CALView_Animation .html

Okay Cancel

图 7-10 CALVIEW 界面（第 6 步）

浓度场动画录制完毕后，自动打开浓度场动画网页，见图 7-11。

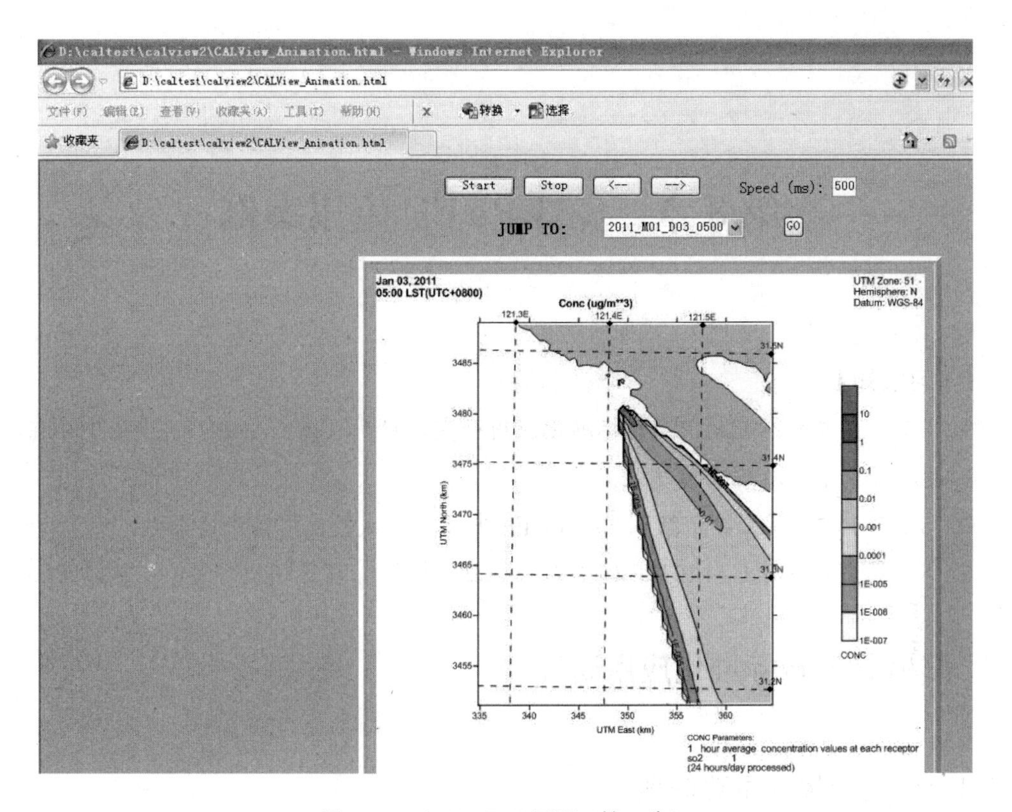

图 7-11　CALVIEW 界面（第 7 步）

第 8 章　CALPUFF 应用案例

【学习须知】

1. 8.1 节主要介绍 CALPUFF 标准化应用研究，针对我国 CALPUFF 应用中存在不规范化问题，提出了标准化应用建议。

2. 8.2 节和 8.3 节主要介绍了 CALPUFF 中尺度区域的应用案例情况。

3. 8.4 节主要针对 CALPUFF 模型的一些应用问题，做了相关回答，以供读者参考。

8.1　CALPUFF 标准化应用研究

8.1.1　模式应用的主要问题

8.1.1.1　应用范围

根据《环境影响评价技术导则—大气环境》（HJ 2.2—2008）附录 A 规定，CALPUFF 适用于评价范围大于 50 km 的区域和规划环境影响评价项目。技术复核发现，一些环评项目（非复杂风场，评价范围小于 50 km）采用 AERMOD 预测结果超标，因此环评单位改用 CALPUFF 替代 AERMOD 以期降低预测结果，但未说明采用 CALPUFF 模式的依据，也无相关风场数据来验证。

8.1.1.2　网格设置与分辨率

CALPUFF 模式的三维气象数据中，各个气象格点的气象数据可不相同，这也是 CALPUFF 模式的扩散理论优势之一，考虑到烟团的迂回、回流等情况，CALPUFF 气象网格范围应大于受体网格范围。

技术复核发现，有些项目未设置缓冲区，从而导致受体网格边界附近的污染物浓度有较大误差。此外，《环境影响评价技术导则—大气环境》（HJ 2.2—2008）要求预测受体的分辨率距源中心 1 km 内设置为 50～100 m，距源中心 1 km 外设置为 100～500 m。技术复核发现，有些项目将气象网格的分辨率设成了 100 m，但由于土地利用数据采用了 1 km 分辨率数据，导致土地利用数据失真的情况。

8.1.1.3　基础数据

CALPUFF 气象模块 CALMET 在生成三维气象数据时需要地形、土地利用、地面气象、高空气象、降水等基础数据。CALPUFF 自带了前处理程序，如 TERREL、CTGPROC、MAKEGEO、SMERGE、READ62、PMERGE、CALMM5 等。这些前处理程序是基于国外现有的数据源及数据格式设计的，而国内的数据格式、精度、要素与模式要求都有一定的差距，因此有些时候需要将国内的数据进行二次加工。

复核基础数据发现的常见问题包括：基础数据选用错误、基础数据处理方法错误、基础数据缺失、基础数据来源未说明等。

（1）地形数据

目前国内可免费获取的地形数据有美国地质调查局（USGS）的 SRTM30/GTOPO30 数据（精度 900 m）、美国国家航空航天局（NASA）和国防部国家测绘局（NIMA）联合测量的 SRTM3（精度 90 m）数据，以及美国 NASA 与日本经济贸易工业部（METI）联合测量的 ASTER GDEM（精度 30 m）数据，可直接用于 CALPUFF 模式的数据为 GTOPO30 和 SRTM3。《环境影响评价技术导则—大气环境》中推荐的预测网格点的分辨率为：距源中心 1 km 范围内设置为 50～100 m，距源中心 1 km 外设置为 100～500 m，故 90 m 分辨率的 SRTM3 数据基本满足要求。

技术复核发现，有些项目使用分辨率为 900 m 的地形数据，见图 8-1 和图 8-2，从图中可以看出，900 m 分辨率的地形数据很多信息丢失，无法体现地形对气象场影响，不能满足导则要求。

（2）土地利用

目前国内可免费获取的土地利用资料数据为美国地质勘探局（USGS）的 GLCC 数据库中亚洲部分（精度 1 000 m），最终会处理成 CALMET 中的 14 种土地利用类型，见表 8-1。由于该数据分辨率为 1 km，若气象网格分辨率设成 1 km 以下，很多气象格点内就会找不到土地利用数据，且默认被水体替代（代码为 55），从而造成土地利用图失真的现象。

技术复核发现，某些项目网格距设为 100～500 m，而采样格点数仅设为 1，导致大部分土地利用类型代码被水体代替，土地利用数据失真，见图 8-4。图 8-3 和图 8-4 为不同分辨率和采样格点数下的土地利用图，从图中可以看出，网格分辨率越高，土地利用缺失量越大；采样格点数越大，土地利用缺失量越小。

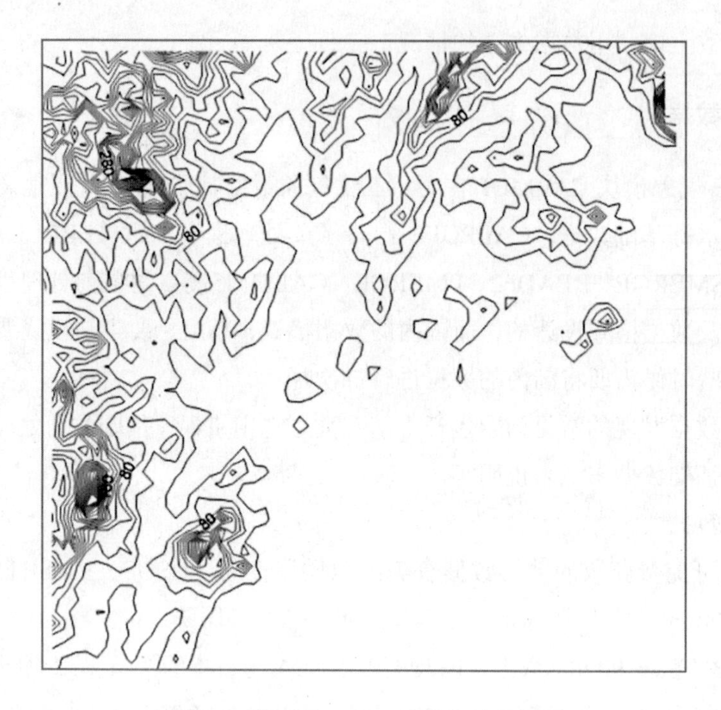

图 8-1 某项目 900 m 分辨率地形高程

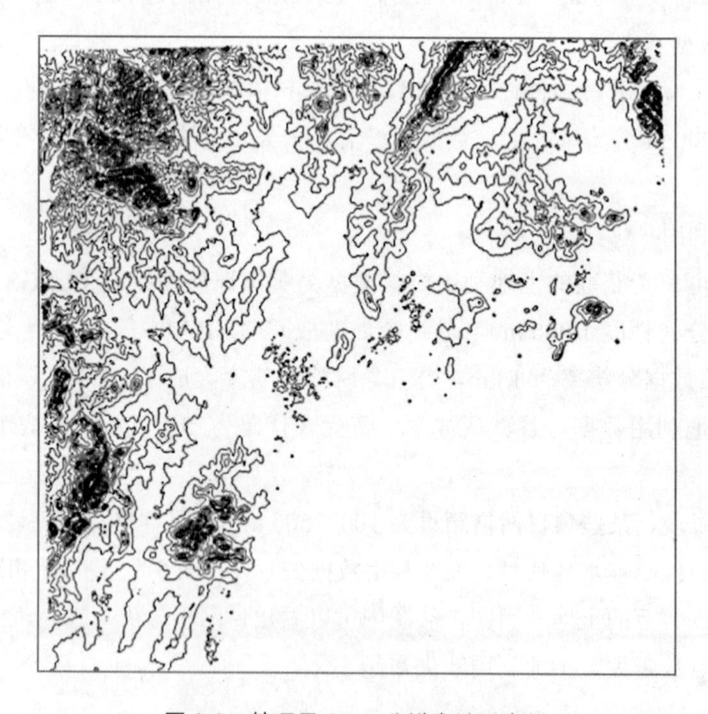

图 8-2 某项目 90 m 分辨率地形高程

表 8-1　CALMET 中土地利用类型编码

类型	描述	类型	描述
10	城市及建筑用地	55	大水体
20	农业非灌溉用地	60	湿地
20*	农业灌溉用地	61	森林湿地
30	牧地	62	非森林湿地
40	林地	70	荒地
51	小水体	80	冻土
54	海湾及河口	90	冰原地带

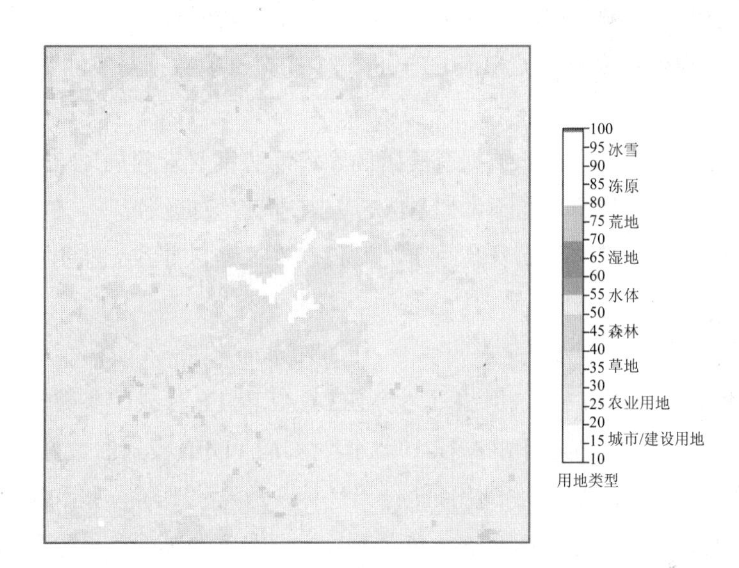

图 8-3　土地利用图（分辨率 500 m，采样格点数 2）

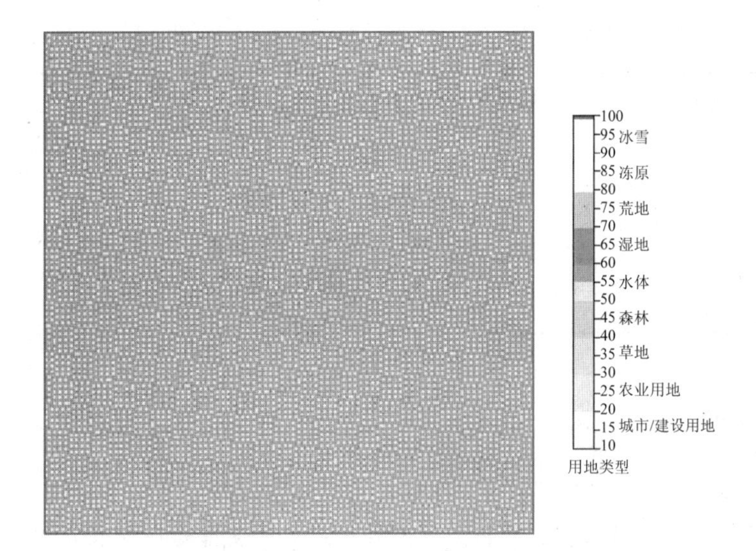

图 8-4　土地利用图（分辨率 500 m，采样格点数 1）

（3）地面气象

CALPUFF 预处理程序 SMERGE 可识别的地面气象数据有 CD144、SAMSON、HUSWO、TD3 505 等国外气象部门提供的气象数据格式，对数据质量有严格要求。而国内地面气象数据格式与国外气象数据格式差异较大，需要将国内的数据进行插值等预处理，才能被模式读取。

技术复核发现，某项目处理一日四次观测的云量数据时，其他时刻的云量未按《环境影响评价技术导则—大气环境》要求进行插值，而是简单设置成 0。此外，复核还发现环评单位虽提供了地面观测数据，但在 CALMET 气象预处理时未使用地面观测数据，仅使用 MM5/WRF 模拟数据来驱动 CALMET，也缺少模拟气象数据与实测数据的验证过程。

（4）高空气象

目前国内可获取的高空实测数据有美国国家海洋和大气管理局（NOAA）的 FSL 格式数据。技术复核发现，某项目在不考虑 MM5/WRF 模拟数据情况下，CALMET 气象预处理时仅使用一个高空实测站，而且高空实测站代表性太差，导致无法形成三维气象场。

8.1.1.4 模式参数

与 AERMOD、ADMS 模式相比，CALMET/CALPUFF 模式中参数非常多，大部分参数都有默认推荐值。此外，美国 EPA 在 1998 年对 CALPUFF 模式参数推荐一系列参考值。技术复核发现，有些环评单位为了使预测结果达标，故意修改了一些默认的推荐参数，例如修改了对结果影响较大的地形调整参数、不考虑烟囱下洗等，在报告书中却没有说明修改依据，见表 8-2。

表 8-2 模式参数值对比

参数	参数描述	EPA 推荐值	模式默认值	复核值
MCTADJ	地形调整方案	部分烟羽轨迹调整	部分烟羽轨迹调整	ISC 类型地形调整方案
MTIP	烟囱下洗	执行	执行	不执行
MDISP	计算扩散系数方法	农村区域使用 PG 扩散系数，城市区域使用 MP 系数	农村区域使用 PG 扩散系数，城市区域使用 MP 系数	从微气象学变量计算得到 σv 和 σw
MPARTL	点源部分烟羽穿透逆温层	执行	执行	不执行

8.1.1.5 其他问题

（1）商业版本问题

国内多家软件商对法规模式进行二次开发，由于开发者的开发水平参差不齐或者开发者人为修改预测结果，导致商业软件存在一定的缺陷和风险。技术复核发现，由于国内基础数据格式与软件不兼容，导致某商业软件生成的数据存在异常值；此外，还发现某软件商根据 CALMET 和 CALPUFF 自带的测试例子参数来作为商业软件的默认参数，造成软件使用者对参数选取产生误解。

（2）采用 CALPUFF 开展风险预测

CALPUFF 模式缺少重气体模块，本身不支持计算重气体风险预测。重气体的扩散与中性气体、轻质气体不同，其最主要的区别在于附加的重力驱动流动。此外，重气云的形成通常涉及相变，并涉及与下垫面之间的热传递。一般而言，重气云的演变可划分为几个阶段：泄漏源释放阶段、下降-触底阶段、重力控制阶段、过渡阶段和湍流扩散控制阶段（被动扩散阶段）。CALPUFF 模式缺乏对此进行描述的模块。我国《环境影响评价技术导则—大气环境》中以推荐模式清单方式引进 CALPUFF，但对其应用范围具有严格限定；《建设项目环境风险评价技术导则》中虽将多烟团模型列为中性/轻质气体预测推荐模型，但同样指出对于事故中的重气体扩散，应予以区分考虑。因此，在未验证的情况下，将目前版本的 CALPUFF 应用于重气体风险预测，既缺乏理论基础，也缺乏相应的法规文件支撑。

技术复核发现，一些石化项目采用 CALPUFF 开展重气体风险预测（苯、液氨等），超过了模式本身的计算能力。

（3）$PM_{2.5}$ 预测

与《环境影响评价技术导则—大气环境》推荐的 AEMROD、ADMS 相比，CALPUFF 具有较为复杂的化学反应模块，结合当前国家大气污染防治的环保要求，国内一些环评单位采用 CALPUFF 开展了火电、石化方面的 $PM_{2.5}$ 预测，但复核发现一些问题：

某项目仅考虑生成的二次硫酸盐、硝酸盐颗粒物影响，未考虑排放源强中一次 $PM_{2.5}$ 的贡献影响；某项目同时考虑了一次和二次颗粒物的影响，未说明一次 $PM_{2.5}$ 源强取值依据；某石化项目明显有较多 VOC 排放，未考虑二次有机气溶胶（SOA）影响。

考虑化学反应时，未说明 CALPUFF 模式中背景臭氧和 NH_3 输入值的取值依据。

（4）运算速度

CALPUFF 模式官方提供的可执行文件是不支持并行运算的，因而计算速度比较慢。实际运用中，环评单位经常为了节省运算时间而加大计算网格间距，降低计算的网格数量。上述做法至少带来两个方面的问题：第一，网格间距的设置往往达不到导则要求；第二，预测的浓度分区不准确。

8.1.2　CALPUFF 标准化应用

8.1.2.1　应用范围

从科学层面上来讲，CALPUFF 可适用于从几公里到几百公里的模拟范围。因此，在各类环评项目中，CALPUFF 均可适用。从法规层面上来讲，应当尽量保证各种情况下选择法规模式的唯一性。国内外多项研究表明，对于评价范围在 50 km 以内的大部分项目，AERMOD 模式的预测结果是可信的。此外，AERMOD 操作相对简单，易于技术复核，可为环评单位和技术复核单位减轻工作量。因此，当环评项目评价范围小于 50 km，无特殊原因不应使用 CALPUFF 模式。当项目评价范围大于 50 km 时，应当采用 CALPUFF 模式。当项目评价范围小于 50 km，但遇到某些特殊情形时，可采用 CALPUFF，但应当说明采用 CALPUFF 替代 AERMOD 或 ADMS 的依据。

这些特殊情形包括但不限于以下几种：①从区域气象场上，能发现从污染源到受体的可能扩散过程中存在复杂风场，如存在较明显的地形起伏导致复杂风场；②该地区存在明显的区域气象条件，如大气环流、海陆风、山谷风、海岸熏烟效应等；③该地区平均风速非常小，而 AERMOD 在低风速情况的模拟结果太过于保守；④该地区存在非常高比例的静风，而 AERMOD 在遇到静风时会跳过计算；⑤当可选的地面气象站对项目地点明显没有代表性，但没有条件在项目地点进行较长时间的地面气象资料观测时；⑥该项目要求模拟二次 $PM_{2.5}$。

如图 8-5 所示，案例排放源位于北京西部山区峡谷中，排放源处于复杂风场（风向空间变异、下坡气流等），此时排放的污染物对北京西部、西南、东部地区均可能造成影响，此时采用 CALMET 来模拟风场更具有代表性。

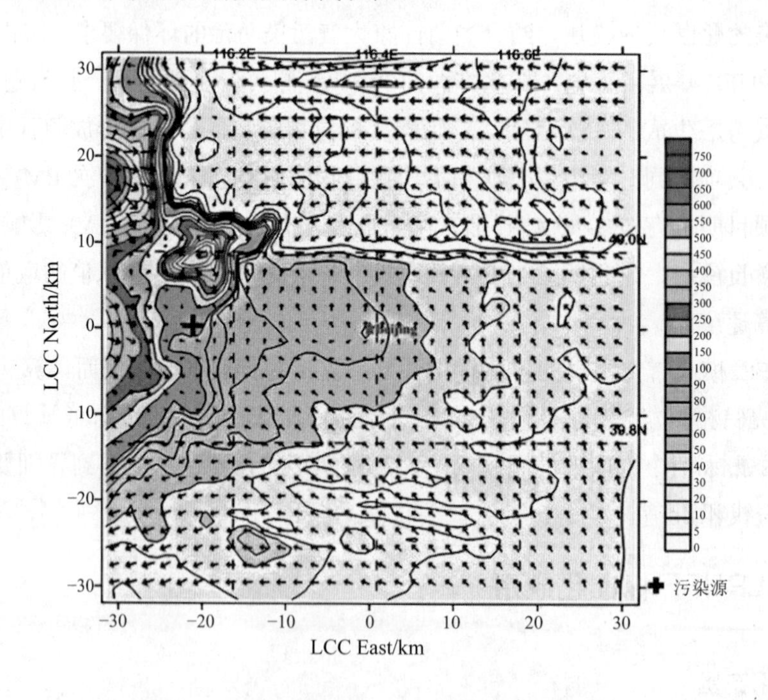

图 8-5 北京地区风场（2013 年 1 月 12 日 0 时）

8.1.2.2　污染源数据标准化研究

CALPUFF 中可支持的污染源类型有点源、面源、线源和体源。对于稳态排放和按某种有序的规律排放，污染源数据可以在控制文件 CALPUFF.INP 中输入。这些规律包括日变化（24 个变化因子）、月变化（12 个变化因子）、小时和季节变化（24×4 个变化因子）、随风速和稳定度变化（6×6 个变化因子）以及随温度变化（12 个变化因子）。不同的污染源可以定义不同的排放规律。对于无规律排放，可定义外部输入源文件并在控制文件 CALPUFF.INP 中指定外部源文件的路径、文件名以及污染源的个数。点源的默认文件名是 PTEMARB.DAT、面源的默认文件名是 AREMARB.DAT、线源的默认文件名是 LNEMARB.DAT、体源的默认文件名是 VOLEM.DAT。

8.1.2.3　地图投影及坐标系标准化研究

地图投影是利用一定数学法则将地球表面上的任意点转换到地图平面上的理论和方法，采用任何投影方法进行转换都会产生误差和变形，而不同的投影方法有不同性质和大小的变形。在我国比较常用的地图投影有通用横轴墨卡托投影 UTM 和兰勃特正形圆锥投影 LCC，大地基准面一般选择 WGS84。

AERMOD 和 ADMS 均可支持相对坐标和绝对坐标。当范围较小时，将地球曲面直接展开成平面的变形也是可以接受的。因此，当范围较小时，可允许使用相对坐标。当预测范围较大时，推荐采用绝对坐标。CALPUFF 的预测范围为几公里到几百公里，另外，CALPUFF 可识别多种格式的地理数据和中尺度气象数据，这些数据均采用了绝对坐标，因此，CALPUFF 的地图投影坐标系只能选择使用绝对坐标。

UTM 属于横轴等角割圆柱投影，椭圆柱割地球于南纬80°、北纬 84°两条等高圈，投影后两条相割的经线上没有变形，而中央经线上长度比为 0.999 6。与高斯-克吕格投影相似，该投影角度没有变形，中央经线为直线，且为投影的对称轴，中央经线的比例因子取 0.999 6 是为了保证离中央经线左右约 180 km 处有两条不失真的标准经线。UTM 投影分带方法与高斯-克吕格投影相似，将北纬 84°至南纬 80°按经度分为 60 个带，每带 6°。从西经 180°起算，两条标准经线距中央经线为 180 km 左右，中央经线比例系数为 0.999 6。该投影保证南北纬线和东西经线都是平行直线，并且相互垂直。经线间隔是相同的，纬线间隔从基准纬线（赤道）向两极逐渐增大。若采用 UTM 投影且存在跨区现象，应当将所有的坐标转换成同一个区的，一般推荐选用网格西南角坐标所在的 UTM 分区。

LCC 属于正轴等角割圆锥投影，具有两条标准纬线。在两条标准纬线上没有长度变形，纬线投影后为一组同心圆，经线为同心圆半径，没有角度变形。LCC 投影需要定义的参数有参考点经纬度、参考点 X 和 Y 坐标，以及两条标准纬线。当 CALPUFF 预测范围为几百公里时，采用 UTM 坐标误差可能变得较大，而 LCC 能减小地球曲率带来的变形，此时推荐采用 LCC 坐标。

由于相对坐标很方便计算两点间的距离，某些环评人员和专家可能更喜欢采用相对坐标。在 CALPUFF 中使用 LCC 坐标时，可将排气筒所在位置或其他某个特征点定义为原点，其他点的 LCC 坐标也类似于距离原点的相对坐标。当某个项目同时用了 AERMOD 和 CALPUFF 进行预测时，在两个模式中应设置相同的坐标系。如（1）均采用 UTM 坐标；（2）若 AERMOD 中采用了相对坐标，则在 CALPUFF 中推荐采用 LCC 坐标。

8.1.2.4 网格设置

CALPUFF 采用由 *X*、*Y*、*Z* 三个方向构成的三维网格，水平网格在地理数据预处理模块（TERREL、CTGPROC、MAKEGEO）中定义，垂直网格在 CALMET 中定义。垂直网格采用地形伴随坐标系，即相对地面的高度，一般从地面开始，顶层设置到地面以上 4～5 km。垂直网格一般设成近地层密、远地层疏，如美国环保局推荐设置 10 层，分别为 0 m、20 m、40 m、80 m、160 m、320 m、640 m、1 200 m、2 000 m、3 000 m、4 000 m。

CALPUFF 中定义有三种水平网格，网格范围的大小依次为气象网格、计算网格、受体网格。气象网格为 CALMET 生成的三维气象场区域，每个气象格点均包含一套气象数据。计算网格为污染物扩散和迁移的区域，范围一般等于或小于气象网格且格距相同，当烟团扩散出 CALPUFF 的计算网格，烟团将不会返回；受体网格为项目的评价范围，考虑到烟团的迂回、回流等情况，CALPUFF 受体网格范围应适当小于计算网格，一般推荐各个方向均设置 10 km 以上的缓冲区，以避免受体网格的污染物预测浓度被低估。

此外，《环境影响评价导则—大气环境》（HJ 2.2—2008）要求预测受体的分辨率距源中心 1 km 内设置为 50～100 m，距源中心 1 km 外设置为 100～500 m。CALPUFF 中常用的受体有采样网格受体和离散网格受体：①采样网格受体的格距同气相/计算网格，因此，至少要将嵌套因子设成 10 才能基本满足导则要求，而这将大大增加模式的计算量；②CALPUFF 中也可通过设置多密度离散网格受体的方式，近密远疏地设置预测受体；③采样网格受体的海拔高度来自气象网格，即网格点内所有地形数据点的平均海拔高度，而离散网格受体海拔高度针对该受体所在位置计算出来；④对于采样网格受体，即使设置了嵌套因子，同一格点内所有的受体海拔均是相同的，即来自气象网格的平均海拔高度。

8.1.2.5 网格受体

为满足《环境影响评价技术导则—大气环境》要求并减小计算量，一般推荐设置近密远疏的离散网格受体，受体网格间距的设置应综合考虑排放高度、居民区分布、地形等因素。受体网格推荐采用笛卡尔直角坐标，也可以是极坐标形式。推荐设置以下类型网格受体：

（1）密网格受体：当烟囱高度小于 15 m，或烟囱高度小于 50 m 但受建筑物下洗影响时，距源 300 m 内应设置间距不大于 50 m 的网格受体。

（2）细网格受体：距源 1 km 内应设置间距不大于 100 m 的网格受体。

（3）中网格受体：距源 1～5 km 范围内，应设置间距不大于 500 m 的网格受体。

（4）粗网格受体：距源 5 km 外至评价范围内，应设置间距不大于 1 km 的网格受体。

（5）加密网格受体：以各平均时段污染物区域最大地面浓度点为中心，设置间距不大于 50 m、边长不小于 500 m 的网格受体。

（6）垂直网格受体：对邻近污染源的高层住宅楼，应适当考虑不同代表高度的预测受体。

如图 8-6 所示，距源 1 km 内受体间距为 100 m，距源 1 km 外到 5 km 内受体间距为 250 m。

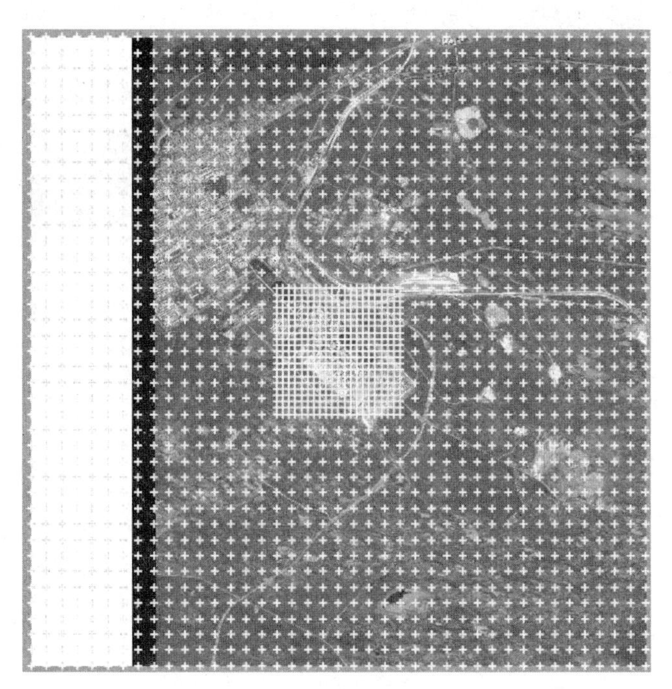

图 8-6 不同间距受体网格示意

8.1.2.6 厂界受体

当存在无组织排放面源、体源、线源，或低矮点源时，一般还需评价厂界浓度贡献及达标情况，此时应设置厂界受体，厂界受体的间隔应不大于 50 m。CALPUFF 中厂界受体的本质是离散受体，在后处理中均按离散受体处理。

厂界内部可执行厂界内标准，厂外一般执行环境质量标准，模拟污染源对厂外贡献时可以选择删除厂界内受体，从而使得厂界内的受体浓度不参与结果统计。当仅存在点源且烟囱高度较高时，可不设置厂界受体，见图 8-7。

图 8-7 厂界网格受体示意

8.1.2.7 敏感受体

对于评价范围内的环境敏感区，如学校、医院、养老院等，可根据敏感区的大小和远近设置敏感受体。敏感区域受体的间隔可参考网格受体设置，距离污染源较远的可以只设置敏感点受体。CALPUFF 中敏感受体的本质也是离散受体，在后处理中均按离散受体处理。

8.1.2.8 地形及土地利用

CALMET 模型默认的土地利用类型方案是基于美国地质调查局（USGS）的土地利用分类系统。USGS 的主要土地利用类型见表 8-3。其中两个 I 级 USGS 土地利用类型（水体和湿地）被分出不同的子类型。表 8-3 除了列出 CALMET 默认的土地利用类型外，还列出了它们对应的地理参数默认值。默认的土地利用分类方案包含有 14 个土地利用类型，其中“-20”表示该土地为灌溉地，同非灌溉地相比，灌溉地被赋予了一个不同的波文比，且 CALPUFF 干沉降模块在计算水分胁迫对气孔阻力的影响时使用到灌溉地标志。（如果该地为灌溉地，那么认为植物不受水分胁迫。）

表 8-3 CALMET 土地利用类型及相应的地理参数默认值

基于美国地质调查局土地利用分类系统（14 类分类系统）							
土地利用类型	描述	地表粗糙度/m	反照率	波文比	土壤热通量参数	人类活动热通量/（W/m^2）	叶面积指数
10	城镇或建筑用地	1.0	0.18	1.5	0.25	0.0	0.2
20	农业用地-非灌溉	0.25	0.15	1.0	0.15	0.0	3.0
-20	农业用地-灌溉	0.25	0.15	0.5	0.15	0.0	3.0
30	山地	0.05	0.25	1.0	0.15	0.0	0.5
40	林地	1.0	0.10	1.0	0.15	0.0	7.0
51	小水体	0.001	0.10	0.0	1.0	0.0	0.0
54	海湾和河口	0.001	0.10	0.0	1.0	0.0	0.0
55	大型水体	0.001	0.10	0.0	1.0	0.0	0.0
60	湿地	1.0	0.10	0.5	0.25	0.0	2.0
61	森林沼泽地	1.0	0.1	0.5	0.25	0.0	2.0
62	无森林沼泽地	0.2	0.1	0.1	0.25	0.0	1.0
70	裸地	0.05	0.30	1.0	0.15	0.0	0.05
80	苔原	0.20	0.30	0.5	0.15	0.0	0.0
90	永久积雪区/冻土区	0.20	0.70	0.5	0.15	0.0	0.0

CALMET 允许对土地利用类型进行更细的划分，或采用一个完全不一样的土地利用分类方法，用户可以通过提供的选项自己确定土地利用分类。目前，最多可以采用 52 种用户自定义的分类。表 8-4 是基于 USGS 土地利用分类系统 I 级和 II 级类型所延伸出的 52 个用户自定义的土地利用类型。用户可以确定多达 52 种“MXLU”土地利用类型以及与之相对应的每个土地利用类型的地理参数值。参数 MXLU 在 CALMET 参数文件 PARAMS.MET 中进行说明指定，若修改了该参数，需要重新编译 CALPUFF 可执行程序。

CALMET 模型中地面海拔高度数据场输入时使用的是用户定义的单位，但有一个尺度因子将其转化为以米为单位。

表 8-4 基于美国地质调查局土地利用分类系统

扩展的 CALMET 土地利用分类（52 类分类系统）	
级别 I	级别 II
10 城镇或建筑用地	11 居民点 12 商业和服务业用地 13 工业用地 14 交通、通信及其他公用设施用地 15 工商业混合区 16 城镇建筑混合区 17 其他城镇和建筑用地
20 农业用地-非灌溉	21 农田和草地 22 经济作物用地 23 畜禽圈养用地 24 其他农业用地
-20 农业用地-灌溉	-21 农田和草地 -22 经济作物用地 -23 畜禽圈养用地 -24 其他农业用地
30 山地	31 山坡草地 32 山地灌丛 33 混合山地
40 林地	41 落叶林地 42 常绿林地 43 混交林地
50 水体	51 河流水渠 52 湖泊 53 水库 54 海湾和河口 55 海洋
60 湿地	61 森林沼泽 62 无森林沼泽
70 裸地	71 干燥盐碱地 72 海滩 73 除海滩外的其他沙地 74 裸岩地 75 露天矿、采石场、沙坑 76 过渡地带 77 混合裸地
80 苔原	81 灌丛苔原 82 草质苔原 83 裸露地表 84 湿性苔原 85 混合苔原
90 永久积雪带	91 永久积雪地 92 冰川

当地形数据和土地利用数据为公开下载数据时，地形数据分辨率不应小于 90 m，土地利用数据分辨率不应小于 90 m。

针对土地利用数据分辨率低的问题，环评单位可通过作者开发的全国 30 m 网格的 CALPUFF 土地利用数据系统下载评价区域的高分辨率土地利用数据来解决。

8.1.2.9 气象数据

对于每日实际观测次数不足 24 次的地面气象数据，在应用气象资料前对原始资料进行插值处理，插值方法可采用连续均匀插值法（实际观测次数为一日 4 次或一日 8 次）或者均值插值法（实际观测次数为一日 8 次以上）。高空气象数据应保证每天至少有两次观测，且任意两次观测的时间间隔不得大于 12 h。高空气象数据的地面层和顶层均不允许有数据缺失。在 CALMET 气象预处理时，应严格按照导则规定，尽量使用模拟范围内或附近的多个地面观测数据和多个高空观测数据。若观测站数据较少时，可采用 MM5/WRF 中尺度模拟数据作为补充。

8.1.2.10 地表气象数据

CALMET 读取地面站逐时观测资料，包括风速、风向、气温、云量、云底高度、地表气压、相对湿度以及降水类型码（可选，用于湿沉降，CALMET 内部也可根据温度计算降水类型）。这些参数都可以从地面气象监测站得到。

CALMET 模型提供了两种地面气象站数据文件（SURF.DAT）的格式选项。第一个选项是使用由 SMERGE 气象预处理器生成的格式化文件。SMERGE 程序处理标准 NCDC 格式数据并将其转化为 CALMET 模型可以使用的格式。这种方法在处理来自多个地面站点的大量数据时非常合适。第二个选项是自由格式选项，该选项允许用户灵活地采用 SMERGE 预处理程序来创建一个格式化数据文件或在短时间长度的 CALMET 运行中手动输入数据。对输入数据文件格式的选择是由用户在控制文件中对参数 IFORMS 的定义来决定的。

格式化的 SURF.DAT 文件包含有两个标题行，第一行记录了文件中数据开始和结束时间和日期、参考时区、站点数，第二行记录了站点 ID 编号。数据采用 FORTRAN 自由格式读取。标题行之后为逐时气象数据。每一行气象数据包含了各站点的记录时间、风速、风向、云底高度、云量、温度、相对湿度、站点压力及降水代码。

```
90    8    1  90    8    6    5    5
 14606    14611    14745    14742    14764
90    8    1
   0.000     0.000   50   10  270.928   85 1001.358    0
   5.144   220.000  999 9999  273.150   61 1005.083    0
   2.572   190.000  999    0  268.706   85  997.295    0
   5.144   190.000   37   10  275.372   62  996.956    0
   4.100   220.000  129    8  272.550   69 1007.000    0
90    8    2
   2.572   190.000   50    9  270.928   85 1001.020    0
   3.087   250.000  999 9999  272.594   67 1005.422    0
   3.601   180.000  999    0  269.261   85  997.295    0
   0.000     0.000   37   10  274.817   67  997.295    0
   4.100   230.000  129    9  272.550   69 1007.000    0
90    8    3
   0.000     0.000   50   10  271.483   85 1001.358    0
   0.000     0.000  999 9999  272.039   66 1005.761    0
   0.000     0.000  999    0  264.817   96  997.972    0
   3.087   240.000   37   10  275.372   64  998.311    0
   4.100   220.000  999    3  272.550   69 1008.000    0
90    8    4
   0.000     0.000   50   10  271.483   85 1001.697    0
   0.000     0.000  999 9999  272.039   66 1006.099    0
   0.000     0.000  999    0  265.372   96  998.311    0
   5.144   250.000   43   10  275.372   64  998.649    0
   2.600   230.000  999    0  272.050   75 1008.000    0
```

图 8-8 SURF.DAT 输出数据文件示例

如果采用了 CALPUFF 或 MESOPUFF II 模型的湿移除算法，那么 CALMET 就必须从站点数据中读取降水数据生成网格化的小时降水率场。PXTRACT 和 PMERGE 预处理程序可以处理美国 TD-3 240 格式的 NWS 降水数据并将其转换为格式化或非格式化的文件（PRECIP.DAT）。PMERGE 程序输出的文件能够直接满足 CALMET 程序输入的要求。在使用 PMERGE 非格式化输出文件时，用户需要将 CALMET 控制文件中的降水文件格式化变量 IFORMP 设置为 1。

CALMET 提供了一个可以从用户准备的自由格式输入文件（即 IFORMP=2）中读取小时降水数据的选项。这就可以使用户采用手动方式为 CALMET 输入降水数据。选中 PRECIP.DAT 的格式化选项后，也能使用从 PRERGE 程序输出的格式化文件。

自由格式的 PRECIP.DAT 文件包含两个标题行（关于文件数据的起始和结束时间/日

期)、站点时区、站点数目、站点编号等。每个小时一个数据记录，每个数据记录包含站点的时间、日期和降水率（mm/h）。自由格式的 PRECIP.DAT 文件中每个变量定义及其具体格式见图 8-9。

环境保护部环境工程评估中心已建立 CALPUFF 地面气象数据转换系统。环评单位可将项目中所使用的原始地面气象数据上传该系统。原始数据经该系统完成转换后，环评单位便可以下载能够直接输入 CALMET 的地面气象数据文件 SURF.DAT。(http://www.lem.org.cn/)

```
   89     1     1    89     2     9     6    14     0
 412360 417943 417945 412797 415890 410174 411492 412679 412811 415048 415596 416736 418023 418252
   89   1   1     0.000      0.000      0.000  9999.000      0.000      0.000      0.000      0.000      0.000      0.000
               9999.000      0.000      0.000     0.000
   89   1   2     0.000      0.000      0.000     0.000      0.000      0.000      0.000      0.000      0.000      0.000
               9999.000      0.000      0.000     0.000
   89   1   3     0.000      0.000      0.000     0.000      0.000      0.000      0.000      0.000      0.000      0.000
               9999.000      0.000      0.000     0.000
   89   1   4     0.000      0.000      0.000     0.000      0.000      0.000      0.000      0.000      0.000      0.000
               9999.000      0.000      0.000     0.000
   89   1   5     0.000      0.000      0.000     0.000      0.000      0.000      0.000      0.000      0.000      0.000
               9999.000      0.000      0.000     0.000
   89   1   6     0.000      0.000      0.000     0.000      0.000      0.000      0.000      0.000      0.000      0.000
               9999.000      0.000      0.000     0.000
   89   1   7     0.000      0.000      0.000     0.000      0.000      0.000      0.000      0.000      0.000      0.000
               9999.000      0.000      0.000     0.000
   89   1   8     0.000      0.000      0.000     0.000      0.000      0.000      0.000      0.000      0.000      0.000
               9999.000      0.000      0.000     0.000
   89   1   9     0.000      0.000      0.000     0.000      0.000      0.000      0.000      0.000      0.000      0.000
               9999.000      0.000      0.000     0.000
   89   1  10     0.000      0.000      0.000     0.000      0.000      0.000      0.000      0.000      0.000      0.000
               9999.000      0.000      0.000     0.000
   89   1  11     0.000      0.000      0.254     0.000      0.000      0.000      0.000      0.000      0.000      0.000
               9999.000      0.000      0.000     0.000
   89   1  12     0.000      0.000      0.254     0.000      0.000      0.000      0.000      0.000      0.000      0.000
               9999.000      0.000      0.000     0.000
   89   1  13     0.000      0.000      0.254     0.000      0.000      0.000      0.000      0.000      0.000      0.000
               9999.000      0.000      0.000     0.000
   89   1  14     0.000      0.000      0.000     0.000      0.000      0.000      0.000      0.000      0.000      0.000
               9999.000      0.000      0.000     0.000
   89   1  15     0.000      0.000      0.000     0.000      0.000      0.000      0.000      0.000      0.000      0.000
               9999.000      0.000      0.000     0.000
   89   1  16     0.000      0.000      0.000     0.000      0.000      0.000      0.000      0.000      0.000      0.000
               9999.000      0.000      0.000     0.000
   89   1  17     0.000      0.000      0.254     0.000      0.000      0.000      0.000      0.000      0.000      0.000
               9999.000      0.000      0.000     0.000
   89   1  18     0.000      0.000      0.254     0.000      0.000      0.000      0.000      0.000      0.000      0.000
```

图 8-9　自由格式降水数据文件（PRECIP.DAT）

8.1.2.11　高空气象数据

CALMET 需要至少一日两次的地面层，1 000 hPa、925 hPa、850 hPa、700 hPa、500 hPa 各高度层上的位势高度、温度、风向及风速。CALMET 模型允许探空文件中间层的风速、风向和温度等数据存在缺失值，模型将利用有效数据进行线性插值来填补缺失数据。如果该线性插值对项目来说不合适，用户在使用探空数据时需特别注意。缺失的探空数据应该用相同时间内具有代表性的其他站点数据来替代。用户在处理缺失数据时需根据项目实际情况，仔细考虑采用何种方法。CALMET 程序不对探空数据进行外推，所以程序要求探空数据有效的最高探空高度必须在其模拟高度处或之上，且最低层（地表层）探空数据必须有效。

CALMET 模型从高空探测站点数据文件 UPn.DAT 中读取高空气象数据，其中，*n* 表示高空站点数（*n*=1，2，3…）。高空气象数据可以利用 READ62 预处理程序从标准 NCDC

高空探测格式数据中得到，也可以使用特定的格式转化程序得到。CALMET 程序还可以使用在非标准探空时间内观测到的数据，但高空数据的任何时间间隔均不能大于 12 h。

UPn.DAT 文件为格式化且用户可编辑文件，其中包含两个标题行及后面的数据记录组，该文件可手动删除消息信息并填补丢失探测数据。UPn.DAT 文件中第一个标题行包含了文件中数据的起始和结束日期，以及探空数据的顶层压力。第二个标题行包含 READ62 在创建该文件时用到的数据处理选项。数据记录组包含一个标题行，列出数据来源（6201 为 NCDC 数据格式，9999 为非 NCDC 数据格式）、站点编号、日期和小时、探空层数据。接下来是每个探空层的气压、海拔高度、温度、风向、风速等信息。

当评价范围内无实测高空数据时，环评单位可以通过环境保护部环境工程评估中心中尺度高空气象模拟数据在线服务系统（http://www.lem.org.cn/）下载离项目最近的格点数据 UPn.DAT 供 CALPUFF 运行使用。

```
  93    7    0   93    8    0 500.    1    1
   F    F    F    F
 6201     01         93 1 7 0     40                          5
  917.0/1350./269.0/160/  2    850.0/1650./266.0/160/  2    800.0/1850./264.0/160/  4    790.0/1870./263.9/165/  4
  500.0/5510./264.0/210/  8
 6201     01         93 1 712     72                          4
  917.0/1350./263.0/160/  0    850.0/1650./264.0/160/  0    800.0/1850./264.0/160/  2    500.0/5510./264.0/210/  6
 6201     01         93 1 8 0     79                          4
  917.0/1350./269.0/160/  2    850.0/1650./266.0/160/  2    800.0/1850./264.0/160/  4    500.0/5510./264.0/210/  8
```

图 8-10 READ62 输出数据文件范例

8.1.2.12 模式参数

国家应建立模型技术支持中心，开展 CALPUFF 模式参数敏感性、重点行业排放一次 $PM_{2.5}$ 源强因子、背景污染物浓度等研究和试验来验证 CALPUFF 在不同尺度范围预测结果的科学性，制定并发布相关参数的参考值；对于当前无法说明一次 $PM_{2.5}$ 源强因子、背景臭氧和氨气浓度以及二次前体物排放量极少的环评项目，不应采用 CALPUFF 来进行 $PM_{2.5}$ 污染的模拟；针对 CALPUFF 二次开发的商业软件，模型技术支持中心应开展一系列审查试验，来检验其参数和模拟结果的科学性。

8.1.2.13 并行运算

环境保护部环境工程评估中心已开发完成 CALPUFF 并行运算服务系统（http://www.lem.org.cn/）。环评单位可以将模式运行所需要的基础数据及控制流文件 CALPUFF.INP 上传该系统。经系统运算后，用户便可以下载模式运行结果文件。该系统能大大节省环评单位的模式运行时间。

8.1.2.14　公众参与标准化

环境保护部发布的《建设项目环境影响评价政府信息公开指南》，要求环评工作公开环评报告书全本，但目前环评报告书文本并不包含预测所用的大气模式参数，公众无法从全本中了解大气建模过程，建议国家要求环评单位将大气预测模式输入文本文件（如 CALPUFF 模式的 INP 格式文本文件）作为全本的附件内容，大气预测模式文本公开一方面有助于社会公众监督，另一方面也有利于督促环评单位提高自身大气预测技术水平，按照《环境影响评价技术导则—大气环境》规范使用 CALPUFF。

鉴于现阶段我国环境空气污染状况和高速的经济发展，开展 CALPUFF 模式标准化应用技术研究，制定 CALPUFF 标准化应用技术指南，解决当前 CALPUFF 应用不规范问题，可以为国家环境规划、总量控制和环境影响评价提供技术支持和服务，具有十分重大的意义和紧迫性。同时国家应制定严格的惩罚制度，公开曝光造假单位“大气源强、模式参数造假”等违规行为和对其处罚情况，真正从制度上堵住这些漏洞。

8.2　CALPUFF 在唐山重点行业模拟案例分析

随着京津冀地区经济快速发展，区域能源消耗大幅攀升，导致强雾霾天气频繁发生。唐山市作为京津冀地区重要工业城市，产业结构以钢铁、焦化、水泥、火电等高能耗、高污染的重点行业为主。2013 年唐山粗钢产量、焦炭产量、水泥熟料产量、火电发电量分别占河北省的 44%、44%、26%、19%，而唐山市空气质量排名全省倒数第四，大气环境污染形势极其严峻。

针对唐山地区大气环境影响的研究目前主要集中在颗粒物污染观测、多环芳烃来源解析、大气环境容量测算、大气环境治理效果分析等方面。温维等（2015）研究结果表明工业源是唐山地区 $PM_{2.5}$ 污染主要来源，夏、冬季贡献率分别为 74.1%和 43.8%，但未说明具体工业部门的贡献情况（钢铁、焦化、水泥等）。

目前关于唐山市重点行业（钢铁、焦化、水泥、火电）大气污染的研究鲜见报道。为了定量分析唐山市重点行业大气污染情况，以作者开发的“京津冀火电企业排放清单”“京津冀地区钢铁行业排放清单”、企业调研、在线监测、环评等数据为基础，结合卫星遥感技术手段，获取整个唐山地区基于具体工艺的高分辨率重点行业大气污染源排放清单（钢铁、火电、水泥、焦化），建立了适用于唐山地区 WRF-CALPUFF 并行计算耦合模型，定量模拟了现状情景下对唐山市环境空气质量贡献情况，为唐山地区环境管理、经济可持续发展、产业结构调整提供科技支撑。

8.2.1 案例名称及来源

研究范围涵盖了唐山市所辖的所有县区（遵化市、迁安市、滦县、滦南县、乐亭县、迁西县、玉田县、北区、路南区、古冶区、开平区、丰南区、丰润区、曹妃甸区）以及开发区（芦台经济技术开发区、高新技术产业开发区、海港经济开发区、汉沽管理区），东西长 195 km，南北宽 195 km，总面积约 3.8 万 km^2。

选择唐山市钢铁、火电、水泥、焦化四个重点行业对唐山市大气环境质量的影响为标准化研究案例。2013 年唐山市总计 44 家钢铁企业、20 家火电企业、25 家独立焦化企业、16 家水泥企业。

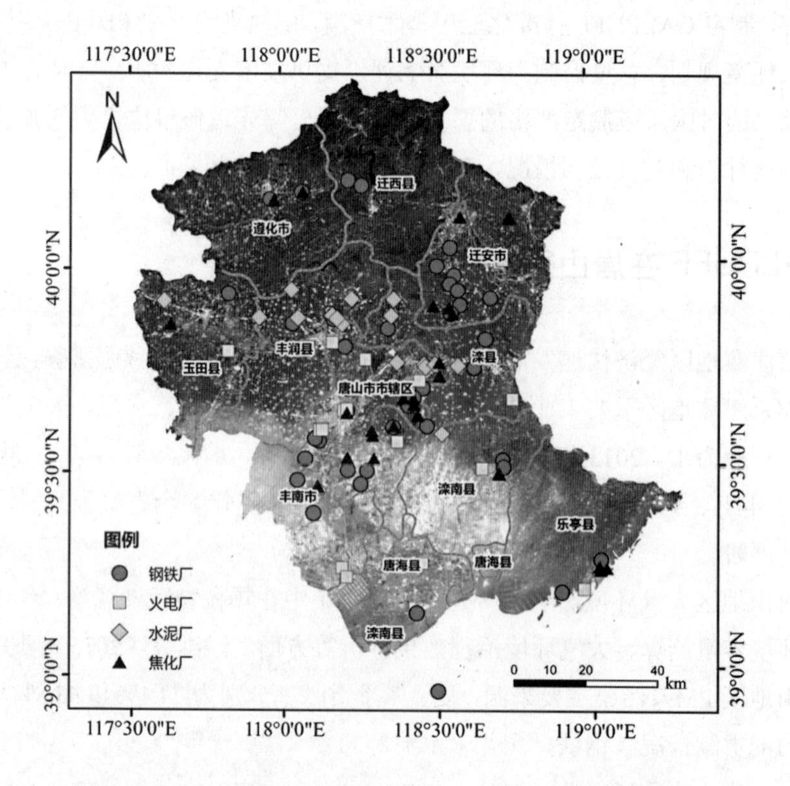

图 8-11 2013 年唐山市重点行业分布（基于遥感卫星影像）

8.2.2 多年气候特征统计

根据唐山市 5 个气象站 2000—2013 年共 14 年地面气象数据进行统计，分析唐山地区长期的气候特征，气象要素包括温度、风向、风速、降水以及能见度等。五个气象站包括遵化、迁安、唐山市辖区、曹妃甸以及乐亭气象站，站点信息见图 8-12。

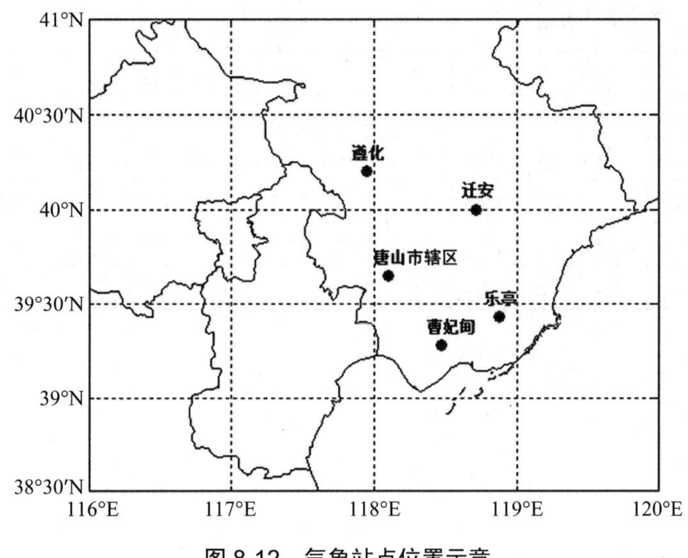

图 8-12　气象站点位置示意

唐山市位于我国东部沿海，属暖温带湿润半干旱大陆性季风气候。唐山市背山临海，地形复杂，地方气候多样，气候资源丰富。具有冬干、夏湿、降水集中、季风显著、四季分明等特点。年平均气温 12℃左右，无霜期 180～190 天。常年降水 500～700 mm，主要集中在 7—8 月，占全年降水量的一半。全年日照 2 600～2 900 h。2000—2013 年的唐山市五个站点的气候特征见表 8-5，南北部有温度差异，北部地区年均降水量较南部稍大，离海岸线最近的乐亭县能见度最佳。

表 8-6 给出了 2000—2013 年唐山市五个气象站月平均温度的年变化统计结果，区域平均月均温度年变化曲线见图 8-13。

表 8-5　区域主要气候参数统计数据一览

	遵化	迁安	唐山市辖区	曹妃甸	乐亭	平均
平均气温/℃	11.8	11.2	12.2	12.1	11.8	11.82
极端最高气温/℃	40.5	39.2	40.1	38.7	38.7	39.32
极端最低气温/℃	–20.9	–23.6	–25.2	–22.8	–19.2	–21.82
降水/mm	631.3	625	569.7	563.9	574.5	589.82
能见度/m	16.7	17	16.1	15.3	18.9	17.15

表 8-6 唐山 5 个站点长期月平均温度变化统计（2000—2013 年） 单位：℃

站点	1 月	2 月	3 月	4 月	5 月	6 月	7 月	8 月	9 月	10 月	11 月	12 月	平均
遵化	–5.4	–1.5	5.3	13.5	20.3	24.1	26.3	25.3	20.3	12.6	3.8	–3.1	11.79
迁安	–6.0	–2.1	4.5	12.6	19.6	23.3	25.7	24.7	19.9	12.1	3.3	–3.5	11.18
唐山市辖区	–4.8	–1.0	5.7	13.4	20.2	24.1	26.4	25.5	20.9	13.4	4.5	–2.6	12.14
曹妃甸	–4.5	–1.1	5.2	12.7	19.4	23.3	26.1	25.5	21.1	13.9	5.1	–1.9	12.07
乐亭	–4.7	–1.4	4.8	12.3	19.1	23.0	25.9	25.3	20.9	13.6	4.8	–2.1	11.79

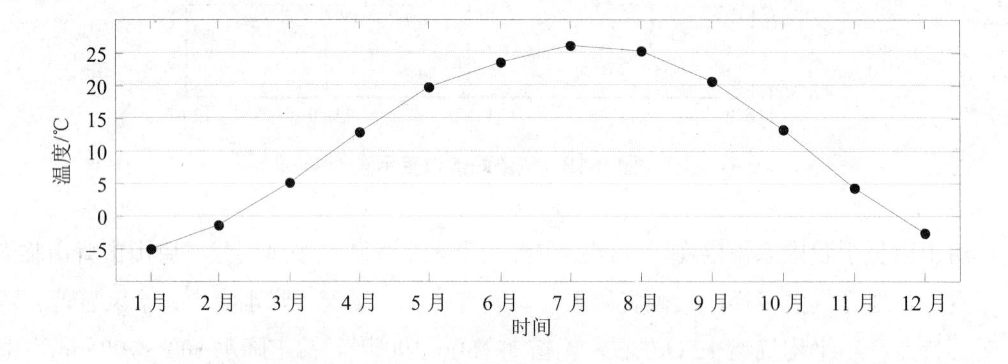

图 8-13 唐山市长期月均温度年变化（2000—2013 年）

根据统计结果，唐山市年均温度 12°C。最冷时期为 1 月，月平均温度在–5℃左右，最热时期为 7 月，月平均气温 26°C 左右，四季分明。五个站点温度变化规律一致，北部地区温度季节差异大于南部地区。以下是五个站点不同季节主导风向区间的统计结果。

表 8-7 唐山 5 个站点季节主导风向区间统计（2000—2013 年）

站点	明显主导风区间			
	春季	夏季	秋季	冬季
遵化	偏 ENE	偏 NE	偏 NE	偏 ENE
迁安	无	偏 ESE	偏 NW	偏 NW
唐山市辖区	无	偏 SE	偏 W	偏 W
曹妃甸	偏 SSW	偏 SSE	无	偏 WNW
乐亭	偏 E	偏 SW	偏 ENE	偏 ENE

受地形影响，唐山市风向多变，随季节变化规律性明显。冬季受西伯利亚强高压冷气团控制，风向偏北偏西，夏季由于海洋暖湿气流的影响，风向偏南偏东，春秋两季属于冬季风和夏季风的过渡季节，风向多变。

根据 14 年气象资料的统计，五个站点多年风向频率玫瑰图如图 8-14 所示。遵化与乐亭两个站点风向以偏东北和偏西南两个风向区间为主，迁安长期风向以偏西北和偏东南两个区间为主，而位于唐山西南部的唐山市辖区与曹妃甸两站风向多变，主导风向区间不明显，但偏北风出现频率明显最低。

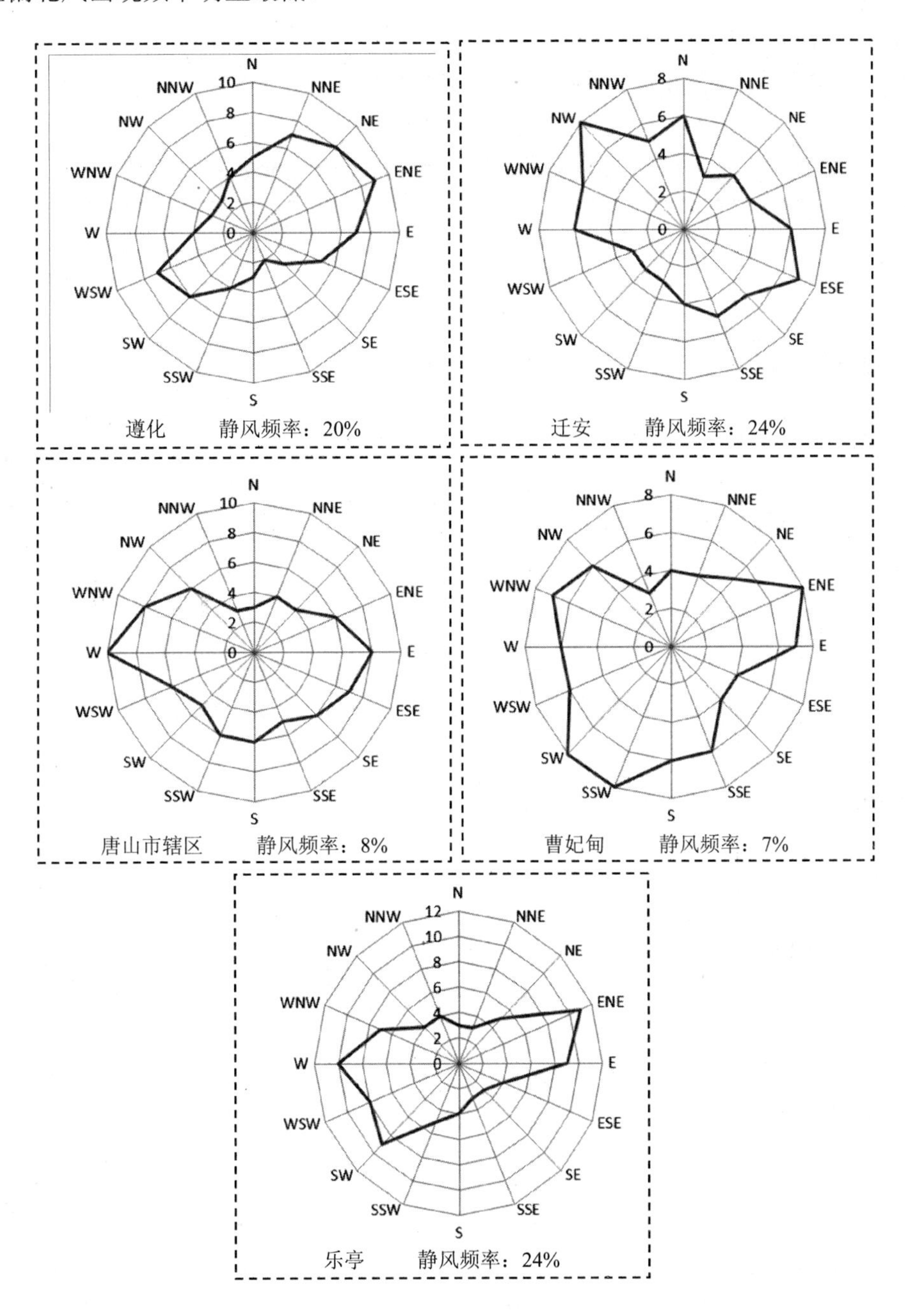

图 8-14 唐山五站点长期风向玫瑰图（2000—2013 年）

8.2.3 项目预测因子

根据唐山市空气污染物的特点，并且结合当地监测数据，选取环境空气评价因子为NO_2、SO_2、PM_{10}及$PM_{2.5}$；其中计算小时和日均浓度时，NO_2和NO_x采取 0.9 的转换率，计算年均浓度时转换率取 0.75。

唐山市的环境空气质量按照《环境空气质量标准》（GB 3095—2012）要求评价。

表 8-8 《环境空气质量》（GB 3095—2012）浓度限值 单位：μg/m^3

污染物项目	平均时间	浓度限值	
		一级	二级
二氧化硫（SO_2）	年平均	20	60
	24 h 平均	50	150
	小时平均	150	500
二氧化氮（NO_2）	年平均	40	40
	24 h 平均	80	80
	小时平均	200	200
NO_x	年平均	50	50
	日平均	100	100
	小时平均	250	250
一氧化碳（CO）	24 h 平均	4 000	4 000
臭氧（O_3）	日最大 8 h 平均	100	160
可吸入颗粒物（PM_{10}）	年平均	40	70
	24 h 平均	50	150
细颗粒物（$PM_{2.5}$）	年平均	15	35
	24 h 平均	35	75

8.2.4 预测范围和计算点

模拟均采用 UTM 投影坐标。空气质量关心点为 6 个监测点。

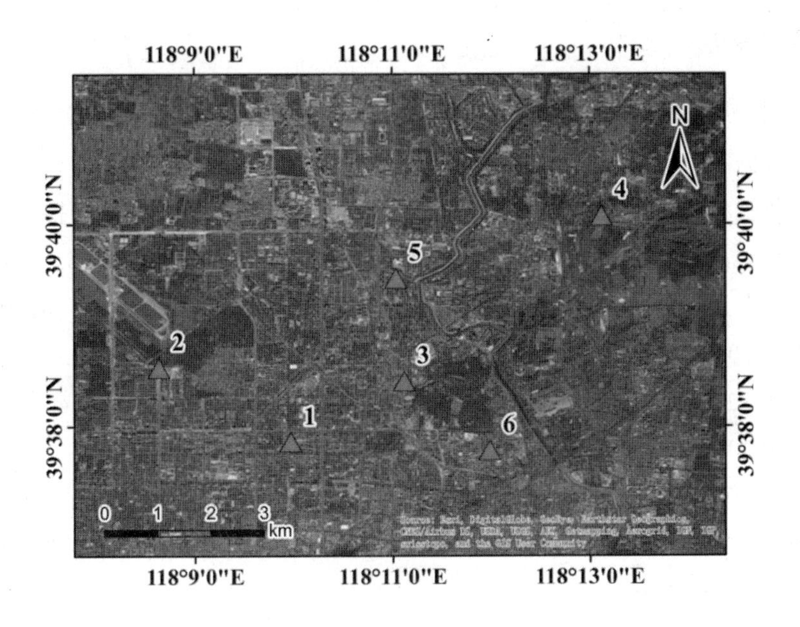

图 8-15　1#—6#监测点位置示意

8.2.5　污染源清单

基准年为 2013 年，以作者编制的“京津冀火电企业排放清单”“京津冀地区钢铁行业排放清单”为基础，结合唐山市企业调研、在线监测、环评等数据，自下而上建立了基于工艺的唐山市重点行业高分辨率大气污染源排放清单。该清单包含了污染源具体工艺设备、环保措施、产能、源强等信息。其中企业调研资料主要包括河北省钢铁产业结构调整方案、唐山市企业调研数据等，在线监测数据来源于环保部环境监察局重点污染源在线监测系统，环评数据来源于环保部历年审批的钢铁、火电等项目，污染源经纬度信息来自卫星遥感数据（1 m 分辨率），该结果经过了人工现场核实，具有较高的准确性和真实性。

清单结果表明：2013 年唐山市钢铁企业共计 44 家，火电企业 20 家，独立焦化企业 25 家，水泥企业 16 家；其中钢产能 7 188 万 t/a，火电总装机 6 245 MW，焦炭产量 2 834 万 t/a，水泥产能 2 284.7 万 t/a。全市重点行业排口共 1 414 个，共排放二氧化硫 25.67 万 t，氮氧化物 58.56 万 t，烟粉尘 15.99 万 t。

8.2.6　模型参数选取

8.2.6.1　模型版本

标准化案例选用 CALPUFF 扩散模式 6.42 版本和 WRF 气象模式（ARW3.2.1 版本）。

8.2.6.2 气象资料

预测所用的地面气象数据来自遵化、迁安、唐山市辖区和乐亭四个站点 2013 年全年的地面气象数据。

高空探测资料和降水资料来自气象模式 WRF，并通过 CALWRF 转换程序转换 WRF 模式的输出结果，本次 WRF 模式初始场采用美国环境预报中心（NCEP）的全球再分析资料，水平分辨率为 1°×1°，每天共 4 个时次（00：00，06：00，12：00，18：00）。模式的垂直方向共分 30 个层，分别是 1.000、0.99、0.98、0.97、0.96、0.95、0.94、0.92、0.90、0.88、0.85、0.82、0.79、0.76、0.73、0.69、0.65、0.60、0.55、0.50、0.45、0.40、0.35、0.30、0.25、0.20、0.15、0.10、0.05、0.00，模式顶气压为 100 hPa。

CALMET 模式中垂直方向包含 10 层，顶层高度分别为 20 m、40 m、80 m、160 m、320 m、640 m、1 200 m、2 000 m、3 000 m 和 4 000 m。水平网格分辨率为 3 km，东西向 65 个格点，南北向 65 个格点。

8.2.6.3 土地利用参数

区域内地形高度资料来自美国地质调查局（USGS），其中地形数据精度为 90 m，土地利用数据精度为 30 m。

8.2.6.4 化学机制

CALPUFF 模式中采用 MESOPUFF II 化学机制。CALPUFF 模式中需输入地理坐标、烟囱高度和烟囱内径、烟气出口速率和出口温度等信息，并考虑各污染物的干湿沉降。计算时间步长按一小时考虑，本书分别模拟唐山市重点行业污染源排放 SO_2、NO_x、PM_{10}、$PM_{2.5}$ 小时浓度、日均浓度、年均浓度。其中 NO_2/NO_x 年均浓度以 0.75 换算。

8.2.7 预测结果与评价

8.2.7.1 小时预测结果

在 100%保证率下，重点行业在各预测关心点造成的 SO_2 小时最大浓度值占标率为 58.54%～78.48%，贡献值满足二级标准；但 NO_x 小时最大浓度占标率为 194.36%～317.20%，均超出二级标准。

表 8-9 重点行业预测关心点小时最大浓度预测值统计 单位：μg/m³

预测关心点	SO_2		NO_x	
	小时最大浓度	占标率/%	小时最大浓度	占标率/%
1#	353.31	70.66	624.94	249.98
2#	333.58	66.72	485.89	194.36
3#	379.53	75.91	630.10	252.04
4#	392.39	78.48	793.01	317.20
5#	292.69	58.54	626.58	250.63
6#	320.55	64.11	597.19	238.88

8.2.7.2 日均预测结果

SO_2日均最大浓度值占标率为 40.86%～60.45%，满足二级标准相关要求；NO_x、PM_{10}、$PM_{2.5}$日均最大浓度值占标率分别为 92.96%～106.21%、91.45%～125.72%、114.77%～136.08%，均存在超标现象。

表 8-10 重点行业预测关心点日均最大浓度预测值统计 单位：μg/m³

预测关心点	SO_2		NO_x		PM_{10}		$PM_{2.5}$	
	日均最大浓度	占标率/%	日均最大浓度	占标率/%	日均最大浓度	占标率/%	日均最大浓度	占标率/%
1#	66.36	44.24	144.17	96.11	161.63	107.75	99.26	132.34
2#	80.11	53.41	152.34	101.56	148.17	98.78	90.15	120.20
3#	90.67	60.45	153.71	102.47	188.58	125.72	102.45	136.60
4#	84.92	56.61	155.34	103.56	137.17	91.45	86.08	114.77
5#	82.59	55.06	159.32	106.21	167.45	111.63	92.62	123.49
6#	61.29	40.86	139.44	92.96	167.61	111.74	102.06	136.08

8.2.7.3 年均预测结果

在 100%保证率下，SO_2、NO_x、PM_{10}、$PM_{2.5}$年均浓度值占标准比例分别为 25.42%～31.82%、59.76%～72.48%、44.48%～54.30%、47.62%～57.15%，各关心点污染物均满足《环境空气质量标准》中二级标准限值。

研究区域内 SO_2、NO_x、PM_{10}、$PM_{2.5}$年均质量浓度分布见图 8-16 至图 8-19。数据统计结果见表 8-11。从预测结果可以看出各污染物均存在明显的超标现象。

表 8-11 重点行业预测关心点年均浓度预测值统计 单位：μg/m³

预测关心点	SO_2		NO_x		PM_{10}		$PM_{2.5}$	
	年均浓度	占标率/%	年均浓度	占标率/%	年均浓度	占标率/%	年均浓度	占标率/%
1#	16.08	26.79	32.45	64.90	33.21	47.44	17.60	50.28
2#	15.25	25.42	29.88	59.76	31.29	44.70	16.67	47.64
3#	18.00	29.99	34.37	68.75	37.26	53.23	19.56	55.89
4#	19.09	31.82	36.24	72.48	38.01	54.30	20.00	57.15
5#	17.17	28.62	32.81	65.63	34.44	49.21	18.23	52.08
6#	15.33	25.55	32.98	65.95	31.14	44.48	16.67	47.62

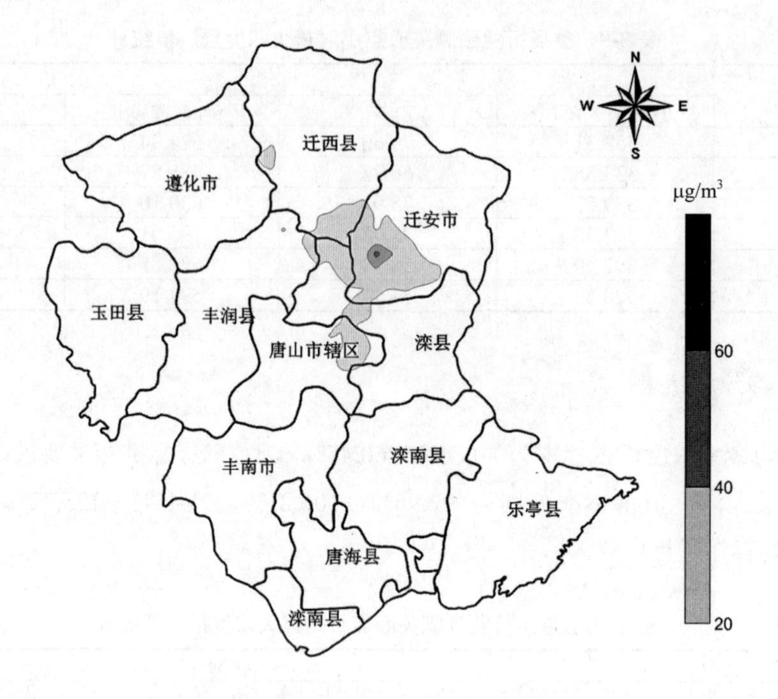

图 8-16　SO_2 年均浓度分布

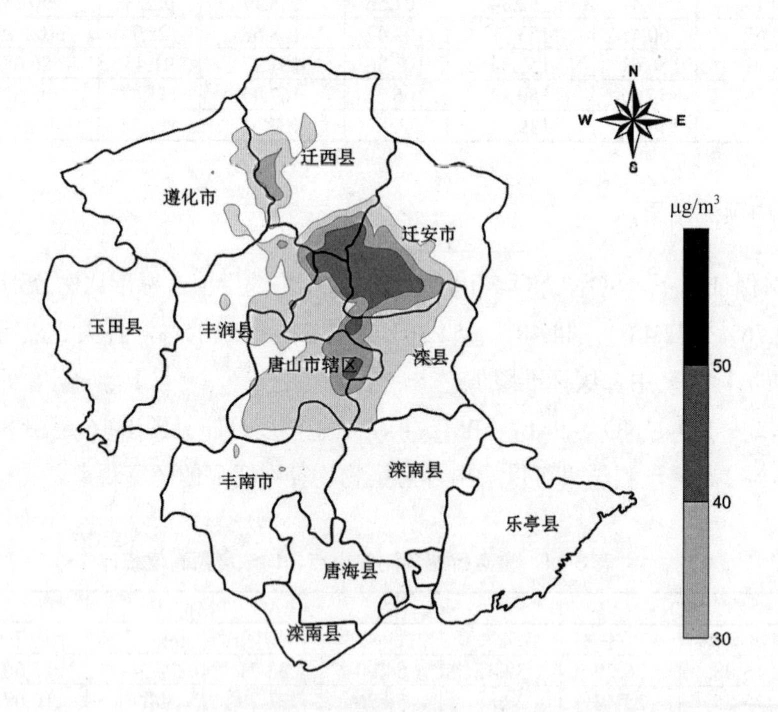

图 8-17　NO_x 年均浓度分布

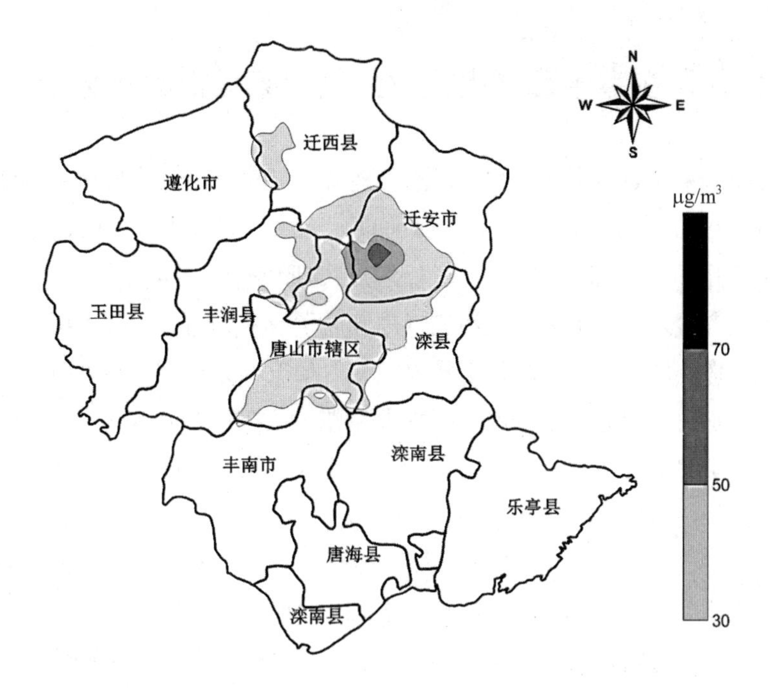

图 8-18 PM_{10} 年均浓度分布

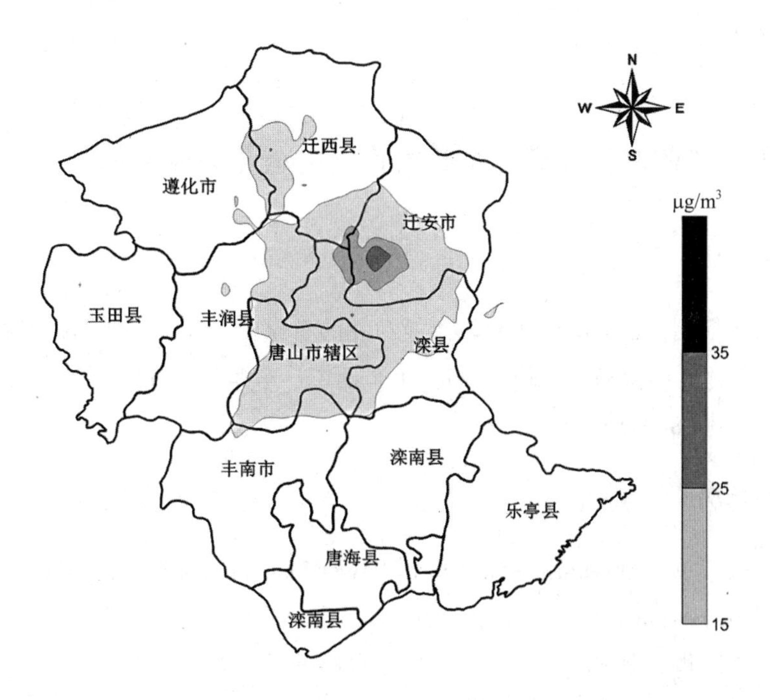

图 8-19 $PM_{2.5}$ 年均浓度分布

8.3 CALPUFF 在京津冀火电行业大气污染模拟案例分析

近年来，随着京津冀地区经济快速发展，能源消耗量、污染物排放量持续增长，给区域环境带来巨大压力。2013 年京津冀地区北京、天津、石家庄、唐山、邯郸等主要城市 $PM_{2.5}$ 监测数据均出现“爆表”现象，大气污染问题形势十分严峻。

目前，研究者对京津冀地区大气污染成因开展了一系列研究。基于历史排放数据、统计年鉴或卫星影像资料等方法估算污染源排放量。研究结果表明，1999 年、2000 年北京电厂 SO_2 排放量均占当年总量的 49%，而对北京浓度贡献率分别为 8%、5.3%。2001 年北京工业点源对北京 SO_2 浓度贡献率为 3%，北京地区工业点源排放量虽然占总量较大，但对当地的大气污染物浓度贡献较小。

2011 年京津冀地区火电行业装机容量总计为 5 407 万 kW，SO_2、NO_x、PM_{10} 排放量分别占京津冀污染物总量的 25.02%、39.55%、5.73%，而目前尚无研究对京津冀地区火电企业大气污染影响加以分析。为了定量弄清京津冀地区火电企业大气污染情况，作者以在线监测（CEMS）、环评、验收等火电排放数据为基础，自下而上编制京津冀火电企业排放清单，利用气象模式 WRF 生成中尺度气象数据，采用 CALPUFF 空气质量模式模拟了不同情境下京津冀地区火电企业排放 SO_2、NO_x、一次 PM_{10} 以及二次生成 SO_4^{2-}、NO_3^-等污染情况。

8.3.1 基于在线监测、环评、验收数据火电企业排放清单

8.3.1.1 研究区域

研究范围包括北京、天津 2 个直辖市及河北的石家庄、唐山、邯郸、邢台、衡水、沧州、张家口、承德、秦皇岛、廊坊、保定 11 个地市。东西长 600 km，南北宽 800 km，总面积 48 万 km^2（图 8-20）。

8.3.1.2 清单情况

本案例排放清单（Emissions Inventory of Power Plants in the Beijing-Tianjin-Hebei Area，BTH-Power Plant version 1.0）基准年为 2011 年，数据来源主要为在线监测、环评、验收等数据，其中在线监测数据来源于环保部环境监察局重点污染源在线监测系统，环评、验收数据来源于环保部历年审批的火电项目。

与已有的排放清单相比，本案例的火电污染源清单以下几处有较大改进：

（1）建立利用在线监测火电企业污染源清单，在国内尚属首次，突破了传统排放因子

法的瓶颈，提高了污染源排放清单的时间分辨率；

（2）整个排放数据是建立在环境保护部权威部门的统计资料基础上，数据审核和处理过程中环评数据、验收数据和在线监测数据可相互补充，相互对比，有利于确保数据的可靠性；

（3）验收数据、在线监测数据均为现状存在的排放数据，可有效解决传统清单中淘汰火电机组列入统计的问题。

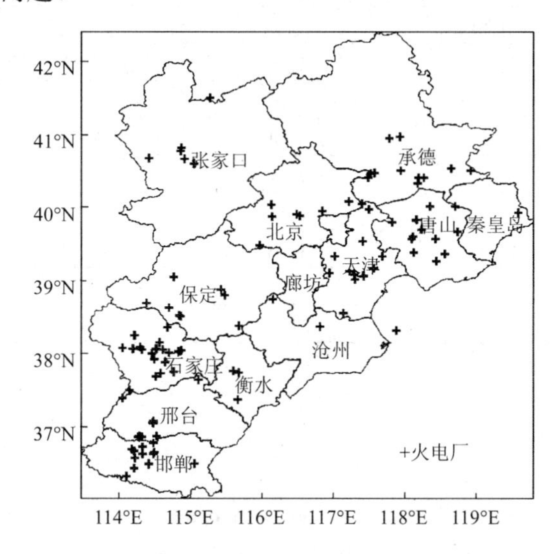

图 8-20 2011 年京津冀火电厂分布

研究结果表明，2011 年京津冀地区火电企业 123 家（图 8-20），装机容量为 5 230 万 kW，中国电力行业年度发展报告显示 2011 年京津冀火电装机容量为 5 407 万 kW。本案例清单各污染物年排放量与 INTEX-B、中国环境统计年报的比较结果见表 8-12，本清单各城市火电企业排口以及污染物排放情况见表 8-13。本案例统计结果与其他研究的结果存在部分差异，主要是因为本案例的清单（BTH-Power Plant v1.0）是自下而上编制的，大气排放数据主要来自企业在线监测系统，而其他研究的清单主要为自上而下编制，大气排放数据主要考虑燃料消耗、排放因子等因素，另外基准年不同也是其中一个原因（INTEX-B 基准年为 2006 年）。

表 8-12 京津冀火电清单比较情况　　单位：万 t/a

名称	SO_2 排放量	NO_x 排放量	烟粉尘排放量
INTEX-B（2006 年）	177.11	83.96	20.17
环境统计年报（2011 年）	43.56	92.87	8.39
本清单（2011 年）	39.51	74.83	15.71

表 8-13 京津冀各城市火电厂排放情况 单位：万 t/a

名称	SO_2	NO_x	烟粉尘	排口数量/个
北京市	0.79	1.61	0.09	10
天津市	2.30	8.46	0.64	42
石家庄市	6.37	14.88	6.00	56
唐山市	5.07	10.73	1.12	33
秦皇岛市	1.26	2.72	0.26	9
邯郸市	10.20	10.34	3.57	38
邢台市	2.65	5.38	0.77	22
保定市	4.42	5.46	1.59	14
张家口市	2.22	5.04	0.74	15
承德市	0.81	1.91	0.35	9
沧州市	1.33	4.41	0.07	7
廊坊市	0.93	1.66	0.14	4
衡水市	1.15	2.23	0.37	6
合计	39.51	74.83	15.71	265

8.3.2 模型参数

本案例选用 CALPUFF 扩散模式 6.42 版本和 WRF 气象模式（ARW3.2.1 版本）。模式均采用兰勃特投影，中央经纬度为 35.73°N、112.914 1°E，第一标准纬线为 25°N，第二标准纬线为 47°N，北偏 3 955.691 km，东偏 673.113 km。区域内地形高度和土地利用类型等资料来自美国地质调查局（USGS），其中地形数据精度为 90 m，土地利用类型数据精度为 1 km。地面气象数据、高空探测资料和降水资料都来自气象模式 WRF，并通过 CALWRF 转换程序转换 WRF 模式的输出结果，用于运行 CALMET 模式生成三维逐时气象场。CALMET 模式中垂直方向包含 10 层，顶层高度分别为 20 m、40 m、80 m、160 m、320 m、640 m、1 200 m、2 000 m、3 000 m、4 000 m，水平网格分辨率为 10 km，东西向 60 个格点，南北向 80 个格点。CALPUFF 模式中采用 MESOPUFF Ⅱ化学机制，模拟污染物为 SO_2、NO_x、SO_4^{2-}、NO_3^-和 HNO_3。

CALPUFF 模式中各火电厂作为点源处理，需输入地理坐标、烟囱高度和烟囱内径，烟气出口速率和出口温度等信息，并结合在线监测数据，确定污染源排放速率的月变化系数，考虑各污染物的干湿沉降。计算时间步长按一小时考虑，本案例分别模拟火电厂 SO_2、NO_x、一次 PM_{10} 以及二次生成 SO_4^{2-}、NO_3^-的小时浓度、日均浓度、年均浓度。

8.3.3　结果与讨论

8.3.3.1　现状情况火电排放贡献影响

以 2011 年京津冀地区现有火电企业污染物排放为污染源，采用 CALPUFF 模式对研究区域内的各污染物浓度时空分布进行模拟，得出研究区域内 SO_2、NO_x、一次 PM_{10}、SO_4^{2-}、NO_3^-年均质量浓度分布，见图 8-21。研究区域内 SO_2、NO_x 小时最大浓度见图 8-22，对各城市污染物年均质量浓度贡献见表 8-14。从图表可以看出，SO_2、NO_x、一次 PM_{10}、SO_4^{2-}、NO_3^-年均最大浓度均出现在石家庄市，这与石家庄市各污染物排放量较大有较高的相关性，即本地污染源对年均浓度有较高的贡献；SO_2 小时高浓度区域出现在保定市、邯郸市、北京市、张家口市，NO_x 小时高浓度除了廊坊市、沧州市之外，其他城市均出现大面积小时高浓度区域，另外，也说明了周边污染源对短期高浓度比对长期高浓度影响有更大的贡献，这与孟伟等（2006）研究得出的“无特殊天气时，本地源贡献大于周边源，有特殊天气时，周边源贡献可能大于本地源”的结论相互印证。表 8-15 统计了由火电企业排放颗粒物前体物（SO_2、NO_x）生成的二次颗粒物（SO_4^{2-}、NO_3^-）浓度贡献占火电企业排放总 PM_{10} 浓度贡献比例，从模拟结果可以看出，京津冀火电企业排入各城市环境中总 PM_{10} 浓度中二次颗粒贡献比例为 50%以上，说明火电行业颗粒物对京津冀大部分地区主要以二次污染为主，二次颗粒物中又以硝酸盐比例较大。这与火电行业 NO_x 排放量较大有关外，还与 NO_x 较 SO_2 更容易被氧化有关。

表 8-14　京津冀火电厂对各城市污染物年均浓度的贡献　　单位：μg/m³

	SO_2	NO_x	一次 PM_{10}	SO_4^{2-}	NO_3^-
北京市	1.73	1.10	1.20	0.45	1.33
天津市	1.86	1.71	1.07	0.44	1.54
石家庄市	3.07	2.09	2.50	0.56	2.00
唐山市	1.75	1.68	0.88	0.38	1.48
秦皇岛市	1.34	1.17	0.66	0.31	1.16
邯郸市	2.99	1.66	1.67	0.43	1.46
邢台市	2.94	1.58	2.01	0.51	1.72
保定市	2.39	1.21	2.01	0.54	1.65
张家口市	0.61	0.75	0.40	0.11	0.36
承德市	0.86	0.84	0.54	0.22	0.66
沧州市	1.39	0.72	0.94	0.35	1.18
廊坊市	2.05	1.10	1.36	0.51	1.57
衡水市	2.01	0.90	1.46	0.44	1.39

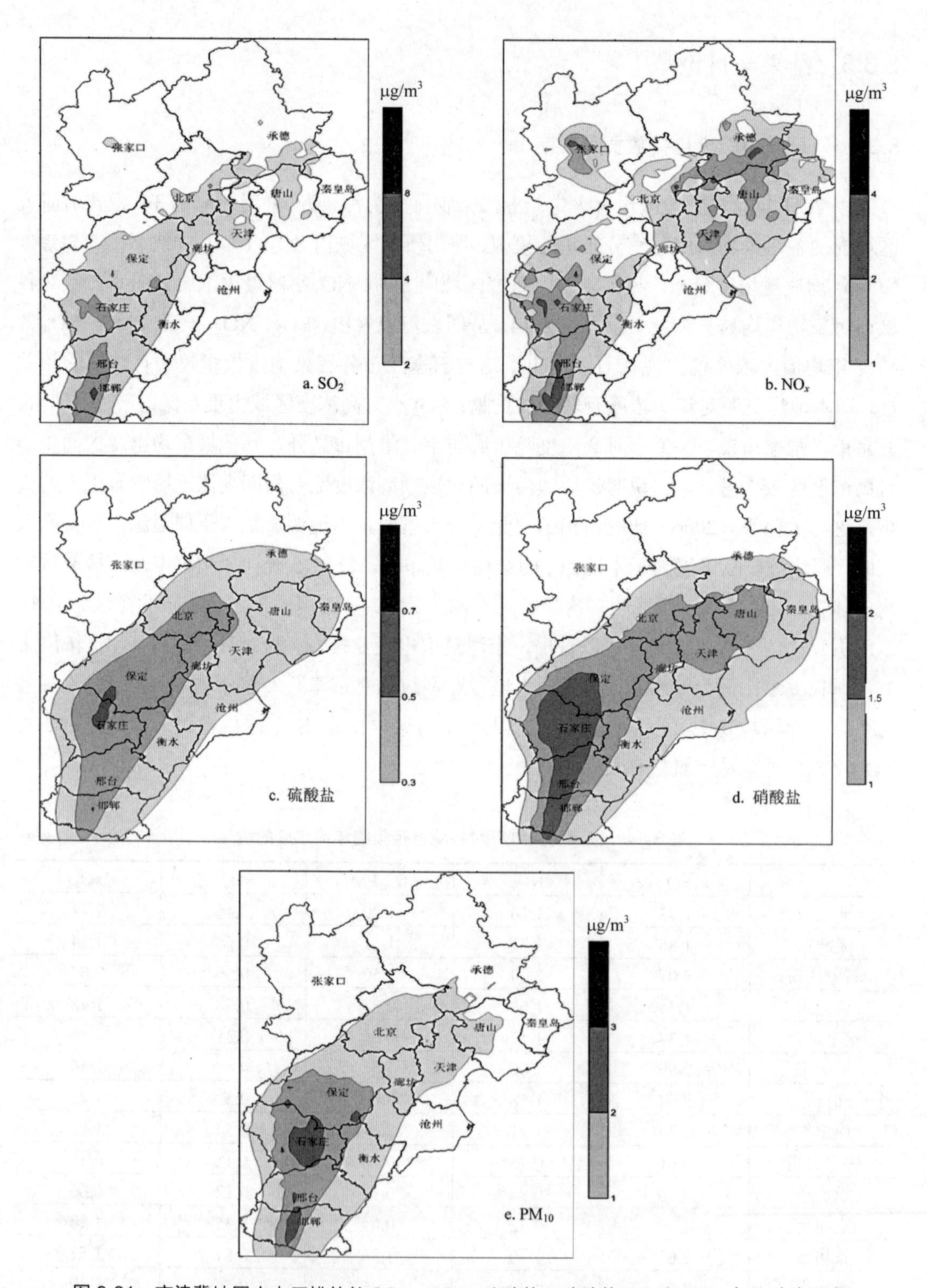

图 8-21　京津冀地区火电厂排放的 SO_2、NO_x、硫酸盐、硝酸盐及一次 PM_{10} 年均浓度分布

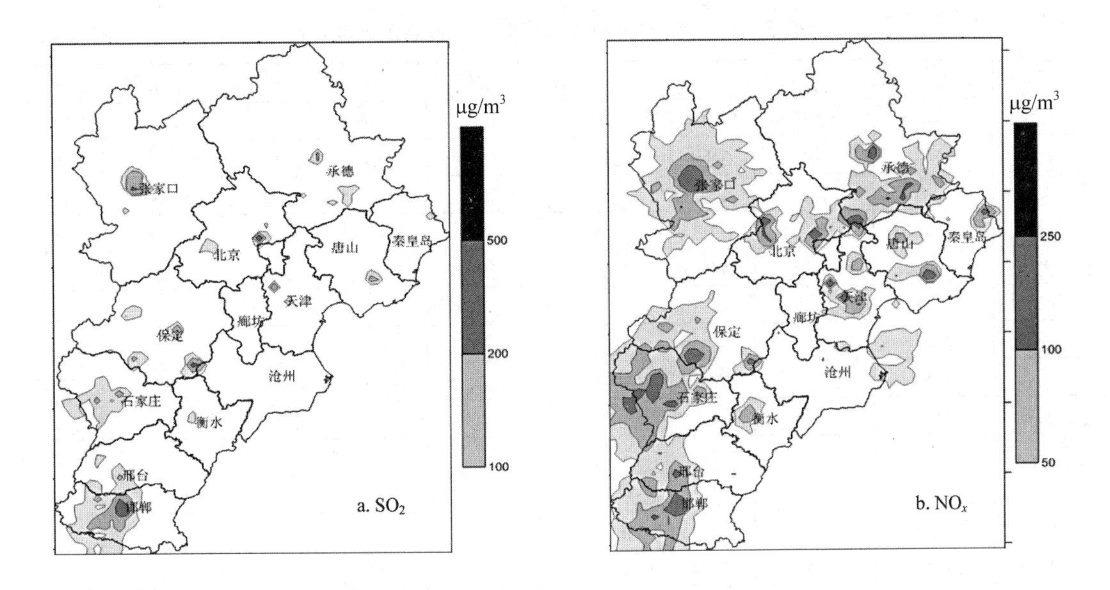

图 8-22 京津冀地区火电厂 SO_2、NO_x 小时最大浓度分布

表 8-15 火电企业排入各城市环境中总 PM_{10} 浓度中二次颗粒的组分比例 单位：%

城市	硫酸盐	硝酸盐	硫酸盐+硝酸盐
北京市	15.14	44.58	59.71
天津市	14.27	50.59	64.86
石家庄市	11.13	39.45	50.59
唐山市	13.95	53.83	67.78
秦皇岛市	14.42	54.56	68.98
邯郸市	12.04	41.03	53.08
邢台市	12.10	40.44	52.54
保定市	12.77	39.38	52.15
张家口市	12.95	41.47	54.42
承德市	15.57	46.49	62.06
沧州市	14.31	47.74	62.06
廊坊市	14.84	45.62	60.46
衡水市	13.26	42.32	55.58

8.3.3.2 现状监测值贡献对比

2011 年选取城市所在地网格的污染物年均浓度贡献值与该城市的监测值进行对比（表 8-16），可以看到火电企业对城市污染物年均贡献值远小于监测值。

表 8-16　京津冀火电污染预测浓度与监测浓度对比　　单位：μg/m³

城市	SO_2 年均浓度			NO_x 年均浓度			PM_{10} 年均浓度		
	预测	监测	比例/%	预测	监测	比例/%	预测	监测	比例/%
北京	1.73	28	6.18	1.10	55	2.00	2.97	114	2.61
天津	1.86	42	4.42	1.71	38	4.49	3.05	93	3.28
石家庄	3.07	51	6.02	2.09	41	5.11	5.06	99	5.11
唐山	1.75	55	3.18	1.68	29	5.79	2.75	81	3.39
秦皇岛	1.34	—	—	1.17	—	—	2.13	—	—
邯郸	2.99	—	—	1.66	—	—	3.56	—	—
邢台	2.94	43	6.85	1.58	24	6.60	4.24	81	5.24
保定	2.39	—	—	1.21	—	—	4.20	—	—
张家口	0.61	—	—	0.75	—	—	0.87	—	—
承德	0.86	45	1.92	0.84	35	2.40	1.42	55	2.58
沧州	1.39	—	—	0.72	—	—	2.48	—	—
廊坊	2.05	38	5.39	1.10	26	4.22	3.43	76	4.52
衡水	2.01	39	5.16	0.90	23	3.93	3.28	81	4.06

火电企业对各城市 SO_2、NO_x、PM_{10} 年均最大贡献浓度占背景浓度比例分别为 1.92%～6.85%、2.00%～6.60%、2.58%～5.24%。京津冀地区火电行业 SO_2、NO_x、PM_{10} 排放量分别占京津冀污染物总量的 25.02%、39.55%、5.73%，SO_2、NO_x、PM_{10} 年均浓度占背景监测值浓度较小，比例范围仅为 1.92%～6.85%，这与其他研究成果类似。

8.3.3.3　采取减排措施后火电排放贡献影响

根据环境保护部发布的《京津冀及周边地区落实大气污染防治行动计划实施细则》等文件，采取减排措施后火电排放贡献影响按以下情况考虑：京津冀地区淘汰 20 万 kW 以下的非热电联产燃煤机组，未达到火电行业新标准排放限值的火电企业排口均按达标浓度考虑（SO_2 200 mg/m³，NO_x 100 mg/m³，烟粉尘 30 mg/m³）。采取措施后火电排放量 SO_2、NO_x、烟粉尘分别为 27.36 万 t/a、21.67 万 t/a、4.92 万 t/a，与 2011 年排放现状相比，分别下降了 31.65%、70.59%、68.17%。

采取减排措施后，京津冀地区现有火电企业污染物排放对研究区域的 SO_2、NO_x、PM_{10}、SO_4^{2-}、NO_3^- 年均质量浓度的影响分布见图 8-23，对研究区域的 SO_2、NO_x 小时最大浓度的影响分布见图 8-24，对各城市污染物年均质量浓度贡献见表 8-17。从图表中可以看出，火电企业对各城市 SO_2、NO_x、一次 PM_{10}、SO_4^{2-}、NO_3^- 年均最大贡献浓度均大幅度减少，年均贡献最大值分别降低为 46.34%、78.43%、76.34%、39.49%、73.87%。小时最大浓度分布（图 8-22、图 8-24）为各受体点不利气象条件下的最大浓度组合，通过对比图 8-22、图 8-24，研究发现不利气象条件下 SO_2 和 NO_x 小时高浓度面积均大幅度减少。

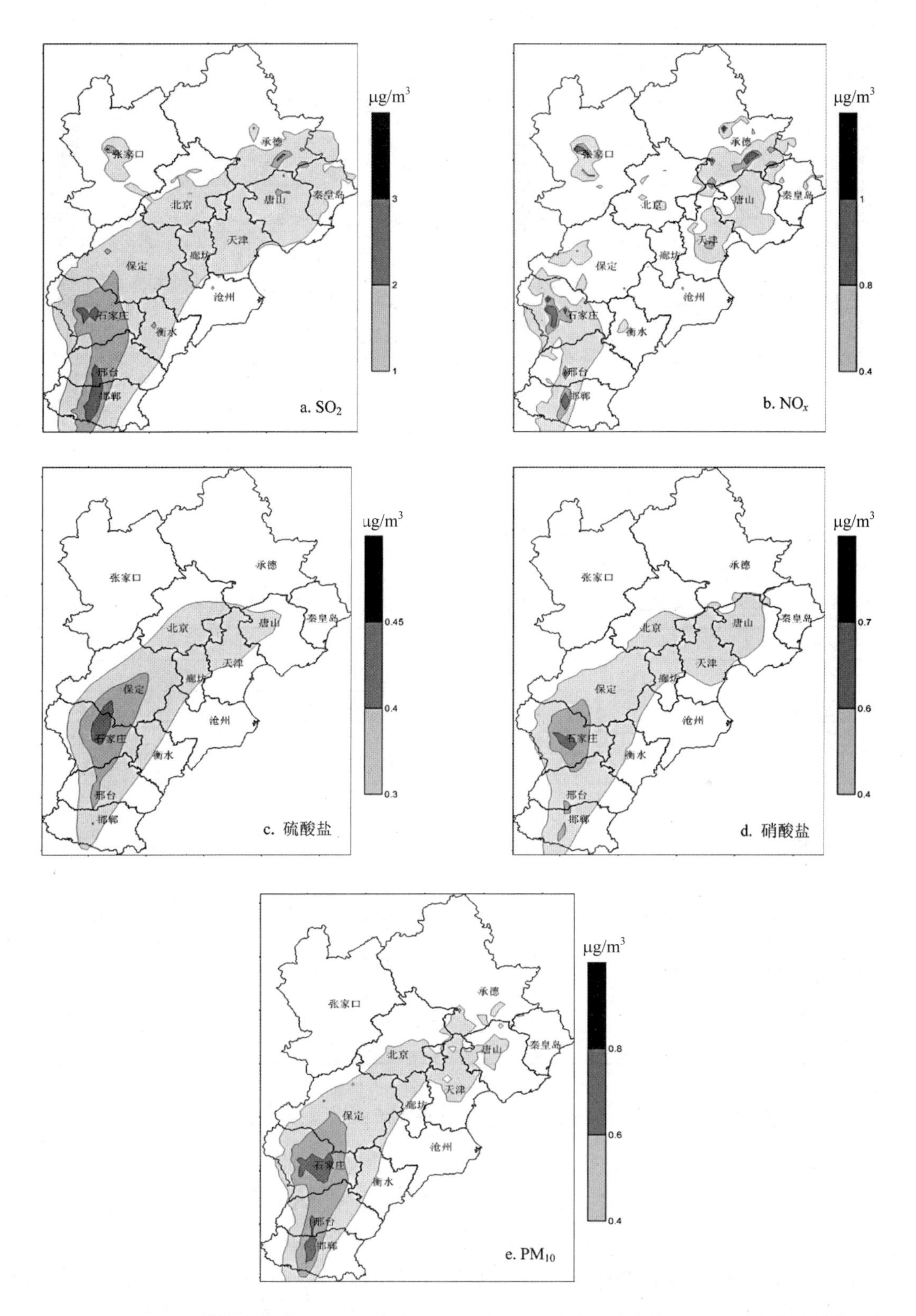

图 8-23 采取减排措施后京津冀地区火电企业 SO_2、NO_x、硫酸盐、硝酸盐及一次 PM_{10} 年均浓度分布

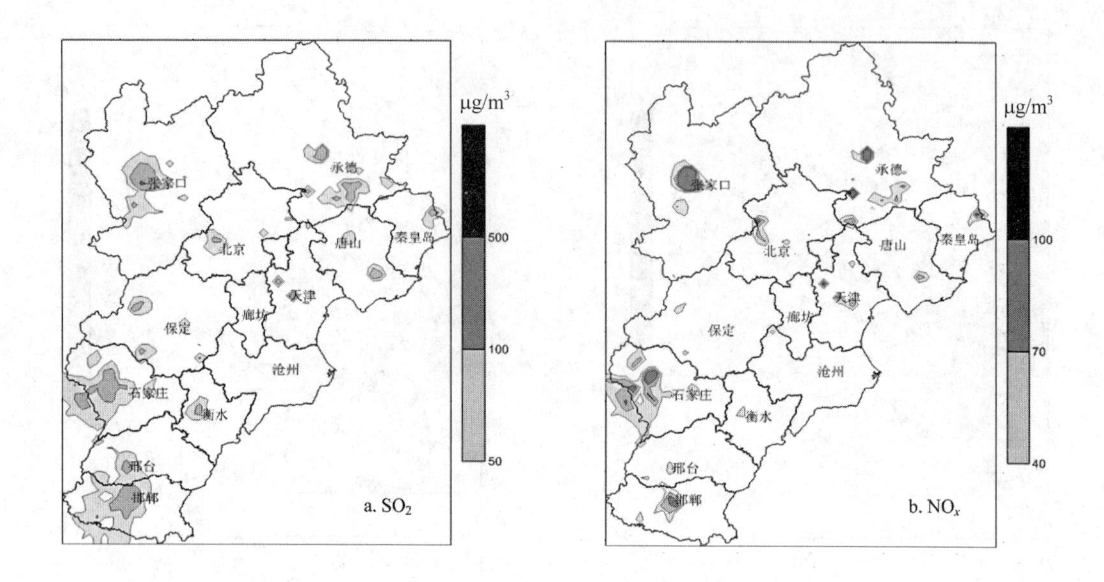

图 8-24 采取减排措施后京津冀地区火电企业 SO_2、NO_x 小时最大浓度分布

表 8-17 采取减排措施后京津冀火电企业对各城市污染物年均浓度贡献 单位：μg/m³

城市	SO_2	NO_x	PM_{10}	SO_4^{2-}	NO_3^-
北京市	1.06	0.26	0.36	0.29	0.35
天津市	1.28	0.43	0.38	0.29	0.41
石家庄市	2.01	0.54	0.63	0.37	0.55
唐山市	1.35	0.41	0.34	0.27	0.40
秦皇岛市	1.07	0.30	0.26	0.22	0.31
邯郸市	1.60	0.36	0.44	0.26	0.38
邢台市	1.78	0.39	0.52	0.32	0.46
保定市	1.44	0.30	0.48	0.34	0.43
张家口市	0.53	0.20	0.13	0.08	0.10
承德市	0.66	0.23	0.19	0.15	0.18
沧州市	0.90	0.19	0.27	0.23	0.32
廊坊市	1.25	0.27	0.39	0.33	0.42
衡水市	1.23	0.23	0.36	0.28	0.37

在基于在线监测、环评、验收数据火电企业排放清单基础上，应纳入环境统计、污染源普查等火电企业排放数据，建立京津冀地区统一的火电行业污染源排放清单，制定排放清单长期的发展和更新制度，以支持京津冀地区大气环境规划、大气环境影响评价以及大气污染扩散模拟等方面的研究要求，从而满足污染源控制策略的需求。

此外，为了解决京津冀地区大气污染防治底数不清、机理不明等问题，还需要自下而上编制该地区详细、准确的高时空分辨率工业源排放清单（钢铁、水泥、石化等），并对大气环境影响进行系统和客观的评估研究，分析淘汰落后产能、关停违法企业、开展污染治理等不同控制情境下大气环境的改善程度，以免制定出冒进或保守的环境决策，这是京津冀地区大气环境影响研究中面临的重要科学问题之一。

8.3.4 结论

（1）受地理位置、气象条件、火电企业布局等因素影响，2011年京津冀地区火电行业排放的 SO_2、NO_x、一次 PM_{10}、SO_4^{2-}、NO_3^-对京津冀西南部地区影响较大，各污染物年均最大浓度均出现在石家庄市，火电行业颗粒物对京津冀大部分地区主要以二次污染为主，二次颗粒物中又以硝酸盐比例较大。这说明京津冀地区仍需加强火电行业的颗粒物前体物控制，做好区域污染联防联控。

（2）2011 年选取城市所在地网格的污染物年均浓度贡献值与该城市的监测值进行对比，可以看出火电企业对城市污染物年均贡献值远小于监测值。火电企业对各城市 SO_2、NO_x、PM_{10} 年均最大贡献浓度占背景浓度比例分别为 1.92%～6.85%、2.00%～6.60%、2.58%～5.24%。但是，由于地形和特殊气象条件的影响，不排除个别情况烟流造成地面浓度较高的情况。

（3）采取减排措施后，京津冀地区火电排放量 SO_2、NO_x、烟粉尘与2011年火电排放现状相比，分别下降了31.65%、70.59%、68.17%；减排后火电行业对各城市的 SO_2、NO_x、一次 PM_{10}、SO_4^{2-}、NO_3^-年均贡献浓度均大幅度减少，年均贡献最大值分别降低46.34%、78.43%、76.34%、39.49%、73.87%。说明京津冀地区火电行业污染物尤其是氮氧化物，尚有一定的减排空间，采取《京津冀及周边地区落实大气污染防治行动计划实施细则》等减排措施后，会对京津冀地区空气质量改善产生一定的效果，并减少不利气象条件下局地高浓度的面积。

8.4 CALPUFF 应用问答

8.4.1 什么情况采用 CALPUFF 烟团模型代替 AERMOD 烟羽模型？

美国环保局建议 CALPUFF 应用于烟气扩散距离超过 50 km 范围以外的项目，若CALPUFF 应用于模拟烟气扩散距离 50 km 范围内的特殊项目（复杂流场），需要相关管理部门批准。

我国《环境影响评价技术导则—大气环境》（HJ 2.2—2008）规定：“CALPUFF 适用于从 50 km 到几百千米的模拟范围，包括次层网格尺度的地形处理，如复杂地形的影响；还包括长距离模拟的计算功能，如污染物的干、湿沉降、化学转化，以及颗粒物浓度对能见度的影响。CALPUFF 适用于评价范围大于 50 km 的区域和规划环境影响评价等项目。”

8.4.2 CALPUFF 旧版本控制文件如何用于 CALPUFF 新版本

与旧版本 CALPUFF 模型相比，新版本 CALPUFF 以及前处理工具、后处理工具，更新、增加、删除了一些算法、变量等。因此，旧版本 CALPUFF 的控制文件与最新的模型可能不兼容，需要更新。

建议用户采用新版本的 CALPUFF 可视化界面（GUI）来读取旧版本的 CALMET.inp、CALPUFF.inp、CALPOST.inp 等控制文件，新版本 GUI 会自动更新旧版本的控制文件，剔除掉废弃的旧变量，新增加的变量会自动设置好默认值。由于不同版本的控制文件差异较大，建议用户采用 GUI 里的“Sequential（连续模式）”选项，确保输入控制文件的每个输入组都做了必要的检查。

8.4.3 CALPUFF、CALMET 输出文件不能超过多大？是否与编译器有关

CALMET.DAT/CALPUFF 输出文件在 Windows 系统（Windows 95/98/NT）下最大为 2.1G，这主要与操作系统和编译器有关。Unix 系统下则对文件大小无要求。使用 64 位操作系统的工作站运行 CALMET/CALPUFF，可以输出更大的文件（大小主要与编译器有关系）。

用户应注意：CALMET 可以输出一个超过限制 2.1G 的 CALMET.DAT，由于 DAT 文件表面上看起来不报错，而实际里面包含了“文字流”（EOF），导致 CALPUFF、PRTMET 均无法读取这个文件。

CALPUFF 可以读取多个时间段的 CALMET.DAT，因此用户可采用输出多个时间段的 CALMET.DAT 来解决这个问题，如输出 12 个月的 CALMET.DAT 来代表一年的 CALMET.DAT。

8.4.4 CALMET 如何模拟海陆风

如果存在明显的中尺度环流（如海陆风），采用 MM5 等中尺度气象数据来作为 CALMET 初始化风场，那么 CALMET 新版本是可以模拟出海陆风。由于高空实测站点位较少，因此不可能仅依靠观测数据来模拟环流情景。此外，用户应注意使用高分辨率中尺度气象数据来模拟海陆风（如 80 km 分辨率中尺度气象数据分辨率过低，可能无法模拟出海陆风环流）。

8.4.5 CALPUFF 建模是否选择 “美国环保局法规导则要求检查设置（Do not check selections against regulatory guidance）”

美国环保局规定，“美国环保局法规导则要求检查设置（Do not check selections against

regulatory guidance)”选项与美国长距离输送导则（LRT）要求有关。选择该选项，模型会自动检查 CALUFF 参数是否满足 LRT 导则要求，这些参数通常与一级区污染模拟有关，涉及气象数据类型、化学转化、扩散速率、地形调整、建筑物下洗等。

若项目内容与美国长距离输送导则（LRT）要求无关，则可不选该选项。

8.4.6　CALPUFF 如何处理按月或季变化的源强？

CALPUFF 允许输入变化的源强，与 ISCST3 模型相似，变化源强类型如下：

（1）昼夜循环（24 个值）；

（2）按月循环（12 个值）；

（3）按小时和季度（96 个值）；

（4）按风速和稳定度（36 个值）；

（5）按温度（12 个值。温度分成 12 段，每一段设定一个相应的排放系数）；

（6）任意值（逐小时排放的外部输入文件）。

上述选项适用于所有源类型（点源、面源、体源和线源），但浮力面源只能采用选项 6（外部 BAEMARB.DAT 文件）。用户可以输入实际的排放速率，也可以输入排放系数。换句话说，用户可以输入恒定排放的污染源数据（控制文件的 13 b、14 b 等部分），也可输入变化排放的污染源数据（控制文件的 13 d、14 d 等部分），或者可以同时输入恒定排放的源数据以及变化的排放系数。

第 9 章　研究进展

9.1　研究进展

9.1.1　CALPUFF 高性能计算服务（并行算法）

作者负责建立了适用于基于天河一号的 CALPUFF 并行计算模型，突破了 CALPUFF 计算量瓶颈（原始的 CALPUFF 大气污染模型最多可模拟 200 个污染源，而并行系统对污染源数量无上限），采用天河一号超级计算机开展大气预测，有力地提高了 CALPUFF 模型计算速度（与普通电脑相比，速度提高 1 000 倍以上）。

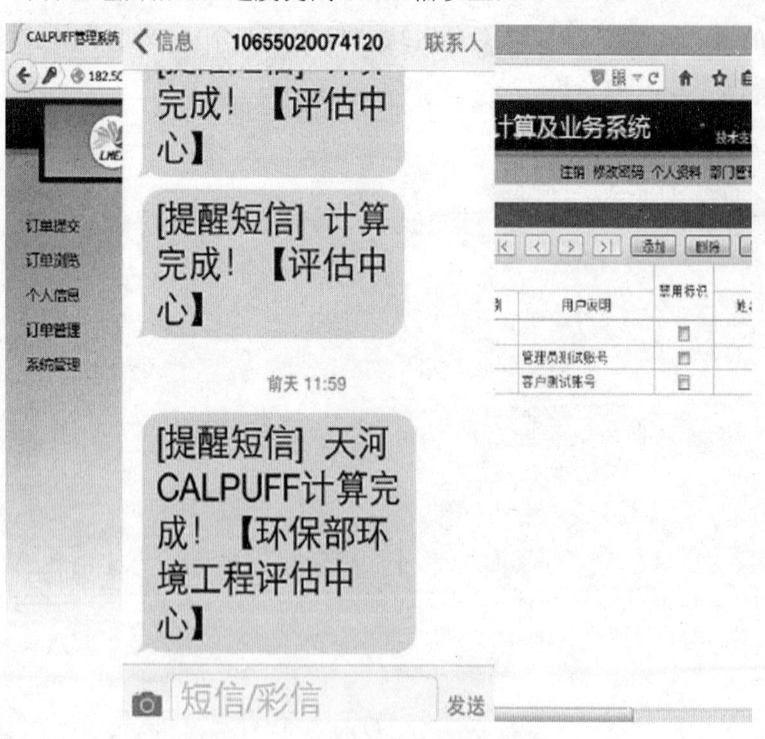

图 9-1　CALPUFF 高性能计算服务

9.1.2 AERSURFACE 集成系统

目前国内大部分项目在地表参数选取时以人工判断为主，不同的人判断出来的地表参数都会有一定的差别，最终会反映在预测结果的偏差上，不利于模型的标准化应用。为解决 AERMOD 大气预测模式在我国环评应用中缺少粗糙度、反照率、波文比等数据问题，根据“环境质量模型法规化与标准化应用研究”（201309062）公益课题任务要求，以高分辨率（30 m）土地利用数据为基础，通过 ARCGIS、ARESURFACE 参数计算模型，作者开发完成了“基于高分辨率土地利用数据的 AERSURFACE 集成系统”。

读者可在线申请并免费使用该系统。

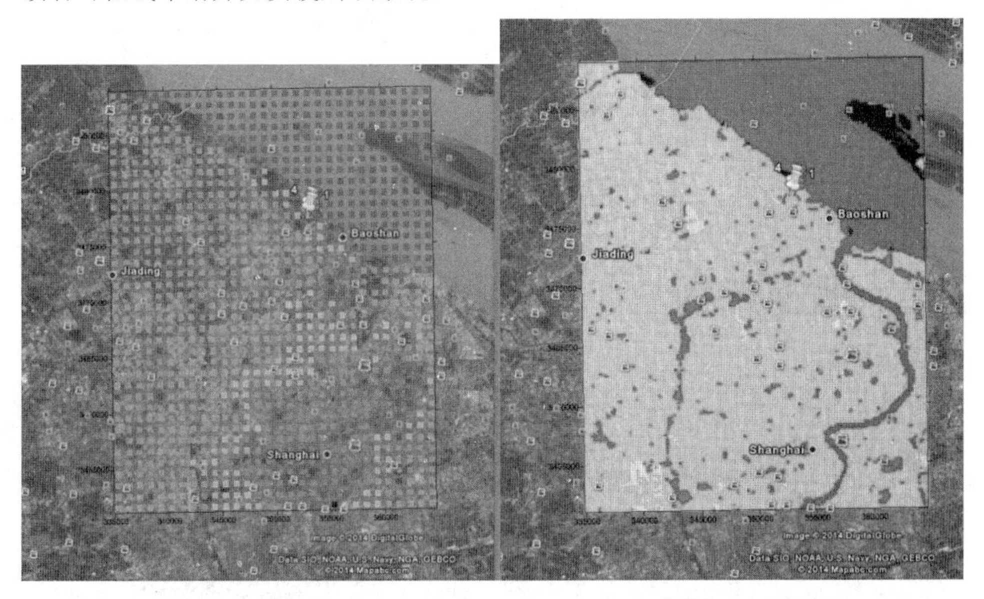

1 km 分辨率土地利用数据　　30 m 分辨率土地利用数据

图 9-2　1 km 土地利用数据与 30 m 土地利用数据效果对比

9.1.3 CALMET 地面气象数据转换在线服务系统

作者负责建立了 CALMET 地面气象数据转换在线服务系统，用户可使用该系统在线生成 surf.dat 数据。

读者可在线申请并免费使用该系统。

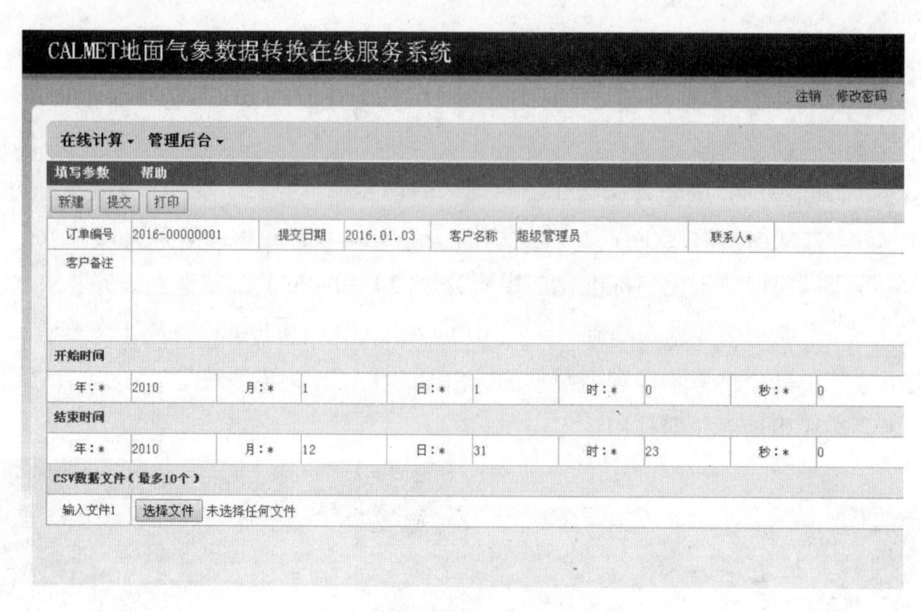

图 9-3 CALMET 地面气象数据转换在线服务系统

9.1.4 3D.DAT 服务系统

作者负责开发的 3D.DAT 高空气象数据业务系统，对外提供全国范围中尺度高空气象模拟数据（3D.DAT），可直接用于大气污染模型 CALPUFF。

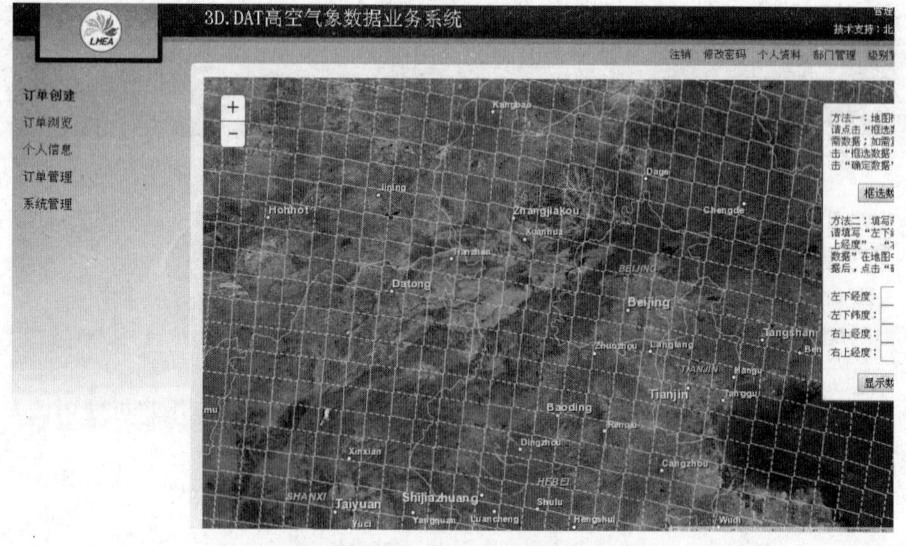

图 9-4 3D.DAT 在线服务系统

9.1.5 UP.DAT 服务系统

作者负责开发的全国范围中尺度高空气象模拟数据（UP.DAT）可作为模拟探空数据，用于大气污染模型 CALPUFF，数据内容包括网格点编号、网格中心点海拔高度、模拟数据层数、压力、海拔高度、温度、风向、风速等信息，已经处理转换 2010—2013 年共计 87 000 多个高空模拟文件（upper.dat），解决了环评单位无法获取用于 CALPUFF 高空模拟数据的难题。

9.2 培训成果

9.2.1 CALPUFF 第一期培训班

环保部环境工程评估中心举办 CALPUFF 预测软件培训班

2014 年 8 月 29 日，环保部环境工程评估中心在北京开办了为期一天的 CALPUFF 预测软件培训班，由环境影响数值模拟研究部技术复核人员承担授课任务，来自北京京诚嘉宇环境科技有限公司的环评从业人员参加了培训。

图 9-5 CALPUFF 第一期培训班

原文链接：http://china-eia.com/gzdt/12460.htm

培训内容主要包括基础数据（土地利用、地形、气象等）前处理、CALMET 气象场建模、CALPUFF 污染源扩散建模、CALPOST 后处理等课程，并结合钢铁企业大气环境影响预测案例，针对技术复核中发现的参数设置不规范、基础数据处理错误、$PM_{2.5}$ 预测错误等问题，详细讲述了一系列的 CALPUFF 标准化操作流程。学员们通过理论学习和上机操作，对 CALPUFF 环评标准化应用有了更深的理解和认识。

本次培训首次采用了高分辨率土地利用数据（30 m），解决了当前国内 CALPUFF 土地利用数据分辨率过低（1 km）的问题，并采用多核高性能计算终端（HPC）开展大气预测，突破了当前 Windows 环境下 CALPUFF 单机计算的局限性，有力地提高了模型计算速度。

培训咨询电话：010-84916645 联系人：伯鑫boxin@acee.org.cn

9.2.2 CALPUFF 第二期培训班

环保部环境工程评估中心成功举办 CALPUFF 标准化操作培训班（第二期）

为解决当前 CALPUFF 环评应用存在的基础数据处理错误等问题，进一步规范 CALPUFF 大气模型操作流程和参数设置，确保模拟结果的一致性和可靠性。2015 年 7 月 22—24 日，环境保护部环境工程评估中心在天津举办了“第二期全国 CALPUFF 标准化操作培训班”，来自全国高校、科研院所、环评单位的 29 名学员参加了本期培训。环境保护部环境工程评估中心数值模拟研究部李时蓓主任、伯鑫作为授课老师，从模型基础数据预处理、CALMET 气象场模拟、CALPUFF 污染扩散模拟、模拟数据后处理、污染物浓度图制作、风场动画及污染物扩散动画制作等方面作了细致的讲解，并对空气法规模型课题研究成果、CALPUFF 并行计算研究成果作了介绍。

学员们表示本次培训对加深 CALPUFF 标准化应用理解，开展大气污染模拟科学研究有很大帮助。

原文链接：http://china-eia.com/gzdt/20658.htm

图 9-6 CALPUFF 第二期培训班（一）

图 9-7　CALPUFF 第二期培训班（二）

9.3　模型培训声明

关于环境保护部环境工程评估中心举办大气模式培训班的声明

近一段时间以来，不断有环评、环保科研单位向环境保护部环境工程评估中心反映，某咨询服务公司声称其开展的“大气扩散模型 CALPUFF 应用及案例分析培训班”的授课老师来自环境保护部环境工程评估中心。存在打着环境保护部环境工程评估中心名义收取高额培训费用的问题，造成不良社会影响。为此，郑重声明：

（1）环境保护部环境工程评估中心没有授权任何机构承办“大气扩散模型 CALPUFF 应用及案例分析培训班”，也没有派员工参与其他机构进行 CALPUFF 授课。

（2）环境保护部环境工程评估中心的大气模式培训通知均由中国环境影响评价网发布（www.china-eia.com），无其他发布途径。

（3）为满足广大环评单位的大气模式培训需求，环境保护部环境工程评估中心计划 2015 年继续展开大气模式培训，请及时关注中国环境影响评价网上的相关信息，也可邮件问询（联系人：伯鑫，E-mail：boxin@acee.org.cn）。

特此声明。 声明原文链接：http://china-eia.com/tzgg/19105.htm

附录 A　CALPUFF 常用命令及参数速查手册

A.1　地理数据 GEO.DAT 文件格式

行	变量	类型	描述
1	TITLEGE	char*80	文件的标题（不超过 80 个字符）
5	PMAP	char	地图投影，常用 UTM 或 LCC
6	—	—	UTM 分区或 LCC 投影参数
7	DATUM	char	大地基准面
8	NXG	integer	*X* 方向格点数
8	NYG	integer	*Y* 方向格点数
8	XORG	real	西南角 *X* 坐标（km）
8	YORG	real	西南角 *Y* 坐标（km）
8	XGRIDKM	real	*X* 方向格距（km）
8	YGRIDKM	real	*Y* 方向格距（km）
10	IOPT1	integer	用地类型选项 0=采用默认的用地类型分类 1=指定新的用地类型
11*	NLU	integer	用地类型数目
11*	IWAT1/IWAT2	integer	与水体有关的用地类型范围
12*	ILUCAT	integer array	一组用户设定的新用地类型
下一个 NY 行	ILANDU	integer array	每个格点的用地类型（每行 NY 个值），采用以下语句来读取数据：Do 20 J=NY，1，–1 20 READ（iogeo，*）（ILANDU（n，j），n=1，nx）
下一行	HTFAC	real	利用尺度因子将海拔高度转化为米为单位（例如，用户输入单位为英尺，则 HTFAC=0.304 8；用户输入单位为米，则 HTFAC=1.0）
下一个 NY 行	ELEV	real array	每个格点的地形海拔高度（每行 NY 个值），采用以下语句来读取数据：Do 30 J=NY，1，–1 30 READ（iogeo，*）（ELEV（n，j），n=1，NX）

行	变量	类型	描述
下一行	IOPT2	integer	地表粗糙度（z_0）输入选项标志 0=使用各网格用地类型相应的 z_0 默认值 1=使用用户指定的新 z_0 土地利用类型表计算网格 z_0 值 2=输入各网格的 z_0 值
下一个 NLU 行（仅在 IOPT2=1 时包含）	ILU ZOLU	integer real array	用地类型及相应的地表粗糙长度。每行两个参数，以下列方式读取：do 120 I=1，NLU 120 READ（iogeo，*）ILU，ZOLU（I）
下一个 NY 行（仅在 IOPT2=2 时包含）	ZO	real array	每个格点的地表粗糙度（m）（每行 NX 个值），采用以下语句来读取数据：do 150 J=NY，1，−1 150 READ（iogeo，*）（ZO（n，j），n=1，NX）
下一行	IOPT3	integer	反照率输入的选项标记 0=使用各网格用地类型相应的反照率默认值 1=使用用户给定的新反射率–用地类型表计算反照率 2=输入各网格的反照率
下一个 NLU 行（仅在 IOPT3=1 时包含）	ILU ALBLU	integer real array	用地类型及对应的反照率。每行两个参数，采用以下方式读取　do 120 I=1，NLU 120 READ（iogeo，*）ILU，ALBLU（I）
下一个 NY 行（仅在 IOPT3=2 时包含）	ALBEDO	real array	每个格点的反照率（每行 NX 个值），采用下列语句来读取数据：do 150 J=NY，1，−1 150 READ（iogeo，*）（ALBEDO（n，j）），n=1，NX）
下一行	IOPT4	integer	波文比输入的选项标记 0=使用各网格用地类型相应的默认波文比 1=使用用户给定的新波文比–用地类型表计算波文比 2=输入各格点的波文比
下一个 NLU 行（仅在 IOPT4=1 时包含）	ILU BOWLU	integer real array	用地类型及对应的波文比。每行两个参数，采用以下方式读取　do 120 I=1，NLU 120 READ（iogeo，*）ILU，BOWLU（I）
下一个 NY 行（仅在 IOPT4=2 时包含）	BOWEN	real array	每个格点波文比（每行 NX 个值），采用以下语句来读取数据：do 150 J=NY，1，-1 150 READ（iogeo，*）（BOWEN（n，j）），n=1，NX）
下一行	IOPT5	integer	土壤热通量常数输入的选项标记 0=使用各网格用地类型相应的默认土壤热通量 1=使用用户给定的新土壤热通量–用地类型方式表计算土壤热通量 2=输入各格点的土壤热通量
下一个 NLU 行（仅在 IOPT5=1 时包含）	ILU HCGLU	integer real array	土地利用类型及对应的土壤热通量常数。每行两个参数，以下列方式读取：do 120 I=1，NLU 120 READ（iogeo，*）ILU，HCGLU（I）
下一个 NY 行（仅在 IOPT5=2 时包含）	HCG	real array	每个网格点土壤热通量常数（每行 NX 个值），使用下列语句来读取数据：do 150 J=NY，1，−1 150 READ（iogeo，*）（HCGL（n，j）），n=1，NX）

行	变量	类型	描述
下一行	IOPT6	integer	人类活动热通量（W/m^2）输入的选项标记 0=使用各网格用地类型相应的人类活动热通量默认值 1=使用用户给定的新人类活动热通量–用地类型表计算人类活动热通量 2=输入各格点的人类活动热通量
下一个 NLU 行（仅在 IOPT6=1 时包含）	ILU QFLU	integer real array	用地类型及对应的人类活动热通量（W/m^2）。每行两个参数，采用以下语句读取 do 120 I=1，NLU 120 READ（iogeo，*）ILU，QFLU（I）
下一个 NY 行（仅在 IOPT6=2 时包含）	QF	real array	每个格点的人类活动热通量（每行 NX 个值），采用以下语句来读取数据：do 150 J=NY，1，–1 150 READ（iogeo，*）（QF（n，j）），n=1，NX）
下一行	IOPT7	integer	叶面积指数输入的选项标记 0=使用各网格用地类型相应的叶面积指数默认值 1=使用用户给定的新叶面积指数–用地类型表计算叶面积指数 2=输入各格点的叶面积指数
下一个 NLU 行（仅在 IOPT7=1 时包含）	ILU XLAILU	integer real array	用地类型及对应的叶面积指数。每行两个参数，采用以下语句读取：do 120 I=1，NLU 120 READ（iogeo，*）ILU，XLAILU（I）
下一个 NY 行（仅在 IOPT7=2 时包含）	XLAI	real array	每个格点的叶面积指数（每行 NX 个值），采用以下语句来读取数据：do 150 J=NY，1，–1 150 READ（iogeo，*）（XLAI（n，j）），n=1，NX）

A.2　高空气象数据 UP.DAT 文件格式

列	格式	参数	描述
文件标题行#1（实例中第 5 行）			
2-6	I5	IBYR	数据的开始年份
7-11	I5	IBDAY	数据开始的儒略日
12-16	I5	IBHR	数据的开始时间（GMT）
17-21	I5	IEYR	数据的结束年份
22-26	I5	IEDAY	数据结束的儒略日
27-31	I5	IEHR	数据的结束时间（GMT）
32-36	F5.0	PSTOP	数据的顶层气压（一般取 500 mb，约 5 000 m 高度）
37-41	I5	JDAT	原始高空数据文件格式（1=TD–6201、2=NCDC CD-ROM）
42-46	I5	IFMT	UP.DAT 文件中的分隔符（1=/；2=,）

列	格式	参数	描述
文件标题行#2（实例中第 6 行）			
6	L1	LHT	如果高度数据缺失，清除该探空层？（T=是，F=不是）
11	L1	LTEMP	如果温度数据缺失，清除该探空层？（T=是，F=不是）
16	L1	LWD	如果风向数据缺失，清除该探空层？（T=是，F=不是）
21	L1	LWS	如果风速数据缺失，清除该探空层？（T–是，F=不是）
数据标题行（实例中第 7 行）			
4-7	I4	ITPDK	识别原始数据格式的标签 如 6201 为 NCDC 数据格式 9999 为非 NCDC 数据格式
13-17	A5	STNID	站点编号
23-24	I2	YEAR	年
25-26	I2	MONTH	月
27-28	I2	DAY	日
29-30	I2	HOUR	小时（GMT）
36-37	I2	MLEV	原始探空数据层数
69-70	I2	ISTOP	从原始探空数据中提取的探空层数
数据行（每行最多 4 层探空层数据）（实例中第 8 行）			
4-9	F6.1	PRES	气压（hPa）
11-15	F5.0	HEIGHT	海拔高度（m）
17-21	F5.1	TEMP	温度（K）
23-25	I3	WD	风向（°）
27-29	I3	WS	风速（m/s）
33-38	F6.1	PRES	气压（hPa）
40-44	F5.0	HEIGHT	海拔高度（m）
46-50	F5.1	TEMP	温度（K）
52-54	I3	WD	风向（°）
56-58	I3	WS	风速（m/s）
62-67	F6.1	PRES	气压（hPa）
69-73	F5.0	HEIGHT	海拔高度（m）
75-79	F5.1	TEMP	温度（K）
81-83	I3	WD	风向（°）
85-87	I3	WS	风速（m/s）
91-96	F6.1	PRES	气压（hPa）
98-102	F5.0	HEIGHT	海拔高度（m）
104-108	F5.1	TEMP	温度（K）
110-112	I3	WD	风向（°）
114-116	I3	WS	风速（m/s）

注：缺失值标志：压力“-99.9”，高度“9999.”，温度“999.9”，风向“999”，风速“999.9”。

A.3 地面气象数据 SURF.DAT 文件格式

参数编号	参数名称	数据类型	描述
文件标题行#1（实例中第 5 行）			
1	IBYR	integer	起始年
2	IBJUL	integer	起始儒略日
3	IBHR	integer	起始时间（当地标准时间 00—23）
4	IEYR	integer	结束年
5	IEJUL	integer	结束儒略日
6	IEHR	integer	结束时间（当地标准时间 00—23）
7	IBTZ	integer	时区（如-8=北京时间）
8	NSTA	integer	站点数目
文件标题行#2（实例中 6—8 行）			
1	IDSTA	integer array	各地面站点号
数据行（实例中）			
1	IYR	integer	年份
2	IJUL	integer	儒略日
3	IHR	integer	时间（当地标准时间 00—23）
4	WS	real array	风速（m/s）
5	WD	real array	风向（°）
6	ICEIL	integer array	云底高度（百英尺）
7	ICC	integer array	云量（十分制）
8	TEMPK	real array	大气温度（K）
9	IRH	integer array	相对湿度（%）
10	PRES	real array	站点气压（hPa）
11	IPCODE	integer array	降水代码（0=没有降水，1—18=液态降水，19—45=固态降水）

A.4　水面气象数据 SEA.DAT 文件格式

参数编号	参数名称	数据类型	描述	默认值
1	XUTM	real	观测站点 *X* 坐标（km）	—
2	YUTM	real	观测站点 *Y* 坐标（km）	—
3	BANM	real	风速计观测高度（m）	
4	RSAN	real	大气温度观测高度（m）	
5	RWSN	real	水温观测深度（m）	
6	I1YR	integer	起始年份	
7	I1JUL	integer	起始儒略日	
8	I1HR	integer	起始时间（当地标准时间 00—23）	
9	I2HY	integer	结束年份	
10	I2JUL	integer	该数据的结束儒略日	
11	I2HR	integer	该数据的结束时间（当地标准时间 00—23）	
12	DTOW	real	水-气温差（K）	
13	TAIROW	real	大气温度（K）	
14	RHOW	real	相对湿度（%）	
15	ZIOW	real	水上混合层高度（m）	
16	TGRADB	real	混合层高度以下温度递减率（K/m）	
17	TGRADA	real	混合层高度以上温度递减率（K/m）	
18	WSOW	real	风速（m/s）	
19	WDOW	real	风向（°）	

注：缺失数据标志为“9999.”。

A.5　降水数据 PRECIP.DAT 文件格式

参数编号	参数名称	数据类型	描述
文件标题行#1			
1	IBYR	integer	起始年
2	IBJUL	integer	起始儒略日
3	IBHR	integer	起始时间（当地标准时间 0—23）
4	IEYR	integer	结束年
5	IEJUL	integer	结束儒略日
6	IEHR	integer	结束时间（当地标准时间 0—23）
7	IBTZ	integer	时区（如-8=北京时间）
8	NSTA	integer	降水站点数目
数据行			
1	IYR	integer	数据年份
2	IJUL	integer	儒略日
3	IHR	integer	时间（当地标准时间 0—23）
4	XPREC	integer	按站点顺序记录的各降水站点的降水率（mm/h）

注：缺失数据标志为“9999.”。

A.6 中尺度预测数据 3D.DAT 文件格式

参数编号	参数	数据类型	描述
第 1-3 行			
1	HEADER	char	文件描述
第 4 行			
1	IOUTW	integer	标志，指示垂直速度是否已经被记录
2	IOUTQ	integer	标志，指示相对湿度和水气混合比是否已经被记录
3	IOUTC	integer	标志，指示云和雨混合比是否已经被记录
4	IOUTI	integer	标志，指示冰雪混合比是否已经被记录
5	IOUTG	integer	标志，指示霰混合比是否已经被记录
6	IOSRF	integer	标志，指示地面二维参数是否被记录
第 5 行			
1	MAPTXT	char	地图投影及参数，如例子中为 LCC 投影参数
第 6 行为 WRF 中尺度气象模式的物理选项			
第 7 行格式[格式（4i2，i5，3i4）]			
1	IBYRM	integer	数据的起始年
2	IBMOM	integer	数据的起始月
3	IBDYM	integer	数据的起始日
4	IBHRM	integer	数据的起始时间（GMT）
5	NHRSMM5	integer	数据的时段长度（h）
6	NXP	integer	提取的子区域 *X* 方向上的格点数
7	NYP	integer	提取的子区域 *Y* 方向上的格点数
8	NZP	integer	提取的垂直层数
第 8 行[格式（6i4，2f10.4，2f9.4）]			
1	NX1	integer	提取的子区域左下角 *X* 方向格点号
2	NY1	integer	提取的子区域左下角 *Y* 方向格点号
3	NX2	integer	提取的子区域右上角 *X* 方向格点号
4	NY2	integer	提取的子区域右上角 *Y* 方向格点号
5	NY2	integer	提取的子区域右上角 *Y* 方向格点号
6	NY2	integer	提取的子区域右上角 *Y* 方向格点号
7	RXMIN	integer	子区域最西端经度
8	RXMAX	integer	子区域最东端经度
9	RYMIN	integer	子区域最南端纬度
10	RYMAX	integer	子区域最北端纬度

参数编号	参数	数据类型	描述
下一个 NZP 行数据			
1	SIGMA	real array	每个垂直层时使用的 Sigma-p 值 以下列方式读取：do 10 I=1，NZP 10 READ（iomm4，20）SIGMA（I） 20 FORMAT（F6.3）
下一个 NXP*NYP 数据组[格式（2i3，f7.3，f8.3，i5，i3，1x，f7.3，f8.3）]			
1	IINDEX	integer	提取的子区域 *X* 格点号
2	JINDEX	integer	提取的子区域 *Y* 格点号
3	XLATDOT	real array	提取的子区域格点纬度
4	XLONGDOT	real array	提取的子区域格点经度
5	IELEVDOT	integer array	提取的子区域格点的海拔高度（m MSL）
6	ILAND	integer array	交叉点的用地类型
7	XLATCRS	real array	同 XLATDOT，但位于交叉点
8	XLATCRS	real array	同 XLATDOT，但位于交叉点
数据行（在提取的子区域的每个网格单元上其格式一样）[格式（4i2，2i3，f7.1，f5.2，i2）]			
1	MYR	integer	数据年份
2	MMO	integer	数据月份
3	MDAY	integer	数据日期
4	MHR	integer	场数据时间（GMT）
5	IX	integer	*X* 格点号
6	JX	integer	*Y* 格点号
7	PRES	real	海平面气压（hPa）
8	RAIN	real	过去一小时内地表降水总量（cm）
9	SC	integer	雪覆盖度指示值（0 或 1，其中 1 表示模拟时有雪覆盖度）
NZP 数据行			
1	PRES	integer	气压（hPa）
2	Z	integer	高程（m）
3	TEMPK	integer	温度（K）
4	WD	integer	风向（°）
5	WS	real	风速（m/s）
6	W	real	垂直速度（m/s）
7	RH	integer	相对湿度（%）
8	VAPMR	real	水汽混合比（g/kg）
9	CLDMR	real	云混合比（g/kg）
10	RAINMR	real	雨混合比（g/kg）
11	ICEMR	real	冰混合比（g/kg）
12	SNOWMR	real	雪混合比（g/kg）
13	GRPMR	real	霰混合比（g/kg）

附录 B　CALPUFF 使用建议

B.1　模式适用性

CALPUFF 是一个烟团扩散模型系统，可模拟三维流场随时间和空间发生变化时污染物的输送、转化和清除过程。CALPUFF 适用于从 50 km 到几百千米的模拟范围，包括次层网格尺度的地形处理，如复杂地形的影响；还包括长距离模拟的计算功能，如污染物的干、湿沉降、化学转化，以及颗粒物浓度对能见度的影响。

B.2　模拟范围设定

CALPUFF 模式系统适用于评价范围大于 50 km 的城市尺度的空气质量评价。若模拟范围风场变化趋势一致，采用 CALPUFF 开展范围小于 50 km 的大气污染模拟工作，应说明采用当地风场观测数据来验证 CALMET 模拟气象场的优势。若模拟范围风场变化复杂时，采用风场观测数据验证后，可采用 CALPUFF 开展范围小于 50 km 的大气污染模拟工作。

B.3　污染源

CALPUFF 模式系统支持点源、线源、面源和体源的输入，应根据污染源实际排放情况输入各参数。对于有规律变化的源强，应该按季、月、日、风速、稳定度以及温度排放变化特征给出污染源变化系数；对于无规律排放的源强，CALPUFF 可定义外部输入源文件并在控制文件 CALPUFF.INP 中指定外部源文件的路径、文件名以及污染源的个数。

B.4　地图投影及坐标系

应采用国际常用的通用横轴墨卡托投影（UTM）、横轴墨卡托投影（TTM）、兰勃特投影（LCC），大地基准面选择 WGS84。避免由于坐标系不统一、不规范造成的错误。

B.5 计算点

设置网格受体应遵循近密远疏的原则。网格受体间距的设置应综合考虑排放高度、居民区分布及地形等因素。当烟囱高度小于 15 m，或烟囱高度小于 50 m 但受建筑物下洗影响时，距源中心 300 m 内应设置间距不大于 50 m 的网格受体；距源中心 10 km 内应设置间距不大于 100 m 的网格受体；距源中心 10 km 外 20 km 范围内，应设置间距不大于 200 m 的网格受体；距源中心 20 km 外至评价范围内，应设置间距不大于 500 m 的网格受体。对网格的加密应以各平均时段污染物区域最大地面浓度点为中心，设置间距不大于 50 m、边长不小于 500 m 的网格受体。对邻近污染源的高层住宅楼，应适当考虑不同代表高度的预测受体。厂界受体的间隔应不大于 50 m。

B.6 地面气象资料

应采用逐时地面气象资料，包括风速、风向、气温、云量、云底高度、地表气压、相对湿度及降水类型（可选）。气象数据应来源于国家地面气象站。对于气象站数据中缺少云量数据的，可采用中尺度气象模拟数据中的云量数据。可将原始地面气象数据上传环境保护部环境工程评估中心建立的 CALPUFF 地面气象数据转换系统（www.lem.org.cn），下载可供 CALPUFF 模式利用的 SURF.DAT 数据文件。

B.7 高空气象资料

应采用至少一日两次的高空气象资料，包括地面层、1 000 hPa、925 hPa、850 hPa、700 hPa 及 500 hPa 等压面上的位势高度、温度、风向及风速。地面层及顶层数据不得有缺失。气象数据应来源于国家高空气象站。评价范围内无高空气象站时，可用中尺度气象模拟数据。可通过环境保护部环境工程评估中心中尺度高空气象模拟数据在线服务系统（www.lem.org.cn）下载 UPn.DAT 或 3D.DAT 数据。

B.8 地形及土地利用数据

当地形数据和土地利用数据为公开下载数据时，地形数据分辨率不应小于 90 m，土地利用数据分辨率不应小于 200 m。评价区域内无满足要求的土地利用数据时，可通过环境保护部环境工程评估中心建立的全国 30 m 网格的 CALPUFF 土地利用数据系统，下载评价区域地理信息文件 GEO.DAT，供 CALPUFF 模式直接使用。

B.9 并行运算

可将 CALPUFF 模式运行所需要的基础数据及控制文件 CALPUFF.INP 上传环境保护部环境工程评估中心 CALPUFF 并行运算服务系统（www.lem.org.cn）。经运算后下载模式运行结果文件。

参考文献

[1] 伯鑫，丁峰，徐鹤，等. 大气扩散 CALPUFF 模型技术综述[J]. 环境监测管理与技术，2009（3）：9-13.

[2] 伯鑫，丁峰，李时蓓. CALPUFF 动态可视化系统的开发与应用研究 [J]. 安全与环境工程，2010，17（4）：37-42.

[3] 伯鑫，王刚，温柔，等. 京津冀地区火电企业的大气污染影响[J]. 中国环境科学，2015（2）：364-373.

[4] 伯鑫，吴忠祥，王刚，等. CALPUFF 模式的标准化应用技术研究[J]. 环境科学与技术，2014（S2）：530-534.

[5] 伯鑫，王刚，田军，等. AERMOD 模型地表参数标准化集成系统研究[J]. 中国环境科学，2015（09）：2570-2575.

[6] SCIRE J S，STRIMAITIS D G，YAMARTINO R J. A user's guide for the CALMET dispersion model（Version 5） [M]. Concord，MA：Earth Tech，2000：1-79.

[7] https：//en. wikipedia. org/wiki/Universal_Transverse_Mercator_coordinate_system.

[8] EPA. Interagency Workgroup on Air Quality Modeling（IWAQM）Phase 2 Summary Report and Recommendations for Modeling Long Range Transport Impacts. 1998. http://www. epa. gov/ttn/scram/7thconf/calpuff/phase2. pdf.

[9] 环境保护部. HJ/T 169—2004 建设项目环境风险评价技术导则 [S].

[10] 环境保护部. HJ2. 2—2008 环境影响评价技术导则　大气环境 [S].

[11] GB 3095—2012 环境空气质量标准 [S].

[12] Hao Jiming，Wang Litao，Shen Minjia，et al. Air quality impacts of power plant emissions in Beijing [J]. Environmental Pollution，2007，147：401-408.

[13] 颜鹏，黄健，R. Draxler，等. 北京地区 SO_2 污染的长期模拟及不同类型排放源影响的计算与评估 [J]. 中国科学：D 辑：地球科学，2005，35（增刊 I）：167-176.

[14] 孟伟，高庆先，张志刚，等. 北京及周边地区大气污染数值模拟研究 [J]. 环境科学研究，2006，19（5）：12-18.

[15] 中电联. 中国电力行业年度发展报告 2012 [M]. 北京：光明日报出版社，2012：49-50.

[16] 中国环境监测总站. 中国环境统计年报 2011 [M]. 北京：中国环境科学出版社，2012：204.

[17] 国家统计局，环境保护部. 2012 年中国环境统计年鉴 [M]. 北京；中国统计出版社，2012：48-50.

[18] 环境保护部. 京津冀及周边地区落实大气污染防治行动计划实施细则 [R]. 2013.

[19] http://www. src. com/.

[20] 唐山市统计局. 唐山统计年鉴 2014[M]. 北京：中国统计出版社，2015.

[21] 崔书红，等. 唐山市典型行业雾霾贡献分析报告[M]. 北京：中国环境出版社，2015.

[22] 河北省环境保护厅. 2013 河北省环境状况公报[R]. 2014.

[23] 郭育红，辛金元，王跃思，等. 唐山市大气颗粒物 OC/EC 浓度谱分布观测研究[J]. 环境科学，2013，34（7）：2497-2504.

[24] 周瑞，辛金元，邢立亭，等. 唐山工业新区冬季采暖期大气污染变化特征研究[J]. 环境科学，2011，32（7）：1874-1880.

[25] 王晓元，辛金元，王跃思，等. 唐山夏秋季大气质量观测与分析[J]. 环境科学，2010，31（4）：877-885.

[26] 刘莹，李金凤，聂滕，等. 唐山市大气环境治理措施的效果及分析[J]. 环境科学研究，2013，26（12）：1364-1370.

[27] 苗红妍，温天雪，王丽，等. 唐山大气颗粒物中水溶性无机盐的观测研究[J]. 环境科学，2013（4）：1225-1231.

[28] GL Shi，YC Feng，JH Wu，et al. Source identification of polycyclic aromatic hydrocarbons in urban particulate matter of Tangshan，China[J]. Aerosol and Air Quality Research，2009，9：309-315.

[29] Z Ren，B Zhang，P Lu，et al. Characteristics of air pollution by polychlorinated dibenzo-p-dioxins and dibenzofurans in the typical industrial areas of Tangshan City，China [J]. Journal of Environmental Sciences，2011，23（2）：228-235.

[30] 孙杰，王跃思，吴方堃，等. 唐山市和北京市夏秋季节大气 VOCs 组成及浓度变化[J]. 环境科学，2010（7）：1438-1443.

[31] 李韧，程水源，郭秀锐，等. 唐山市区大气环境容量研究[J]. 安全与环境学报，2005（3）：46-50.

[32] 李春燕. 唐山市大气中多环芳烃污染现状研究[J]. 能源环境保护，2006（5）：59-61.

[33] 刘世玺. 唐山工业区霾及气态污染物观测研究[D]. 南京：南京信息工程大学，2012.

[34] 温维，韩力慧，陈旭峰，等. 唐山市 $PM_{2.5}$ 理化特征及来源解析[J]. 安全与环境学报，2015，15（2）：313-318.

[35] 伯鑫，赵春丽，吴铁，等. 京津冀地区钢铁行业高时空分辨率排放清单方法研究[J]. 中国环境科学，2015，08：2554-2560.